Linux 开源存储
全栈详解

从 Ceph 到容器存储

英特尔亚太研发有限公司　编著

电子工业出版社
Publishing House of Electronics Industry
北京·BEIJING

内 容 简 介

本书致力于帮助读者形成有关 Linux 开源存储世界的细致拓扑。本书从存储硬件、Linux 存储栈、存储加速、存储安全、存储管理、分布式存储等各个角度与层次展开讨论，同时对处于主导地位的、较为流行的开源存储项目进行阐述，包括 SPDK、ISA-L、OpenSDS、Ceph、OpenStack、容器等。本书内容基本不涉及具体源码，主要围绕各个项目的起源与发展、实现原理与框架、要解决的网络问题等展开讨论，以帮助读者对 Linux 开源存储技术的实现与发展形成清晰的认识。本书语言通俗易懂，能够带领读者快速走进 Linux 开源存储的世界并做出自己的贡献。

本书适合希望参与 Linux 开源存储项目开发的读者阅读，也适合互联网应用的开发者、架构师和创业者参考，尤其可作为互联网架构师的开源技术典籍。

未经许可，不得以任何方式复制或抄袭本书之部分或全部内容。
版权所有，侵权必究。

图书在版编目（CIP）数据

Linux 开源存储全栈详解：从 Ceph 到容器存储 / 英特尔亚太研发有限公司编著.
北京：电子工业出版社，2019.9
ISBN 978-7-121-36979-7

Ⅰ. ①L... Ⅱ. ①英... Ⅲ. ①Linux 操作系统 Ⅳ. ①TP316.85

中国版本图书馆 CIP 数据核字（2019）第 127853 号

责任编辑：孙学瑛　　　　特约编辑：田学清
印　　刷：北京虎彩文化传播有限公司
装　　订：北京虎彩文化传播有限公司
出版发行：电子工业出版社
　　　　　北京市海淀区万寿路 173 信箱　　邮编：100036
开　　本：787×980　　1/16　　印张：24.75　　字数：476 千字
版　　次：2019 年 9 月第 1 版
印　　次：2023 年 8 月第 5 次印刷
定　　价：99.00 元

凡所购买电子工业出版社图书有缺损问题，请向购买书店调换。若书店售缺，请与本社发行部联系，联系及邮购电话：(010) 88254888，88258888。

质量投诉请发邮件至 zlts@phei.com.cn，盗版侵权举报请发邮件至 dbqq@phei.com.cn。
本书咨询联系方式：010-51260888-819，faq@phei.com.cn。

推荐序一

With an ever-increasing growth of data in both business and consumer uses, the need for storage of the data also continues to grow at an unprecedented pace. Intel technologies such as Intel® Optane™ SSD, and Intel® Optane™ persistent memory serve as examples of disruptive innovation, providing dramatically improved performance and entire new functionality to the storage industry.

Infrastructure software, storage, computing and network functions will serve a broad range of application platform requirements for 5G, Artificial Intelligence, Autonomous Driving, and Big Data Analytics. Open source storage software is critically important in developing and delivering innovative solutions. This book introduces open source storage technologies and techniques for software-defined storage solutions covering both hardware and software. Intel is a leading contributor of open source software and storage hardware IP and products, including contributions for open source storage software development, such as Intelligent Storage Acceleration Library (ISA-L), Storage Performance Development Kit (SPDK), and the Ceph project.

In China, open source and software-defined storage have been well adopted and applied across many different types of application scenarios. A strong ecosystem of storage software developers and solutions providers have been created and are delivering value to the market through their innovations. We hope the technologies and techniques covered in this book will be useful to the open source communities in China and the rest of the world.

Sandra Rivera

Senior Vice President and General Manager

Network Platforms Group

Intel 5G Executive Sponsor

推荐序二

The evolution of storage has been dramatic. As computing has become an integral part of our daily activities, storage media has had to evolve to keep pace, moving from tape and mechanical hard disk, to solid state hard disk, NAND, and now emerging 3D XPoint technologies.

Demand is only expected to increase. The data boom created by connected devices coupled with growth areas such as Artificial Intelligence and Machine Learning bring higher expectations — greater capacity, scalability, and faster access, not to mention increased availability and reliability. These challenges have resulted in the rise of distributed storage systems and cloud-based services, to help providers meet those demands. Software plays a key role in this transformation. The emergence of software-defined storage enables more scalable and flexible solutions, as well as greater levels of management and orchestration. Offerings such as virtual machine and container persistence storage help meet a growing range of business needs.

Open source provides the foundation for modern storage systems and a platform for rapid innovation. Intel has been active in the open source software community for 20+ years, and our contributions to storage technologies such as Intel® Storage Acceleration Library (ISA-L), Storage Performance Development Kit (SPDK), and the Ceph project help accelerate performance for storage virtualization platforms.

As a leader in developing storage hardware and software, Intel recognizes the importance of the Chinese ecosystem to the growth of the storage market. It is with great pride we present this book as a resource to the China storage community.

Imad Sousou

Corporate Vice President, Intel Corporation

General Manager, Intel System Software Products

前　言

自 1991 年 Linux 诞生，时间已经走过了近三十年。即将而立之年的 Linux 早已没有了初生时的稚气，它正在各个领域展示自己成熟的魅力。

以 Linux 为基础，各种开源生态，如网络、存储都出现了。而生态离不开形形色色的开源项目，在人人谈开源的今天，一个又一个知名的开源项目正在全球快速生长。当然，本书的主题仅限于 Linux 开源存储生态，面对其中一个又一个扑面而来且快速更迭的新项目、新名词，我们会有一种紧迫感，想去了解它们背后的故事，也会有一定的动力想要踏上 Linux 开源存储世界的旅程。而无论是否强迫，面对这样的一段旅程，我们心底浮现的最为愉悦的开场白或许应该是："说实话，我学习的热情从来都没有低落过。Just for Fun."正如 Linus 在自己的自传 *Just for Fun* 中所希望的那样。

面对 Linux 开源存储这么一个庞大而又杂乱的世界，让人最为惴惴不安的问题或许便是：我该如何更快、更好地适应这个全新的世界？人工智能与机器学习领域里研究的一个很重要的问题是，"为什么我们小时候有人牵一匹马告诉我们那是马，于是之后我们看到其他的马就知道那是马了？"针对这个问题的一个结论是：我们在头脑里形成了一种生物关系的拓扑结构，我们所认知的各种生物都会放进这个拓扑结构里，而生物不断成长的过程就是形成并完善各种各样的或树形、或环形等拓扑结构的过程，并以此来认知我们所面对的各种新事物。

由此可见，或许我们认知 Linux 开源存储世界最快也最为自然的方式就是努力在脑海里形成它的拓扑结构，并不断细化，比如这个生态包括什么样的层次，每个层次里又有什么样的项目去实现，各个项目又实现了哪些服务及功能，这些功能又是以什么样的方式实现的，等等。对于感兴趣的项目，我们可以更为细致地去勾勒其中的脉络，就好似我们头脑里形成的有关一个城市的地图，它有哪些区，区里又有哪些标志性建筑及街道，对于熟悉的地方，我们甚至可以将它的周围放大并细化到一个微不足道的角落。

本书的组织形式

本书正是为帮助读者形成有关 Linux 开源存储世界的细致拓扑而组织的。

第 1 章主要对 Linux 开源存储的生态进行整体描述，包括开源存储领域研究的热点方向、相关的开源基金会等。

第 2 章从存储硬件的角度介绍了存储技术的发展历史，包括存储介质的进化、存储协议的更新等。

第 3 章作为整个 Linux 开源存储世界的基础，描述了 Linux 存储栈（Linux Storage Stack），对 I/O 在 Linux 内核里的处理流程及所涉及的主要模块进行介绍。

第 4~9 章的内容分别从存储加速、存储安全、存储管理与软件定义存储、分布式存储与 Ceph、OpenStack 存储、容器存储等角度与层次对处于主导地位的、较为流行的项目进行介绍，以帮助读者对相应项目形成比较细致的拓扑。

第 4 章讲解了存储领域的加速技术，包括 FPGA、QAT、NVDIMM 等硬件加速技术，以及 ISA-L、SPDK 等开源的软件加速方案。

第 5 章从可用性、可靠性、数据完整性、访问控制、加密与解密等方面讨论了存储安全问题。

第 6 章介绍存储管理与软件定义存储方面的主要开源项目，包括 OpenSDS、Libvirt 等。

第 7 章讨论分布式存储并详细介绍了目前流行的开源分布式存储项目 Ceph 的设计与实现。

第 8 章与第 9 章分别对 OpenStack 与 Kubernetes 两种主要云平台中的存储支持进行讨论。

感谢

作为英特尔的开源技术中心，参与各个 Linux 开源存储项目的开发与推广是再自然不过的事情了。除了为各个开源项目的完善与稳定贡献更多的思考和代码，我们还希望通过这本书让更多的人更快地融入Linux开源存储世界的大家庭。

如果没有Sandra Rivera（英特尔高级副总裁兼网络平台事业部总经理）、Imad Sousou（英特尔公司副总裁兼系统软件产品部总经理）、Mark Skarpness（英特尔系统软件产品部副总裁兼数据中心系统软件总经理）、Timmy Labatte（英特尔网络平台事业部副总裁兼软件工程总经理）、练丽萍（英特尔系统软件产品部网络与存储研发总监）、冯晓焰（英特尔系统软件产品部安卓系统工程研发总监）、周林（英特尔网络平台事业部中国区软件开发总监）、梁冰（英特尔系统软件产品部市场总监）、王庆（英特尔系统软件产品部网络与存储研发经理）的支持，这本书不可能完成，谨在此感谢他们在本书编写过程中给予的关怀与帮助。

感谢本书编辑孙学瑛老师，从选题到最后的定稿，在整个过程中，都给予我们无私的帮助和指导。

感谢参与各章内容编写的各位同事，他们是李晓燕、程盈心、马建朋、尚德浩、胡伟、刘春梅、任桥伟、杨子夜、曹刚、刘长鹏、刘孝冬、惠春阳、万群、闫亮、周雁波、徐雯昀。为了本书的顺利完成，他们付出了很多努力。

感谢所有对Linux开源存储技术抱有兴趣或从事各个Linux开源存储项目工作的人，没有你们提供的源码与大量技术资料，本书便会成为无源之水。

目　录

第 1 章　Linux 开源存储 1
1.1　Linux 和开源存储 1
1.1.1　为什么需要开源存储 3
1.1.2　Linux 开源存储技术原理和解决方案 6
1.2　Linux 开源存储系统方案介绍 8
1.2.1　Linux 单节点存储方案 8
1.2.2　存储服务的分类 11
1.2.3　数据压缩 13
1.2.4　重复数据删除 16
1.2.5　开源云计算数据存储平台 27
1.2.6　存储管理和软件定义存储 29
1.2.7　开源分布式存储和大数据解决方案 33
1.2.8　开源文档管理系统 37
1.2.9　网络功能虚拟化存储 39
1.2.10　虚拟机/容器存储 40
1.2.11　数据保护 43
1.3　三大顶级基金会 44

第 2 章　存储硬件与协议 47
2.1　存储设备的历史轨迹 47
2.2　存储介质的进化 53
2.2.1　3D NAND 53

		2.2.2 3D XPoint	55

      2.2.3 Intel Optane ... 58
2.3 存储接口协议的演变 ... 59
2.4 网络存储技术 ... 62

第 3 章 Linux 存储栈 ... 67

3.1 Linux 存储系统概述 ... 67
3.2 系统调用 ... 69
3.3 文件系统 ... 72
      3.3.1 文件系统概述 ... 73
      3.3.2 Btrfs ... 75
3.4 Page Cache ... 80
3.5 Direct I/O ... 82
3.6 块层（Block Layer） ... 83
      3.6.1 bio 与 request ... 84
      3.6.2 I/O 调度 ... 86
      3.6.3 I/O 合并 ... 88
3.7 LVM ... 90
3.8 bcache ... 93
3.9 DRBD ... 96

第 4 章 存储加速 ... 99

4.1 基于 CPU 处理器的加速和优化方案 ... 100
4.2 基于协处理器或其他硬件的加速方案 ... 103
      4.2.1 FPGA 加速 ... 103
      4.2.2 智能网卡加速 ... 105
      4.2.3 Intel QAT ... 107
      4.2.4 NVDIMM 为存储加速 ... 110
4.3 智能存储加速库（ISA-L） ... 111
      4.3.1 数据保护：纠删码与磁盘阵列 ... 112
      4.3.2 数据安全：哈希 ... 113
      4.3.3 数据完整性：循环冗余校验码 ... 115
      4.3.4 数据压缩：IGZIP ... 116
      4.3.5 数据加密 ... 117
4.4 存储性能软件加速库（SPDK） ... 117
      4.4.1 SPDK NVMe 驱动 ... 119
      4.4.2 SPDK 应用框架 ... 133

	4.4.3 SPDK 用户态块设备层	136
	4.4.4 SPDK vhost target	150
	4.4.5 SPDK iSCSI Target	156
	4.4.6 SPDK NVMe-oF Target	163
	4.4.7 SPDK RPC	165
	4.4.8 SPDK 生态工具介绍	172

第 5 章 存储安全 ... 181

- 5.1 可用性 ... 181
  - 5.1.1 SLA ... 181
  - 5.1.2 MTTR、MTTF 和 MTBF ... 182
  - 5.1.3 高可用方案 ... 183
- 5.2 可靠性 ... 185
  - 5.2.1 磁盘阵列 ... 186
  - 5.2.2 纠删码 ... 187
- 5.3 数据完整性 ... 188
- 5.4 访问控制 ... 189
- 5.5 加密与解密 ... 191

第 6 章 存储管理与软件定义存储 ... 194

- 6.1 OpenSDS ... 194
  - 6.1.1 OpenSDS 社区 ... 195
  - 6.1.2 OpenSDS 架构 ... 195
  - 6.1.3 OpenSDS 应用场景 ... 198
  - 6.1.4 与 Kubernetes 集成 ... 200
  - 6.1.5 与 OpenStack 集成 ... 200
- 6.2 Libvirt 存储管理 ... 201
  - 6.2.1 Libvirt 介绍 ... 201
  - 6.2.2 Libvirt 存储池和存储卷 ... 205

第 7 章 分布式存储与 Ceph ... 206

- 7.1 Ceph 体系结构 ... 209
  - 7.1.1 对象存储 ... 211
  - 7.1.2 RADOS ... 212
  - 7.1.3 OSD ... 212
  - 7.1.4 数据寻址 ... 214
  - 7.1.5 存储池 ... 219
  - 7.1.6 Monitor ... 220

7.1.7　数据操作流程 227
　　　7.1.8　Cache Tiering 228
　　　7.1.9　块存储 230
　　　7.1.10　Ceph FS 232
　7.2　后端存储 ObjectStore 235
　　　7.2.1　FileStore 236
　　　7.2.2　BlueStore 240
　　　7.2.3　SeaStore 243
　7.3　CRUSH 算法 244
　　　7.3.1　CRUSH 算法的基本特性 244
　　　7.3.2　CRUSH 算法中的设备位置及状态 246
　　　7.3.3　CRUSH 中的规则与算法细节 249
　　　7.3.4　CRUSH 算法实践 254
　　　7.3.5　CRUSH 算法在 Ceph 中的应用 261
　7.4　Ceph 可靠性 262
　　　7.4.1　OSD 多副本 263
　　　7.4.2　OSD 纠删码 264
　　　7.4.3　RBD mirror 265
　　　7.4.4　RBD Snapshot 267
　　　7.4.5　Ceph 数据恢复 271
　　　7.4.6　Ceph 一致性 274
　　　7.4.7　Ceph Scrub 机制 278
　7.5　Ceph 中的缓存 279
　　　7.5.1　RBDCache 具体实现 285
　　　7.5.2　固态硬盘用作缓存 287
　7.6　Ceph 加密和压缩 289
　　　7.6.1　加密 289
　　　7.6.2　压缩 291
　　　7.6.3　加密和压缩的加速 294
　7.7　QoS 294
　　　7.7.1　前端 QoS 294
　　　7.7.2　后端 QoS 295
　　　7.7.3　dmClock 客户端 297
　7.8　Ceph 性能测试与分析 298
　　　7.8.1　集群性能测试 299
　　　7.8.2　集群性能数据 304

		7.8.3 综合测试分析工具 307

- 7.8.3 综合测试分析工具 307
- 7.8.4 高级话题 311
- 7.9 Ceph 与 OpenStack 315

第 8 章 OpenStack 存储 318

- 8.1 Swift 321
  - 8.1.1 Swift 体系结构 321
  - 8.1.2 环 327
  - 8.1.3 Swift API 330
  - 8.1.4 认证 331
  - 8.1.5 对象管理与操作 333
  - 8.1.6 数据一致性 337
- 8.2 Cinder 338
  - 8.2.1 Cinder 体系结构 338
  - 8.2.2 Cinder API 341
  - 8.2.3 cinder-scheduler 342
  - 8.2.4 cinder-volume 343
  - 8.2.5 cinder-backup 347

第 9 章 容器存储 348

- 9.1 容器 348
  - 9.1.1 容器技术框架 350
  - 9.1.2 Docker 353
  - 9.1.3 容器与镜像 355
- 9.2 Docker 存储 356
  - 9.2.1 临时存储 357
  - 9.2.2 持久化存储 366
- 9.3 Kubernetes 存储 369
  - 9.3.1 Kubernetes 核心概念 370
  - 9.3.2 Kubernetes 数据卷管理 376
  - 9.3.3 Kubernetes CSI 380

第 1 章

Linux 开源存储

至落笔之际，Linux 已经成长了 27 年，从一个实验性质的操作系统成为一个支持多种体系架构的通用操作系统，被广泛部署在数据中心、公有云、私有云的服务器上。

在由 Linux 支撑的众多开源软件中，与存储相关的软件占据了很大的比例，主要包括如下部分。

- 内核自带的服务模块，如 iSCSI Target、NVMe-oF Target。
- 各种内核支持的文件系统，如 ext2/3/4、Btrfs、XFS 等。
- 基于 Linux 开发的分布式存储系统，如 Ceph、GlusterFS、Sheepdog 等。
- 基于 Linux 的开源云计算管理软件，如 OpenStack。

总的来说，在 Linux 上部署及开发存储软件，尤其是开源存储软件，已是大势所趋。

1.1 Linux 和开源存储

计算机系统是图灵机的高效实现，即根据输入数据的规则得到输出数据。现在的计算机系统由 CPU、内存、总线、外设（如网络设备、存储设备）等组成，其中，存储是非常重要的一部分。系统的启动需要存储，操作系统在启动的时候需要从存储系统中（无论是本地存储还是远端存储）加载相应的镜像数据；在 CPU 和内存中进行数据计算的时候,需要把数据进行相应的存储,如放入本地或远端存储系统。

为了更好地说明存储的重要性,先回顾一下经典的存储级别图,如图 1-1 所示。数据在计算机系统中的存储级别自上而下地划分为 4 大块:CPU、CPU 缓存、易失内存、非易失内存。

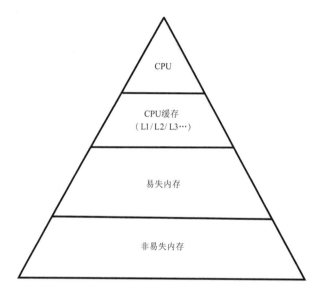

图 1-1　存储级别

在图 1-1 中,由上到下表现为数据存储级别由高到低,数据访问速度由快到慢,延迟时间由短到长。CPU 的计算速度越来越快,但是也达到了一定的瓶颈;计算机工艺(基于硅晶体)可以达到 7nm 和 10nm 的级别,但是再往更低突破也不太理想,于是转向了多核化发展;CPU 对应的缓存级别,从 L1 到 L2 再到更多级别的缓存,扩大了缓存的大小,能让更多的数据位于缓存中,从而更好地降低了延迟。

易失内存主要是指内存,分为 SRAM(Static Random Access Memory)和 DRAM(Dynamic Random Access Memory),主要以双内联存储器模块(Dual In-line Memory Module,DIMM)接口为主。当然目前也有支持双内联存储器模块接口的非易失内存,如英特尔的 Apache Pass(AEP)。

非易失内存种类繁多,可以基于 PCIe、SATA(Serial Advanced Technology Attachment)、SAS(Serial Attached SCSI)、AHCI(Advanced Host Controller Interface)等各种协议。根据介质和工作原理,非易失内存可以分为机械硬盘(Harddisk)、固

态硬盘（Sdid State Drive，SSD）及磁带（Tape）。其中，固态硬盘根据颗粒和介质可以分为 NAND 和 3D XPoint 等。

总的来说，在整个数据的计算层次中，与存储相关的硬件是非常重要的、不可忽略的一部分。这反过来也影响了存储软件的设计和开发，并提高了开发存储软件的门槛。为此，在很长一段时间内，基于存储的开源软件虽然不少，但是基本以商用收费软件，即闭源软件为主。

1.1.1 为什么需要开源存储

在之前，我们并不需要开源存储软件来构建相应的解决方案。当时闭源的商用存储软件就可以满足用户的需求，只是价格比较昂贵。

1. 基于商用/闭源存储软件的时代

在 Linux 没有流行的时候，并没有太多操作系统可供选择。例如，微软的 Windows、Sun 的 Solaris、运行在 IBM 大型机上的操作系统，以及流行的 UNIX 等。基于这样的现实，存储系统大多构建在闭源的操作系统上，自然没有太大的动力去推出开源存储软件。

另外一个客观的事实是，存储软件的第一个版本基本都是闭源的。而开源存储软件出现的原因是某些公司觉得应该把这样的技术公之于众或回馈社会，或者迫于其他类似开源软件的先声夺人。另外形成开源社区也需要时间，10~20 年之前，没有太多的开源存储项目，自然谈不上使用开源存储软件来进行实际的部署。另外，还有以下几点原因也在客观上限制了存储系统的发展。

1）存储设备的发展

开源存储软件之前未得到发展的一个主要原因是受限于存储设备。从存储设备的发展历史来看，每 GB 存储空间的成本一直在降低。直到 2000 年左右，存储设备的发展仍不太迅速。从用户角度来看，当时的存储设备容量太小、价格太贵、速度太慢，这在很大程度上制约了存储应用的发展。

2）存储的整体需求不高

存储设备的发展制约了存储的需求，反过来，没有需求，存储设备的发展速度也会变慢，这两者既是相互制约，也是相互促进的。例如，在 2000 年左右，存储需求不太明显，互联网行业虚假繁荣，直至泡沫破裂，当时崛起的一些 IT 公司从市值很高的神坛跌落。例如，EMC（昌安信）公司的市值曾达到 2000 多亿美金，但泡沫破裂后，其股票一路下跌，直到 2015 年被戴尔公司以 670 亿美金收购，也没有恢复元气。以 EMC 为例是为了说明在互联网发展初期，其实存储公司的发展前景并不是特别明朗的，尤其在市场整体股价下跌的时候，因为没有大量数据的存储需求，所以可能跌得更厉害。

在那个时代，存储数据主要以结构化数据为主，如数据库、有索引的文件、档案等。对致力于企业级存储的 EMC 来讲，虽然有很多高端的金融客户等，但是这些客户对存储设备的需求量还是非常有限的。在互联网发展初期，一方面，还没有太多的结构化数据，主要是用于搜索的非结构化数据，如图片等。那些占据大量存储的视频、音频文件在当时并不流行，所以对于存储的需求还是以企业为主的，以支持个人用户为导向的存储系统并没有太大的市场，当然这也与当时网络不发达有关。另一方面，当时各种产生大量存储需求的设备，如个人使用的智能相机，还没有流行起来。

3）开发存储产品的高门槛

评估一个存储系统，一般有以下指标。

- 性能指标：业界有相关的存储性能委员会（Storage Performance Council，SPC）发布相应的测试规范（Benchmark）和测试工作集（Workload）。典型的测试工作集包括 SPC-1（主要评估存储系统面向事务性业务的性能）、SPC-2（评估不同业务类型，大规模连续数据访问的存储系统的性能，如大量文件并发性访问、视频点播业务等）、SPC-3（提供应用层的模拟，如存储管理、内容管理、信息生命周期等性能）。
- 可靠性标准：如数据的可用性、完整性、安全性，在不同领域有不同的标准。
- 功能性标准：如是否符合业界定义的规范，不同的国家有不同的标准。想要获得更详细的信息，可以参考主流供应商提供的存储产品进行相关的对照，如 EMC、华为、NetApp 提供的产品。
- 能耗标准：主要用于评估存储系统在不同负载情况下的功耗，显然在相同负载的情况下，功耗消耗越低越有竞争力。因为这个标准涉及运维的代价，因此，数据中心的运行者对这个指标比较关心。

这些存储系统的评估标准是在不断演化的。总的来说，想要打造一款具有竞争力的存储产品并不是一件容易的事情。作为一个合格的存储提供厂商，即使是一个创业小公司，也是竭尽全力地想要通过一些标准组织委员会提供的性能、可靠性等不同的测试的，从而在交付用户之前，能够及早发现各种问题，并加以修正。如果想做到盈利，公司提供的相应的产品就要有竞争力，如产品性能、性价比、存储安全性等方面的优势，只有这样才能在竞争激烈的市场中占据一席之地。由此可知，开发存储产品的门槛很高。

在互联网还没有蓬勃发展的时候，一些开源存储软件显然不能满足相应的需求。

2. 风向的转变

近几年，随着 CPU、内存等硬件技术的快速发展，以及互联网的高速发展和数据的爆炸式增长等，传统的商业存储软件已经难以满足人们的应用需求了。为此，Google 开发了 Google 文件系统（Google File System，GFS），以满足搜索引擎的后端存储（Backend Storage）需求；Amazon 推出了 EBS（Elastic Block Store），以满足提供 EC2（Elastic Computing Cloud）服务的虚拟机的持久化存储需求。为了满足人们对开源分布式存储的需求，学术界诞生的 Ceph 在社区管理的缓慢推动下，形成了一套可实际部署的开源存储软件，被广泛部署在各个领域。

从商用/闭源存储系统到开源的存储系统，这个变化是令人欣喜的，仔细分析其中的原因，主要有以下几点。

1）商用存储软件功能的局限性

在数据爆发式增长的时候，一些存储系统，如单机，已经不能满足存储需求了。当数据的容量从 TB 到 PB 甚至继续增长的时候，这些商用/闭源存储系统由于可扩展性的缺失，已经不能适用于某些数据持续增长的应用场景。我们知道，扩容无非是两种形式，即 Scale-up（针对单机）和 Scale-out（针对分布式存储）。因此，扩容成了一件棘手的事情。在开始的时候，单机扩容还可以解决问题，但是其容量终究是有上限的。

2）商用存储系统的价格昂贵

有些企业销售的高端存储系统价格非常昂贵，一台机器可能卖到几十万美元甚至几百万美元。这些系统虽然在性能评估等各个方面非常有优势,但是昂贵的价格让很多人望而却步,只有一些大公司,如银行、证券公司,才可能配备这样的系统。在市场和行业没有对比的情况下,售卖这些存储系统带来的盈利是非常可观的。

另外,企业在给客户售卖闭源存储系统的时候,也会搭配相应的售后服务。从系统稳定性和良好的售后服务来看,这些存储系统可以说是无可挑剔的,但生产成本始终是不可忽略的一个因素。在开源存储不断崛起的时代,这些存储系统慢慢转变成云存储服务,这对这些昂贵的存储系统的销售将是一个挑战。虽然某些特殊领域对存储系统还有一些需求,但是不可否认的是,这个需求量在不断下滑,市场在进一步萎缩。

3)开源生态圈的蓬勃发展

开源软件越来越流行,生态圈发展越来越好,主要是因为互联网企业在广泛使用开源软件,包括开源存储软件,并且向社区提交补丁,以改善代码质量,这样就形成了一个良性循环。互联网企业对于开源软件的使用或验证(所谓的 Dogfood 测试)极大地提高了开源软件的影响力,让用户意识到由社区维护的开源软件一样可以作为商用软件来使用。

4)互联网企业的身体力行

很多互联网企业最初在运营的时候并没有把自己定位为高科技公司。Amazon 最初是一家电子商务公司,它很大一部分收入来自书籍的售卖,后来慢慢转型为一家提供云计算、云存储等服务的高科技公司,虽然电子商务仍是其业务的一部分,但是也许已经不再是支持其高速发展、股价一路上涨的重要部分了。

存储方面,Amazon 一开始搭载了存储巨头,如戴尔、EMC、IBM 等公司的存储产品或软件,目前可能依然在使用,但已经不是其后端存储业务的核心了。为了适应自身发展的需求,Amazon 在存储方面做了自己的开发工作,例如,Amazon 的基础架构即服务(Infrastructure as a Service,IaaS)最早采用了 Xen 虚拟化的架构,为虚拟机的后端存储开发了 EBS 和 S3(Simple Storage Store);针对电子商务业务,Amazon 开发了基于键值的 NoSQL 数据库——Dynamo,满足了自身业务的需求。

1.1.2　Linux 开源存储技术原理和解决方案

前面提到开源存储软件已经成为趋势,在 Linux 下构建开源存储的服务也顺理成章地成了大势所趋。最近，Linux 在服务器端蓬勃发展，代替 Windows、FreeBSD 等操作系统成为了业界的主流，因此，在 Linux 下开发开源存储软件及进行相关的运维已经成为一件非常平常的事情。

在讨论 Linux 开源存储软件之前，我们先来回顾一下在 Linux 上部署的比较流行的网站服务。该网站服务的关键组件称为 LAMP，其中，L 为 Linux 操作系统；A 为 Apache 网页服务器；M 为 MariaDB 或 MySQL 数据库系统；P 为 PHP、Perl 或 Python 用于网页后台编程的脚本语言。这些软件并不是一开始就是网站服务的组合的，而因为是开源软件，并且比较廉价和普遍，自然而然地就有人把这些软件组合起来，并提出了将这个组合用于网站服务可行的解决方案，接着就成了流行的组合方案，并被默认是安装 Linux 系统的标准套件。随着时代的变化，LAMP 演变成了 LNMP，其中 N 为 nginx。

LNMP 流行的原因有两点：一是软件廉价或容易获取，如打包在常见的 Linux 系统发行版本中，如 Fedora、Ubuntu、CentOS、Redhat；二是软件的高效性。这也是为什么那些开源软件都要按照各个 Linux 发行版做成相应的包，只要打包在这些发行版中，就能被广泛接受。所以对应 Linux 的开源存储软件，需要满足如下要求。

1）软件集成在 Linux 发行版本中

如果该软件只有开源版本，并没有集成在主流的 Linux 发行版本中，那么就会对软件的易用性带来很大挑战。如果只能下载源代码安装，对于软件运维人员来讲，这是不太友好的。因为很多软件对于其他软件或系统有一定的依赖性，如果直接从源码安装软件，那么这个版本可能未必和当前的操作系统（包括内核版本）及其他依赖软件相匹配，因此在运行的时候，可能会发生一些未知的问题。所以，一个成熟的开源软件需要和主流的 Linux 发行版本集成，确保每当发布一个新的发行版本，都会有最佳适配的版本。

2）软件有活跃的社区

存储软件服务的运营商或企业在采用开源软件的时候，都希望该软件有活跃的社区，原因主要有以下几个：①该软件持续开发和迭代，有活跃的开发者工作在这个软件上；②该软件对于 Linux 系统的支持友好，要不断更新相关代码以适配 Linux 系统；③软件的开发要遵循相应的标准，对使用开源软件的用户是福音。

现在主流的开源分布式系统解决方案是 Ceph，其原因是 Ceph 社区非常活跃。而其他的开源解决方案，如 Sheepdog 则基本上处于停滞状态，因用户少而导致社区不活跃，目前主要由日本的 NTT 公司在维护该社区，很难看到一个良好发展的前景。

3）软件的特性满足应用的需求

很多开源软件都有很大的局限性，不能很好地满足应用的需求。例如，在大请求场景下，不能满足延时需求；软件只支持单机版本，支持的存储容量有限制；软件支持分布式版本，但是扩容有限制。要满足这些需求，就需要存储软件的用户或运维人员充分了解软件的特性和配置，并且进行相关的压力测试，如测试这些配置是否有效，面对一些给出的极限情况的值是否能达到使用手册的标准。

如果应用的需求超过了该软件的支持范围，那么只有两种选择：一是放弃该软件，寻求新的软件；二是组织相关的研发人员，改造已有的软件，或者提交需求到软件开发社区寻求相应的帮助。对于比较流行的软件，用户一般都会选择第二种，该软件就会根据用户的反馈及提交的补丁被不断改进，进入良性循环。

1.2　Linux 开源存储系统方案介绍

本节我们将介绍存储技术的原理和实现，以及 Linux 开源存储的解决方案，包括 Linux 系统单节点的存储技术和方案（包括本地文件系统）、分布式存储系统解决方案、软件定义的存储管理软件等。

1.2.1　Linux 单节点存储方案

首先介绍 Linux 单节点存储方案，包括本地的文件系统，以及通过各种网络，比如以太网、光纤通道（Fibre Channel，FC）能够导出的服务。

1. Linux 本地文件系统

在 Linux 操作系统中，对于应用程序来讲，所有设备都是以"文件"的形式使用的。例如，对于网络程序，打开一个 socket，其实返回的是一个文件描述符。如果不关注网络，只从一个应用程序的角度来看文件系统，则 Linux 内核文件系统实现如图 1-2 所示。

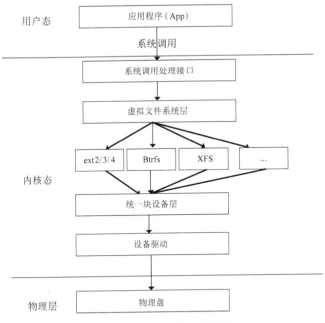

图 1-2　Linux 内核文件系统实现

- 应用程序通过系统调用访问文件（无论是块设备文件，还是各种文件系统中的文件）。可以通过 open 系统调用，也可以通过 memory map 的方式调用来打开文件。
- Linux 内核收到系统调用的软中断，通过参数检查后，会调用虚拟文件系统（Virtual File System，VFS），虚拟文件系统会根据信息把相应的处理交给具体的文件系统，如 ext2/3/4 等文件系统，接着相应的文件 I/O 命令会转化成 bio 命令进入通用的块设备层，把针对文件的基于 offset 的读/写转化成基于逻辑区块地址（Logical Block Address，LBA）的读/写，并最终翻译成每个设备对应的可识别的地址，通过 Linux 的设备驱动对物理设备，如硬盘驱动器（Harddisk Drive，HDD）或固态硬盘进行相关的读/写。
- 用户态文件系统的管理。Linux 文件系统的实现都是在内核进行的，但是用户态也有一些管理机制可以对块设备文件进行相应的管理。例如，使用 parted 命令进行分区管理，使用 mkfs 工具进行文件系统的管理，使用逻辑卷管理器（Logical Volume Manager，LVM）命令把一个或多个磁盘的分区进行逻辑上的集合，然后对磁盘上的空间进行动态管理。

简言之，对于 Linux 操作系统中基于内核文件系统的支持，其实可以分为两大块：一是内核中虚拟文件系统、具体文件系统、内核通用块设备及各个 I/O 子系统的支持；二是 Linux 用户态与文件系统相关的管理系统，以及应用程序可以用的系统调用或库文件（Glibc）的支持。

当然在用户态也有一些用户态文件系统的实现，但是一般这样的系统性能不是太高，因为文件系统最终是建立在实际的物理存储设备上的，且这些物理设备的驱动是在内核态实现的。那么即使文件系统放在用户态，I/O 的读和写也还是需要放到内核态去完成的。除非相应的设备驱动也被放到用户态，形成一套完整的用户态 I/O 栈的解决方案，就可以降低 I/O 栈的深度，另外采用一些无锁化的并行机制，就可以提高 I/O 的性能。例如，由英特尔开源的 SPDK（Storage Performance Development Kit）软件库，就可以利用用户态的 NVMe SSD（Non-Volatile Memory express）驱动，从而加速那些使用 NVMe SSD 的应用，如 iSCSI Target 或 NVMe-oF Target 等。

2．Linux 远程存储服务

除了本地文件系统，Linux 发行版本还自带工具，用于提供基于以太网、光纤通道的远程存储服务，包括块设备服务、文件系统服务，甚至是基于对象接口的服务。当然也有一些提供其他存储服务的开源软件。

1）块设备服务

Linux 常用的块设备服务主要基于 iSCSI（Internet Small Computer System Interface）和 NVMe over Fabrics。

iSCSI 协议是 SCSI（Small Computer System Interface）协议在以太网上的扩展，一台机器通过 iSCSI 协议即可通过传输控制协议/网际协议（Transmission Control Protocol / Internet Protocol，TCP/IP）为其他客户提供共享的存储设备。通过 iSCSI 协议被访问的设备称为 Target，而访问 Target 的客户（Client）端称为 Initiator。目前 Linux 主流的 iSCSI Target 软件是基于 Kernel 的 Linux-IO，在用户态可以使用 targetcli 工具进行管理。当然还有其他开源的 iSCSI Target，如 STGT、SCST 等。iSCSI 常用的 iSCSI Initiator 工具包括 iscsiadm 命令和 libiscsi、open-iscsi 等软件开发包。

NVMe over Fabrics 则是 NVMe 协议在 Fabrics 上的延伸，主要的设计目的是让客户端能够更高效地访问远端的服务器上的 NVMe 盘。相对 iSCSI 协议，NVMe over

Fabrics 则完全是为高效访问基于 NVMe 协议的快速存储设备设计的，往往和带有 RDMA（Remote Direct Memory Access）功能的以太网卡，或者光纤通道、Infiniband 一起工作。

2）文件存储服务

基于不同的协议，在 Linux 中可以提供很多文件粒度的服务。例如，基于网络文件系统（Network File System，NFS）协议的服务，服务器端可以直接加载支持网络文件系统协议的 daemon。网络文件系统协议最早是由 Sun 公司在 1984 年开发的，目前已经发展到了 NFSv4。

另外还有基于 CIFS（Common Internet File System）的 samba 服务，使用这个服务可以向 Windows 客户端共享文件。这样 Windows 客户端可以把一个网络地址挂载成本地一块磁盘。例如，一个地址为 192.168.1.8 的 Linux 服务器导出一个名为 XYZ 的目录，实际指向/home/XYZ，那么客户端就可以使用\\192.168.1.8\XYZ，但是需要通过 samba 服务器的用户验证。

此外，Linux 还有其他文件服务，如基于文件传输协议（File Transfer Protocol，FTP）的服务，这里不再赘述。另外在 Linux 系统中，如果用户熟悉 SSH（Secure Shell）的一些命令，可以使用 scp 命令在不同 Linux 客户端进行文件的复制，或使用 wget 命令进行文件的下载。这是普通用户常用的功能，但需要服务器端的支持，不过这些服务器端程序的实现一般都比较简单。

1.2.2 存储服务的分类

按照接口，存储服务可以分为 3 类：块存储服务、文件存储服务，以及对象存储服务。

1）块存储服务

对于块存储服务来说，操作的对象是一块"裸盘"，访问的方式是打开这块"裸盘"，通过逻辑区块地址对其进行读/写操作。对 Linux 本机访问来说，可以理解为将一块"盘"映射给主机使用。例如，可以通过磁盘阵列（Redundant Array of Independent Disks，RAID）等方式划分出多个逻辑盘，并将这些逻辑盘映射给主机使用。操作系统会识别这些磁盘，也会屏蔽底层物理盘和逻辑盘的划分细节，将整个磁盘看作一个裸设备来使用。在使用上，磁盘通过分区、格式化挂载之后则可以直接使用。

2）文件存储服务

文件存储服务，即提供以文件为基础、与文件系统相关的服务，如目录的浏览等。在客户端看到的就是层次结构的目录，目录里面有相应的数据，包括下级目录或文件等。对于 Linux 而言，基本文件的操作要遵循可移植操作系统接口（Portable Operating System Interface of UNIX，POSIX）文件系统的应用程序编程接口（Application Programming Interface，API）。其中，比较经典的就是 Linux 单机系统下的文件系统。如果是共享文件服务，则有一系列的协议，如网络文件系统等。

3）对象存储服务

相比块存储和文件存储，对象存储更简洁。对象存储采用扁平化的形式管理数据，没有目录的层次结构，并且对象的操作主要以 put、get、delete 为主。所以在对象存储中，不支持类似 read、write 的随机读/写操作，一个文件"put"到对象存储之后，在读取时只能"get"整个文件，如果要修改，必须重新"put"一个新的对象到对象存储里。

此外，在对象存储中，元数据（Metadata）会被独立出来作为元数据服务器，主要负责存储对象的属性，其他则是负责存储数据的分布式服务器，一般称为 OSD（Object Storage Device）。用户访问数据时，通常会通过客户端发送请求到元数据服务器，元数据服务器负责反馈对象存储所在的服务器 ID，用户通过 ID 直接访问对应的 OSD，并存取数据。

因为在对象存储中没有目录的概念，所以文件存储与对象存储的本质区别就是有无层次结构。通常文件包含了元数据及内容构成，元数据用来存储该文件的除内容之外的属性数据，如文件的大小、存储位置索引等。例如，在常规的文件系统中，数据内容按照块大小会被分散到磁盘中，元数据中记录了各个数据内容的索引位置，在访问文件数据时，需要不断查找元数据来定位到每一个数据页，所以其读/写性能相对较低。

总的来说，对象存储是为了克服块存储与文件存储的缺点，并发挥它们各自的优点而出现的。块存储的优点是读/写速度快，缺点是不太适合共享；文件存储的优点是利于共享，缺点是读/写速度慢。所以结合它们各自的优点出现了对象存储，对象存储不仅读/写速度快，而且适用于分布式系统中，利于共享。

1.2.3 数据压缩

随着计算能力的不断提升，当代社会正在产生越来越巨量的数据，数据压缩也被应用在生活的方方面面，如在网上打开的图片、视频、音频等都是经过压缩的。

压缩可以分为无损压缩和有损压缩。无损压缩可以通过压缩文件完全恢复原始文件；而有损压缩则会丢失一部分信息。对于文本、可执行程序的压缩是无损压缩的典型应用场景，因为任何一点信息的缺失都是不被允许的。有损压缩在图片、音频、视频方面被广泛应用，因为人们对于损失的部分信息并不敏感。有损并不意味着信息是被随机丢弃的，而是选择丢弃对恢复影响最小的部分。有损压缩既提高了效率，又保证了接受度。

这里主要讨论无损压缩。压缩的意义在于，使压缩文件在存储时占用的体积更小，传输时使用的带宽（Bandwidth）更少，传输速度更快。

1. 数据压缩基础

压缩的本质是用更小的数据量表示更多的数据。无损压缩通常通过对数据中的冗余信息的处理来减小数据体积，因此是可逆的。无损压缩可实现的基础是真实世界的数据存在大量冗余，而通过对数据进行编码，就能尽量减少这种冗余。在香农提出的信息论中，他借用物理中度量无序性和混乱度的熵（Entropy）来表示系统中各个状态概率分布的程度，即系统不确定性的量度。分布越随机，概率越平均，熵越大。用公式表示为

$$H(S) = \sum_{S \in S} P(S) \log_2 \frac{1}{P(S)}$$

其中，$P(A)$ 表示 A 信号发生的概率。通过该公式也可以看出概率分布越平均，熵就越大。

香农还定义了自信息量：

$$I(A) = \log_b \frac{1}{P(A)}$$

自信息量代表了信息中含有的比特数，粗略地讲就是对 S 这个信息编码所需要的比特数。从这个定义中可以看出，更高的概率意味着更小的信息量。信息熵就可以看作是自信息量对概率加权的求和，也就是信息编码的平均比特数，因此，更大的信息熵就表示需要更多的编码比特数，也就表示信号的分布更平均。实际上熵可以看作信息编码的最小编码率，即压缩的极限编码率。接下来，我们会讨论两种应用广泛的编码方式。

1）霍夫曼编码

霍夫曼编码是由美国计算机科学家大卫·霍夫曼（David Albert Huffman）于1952年攻读博士期间发明的，是一种用于无损数据压缩的熵编码。熵编码，是指对出现的每个不同符号，创建分配一个唯一的前缀码。前缀码是一种可变长度码，并且每个码字都具有前置性，即每个码字都不会被其他码字作为前置部分。

霍夫曼编码的原理是，为出现频率更高的字符分配更短的编码。通过这种方式，可以减少平均自信息量，使编码长度趋于信息熵。目前广泛使用的压缩算法（Compression Algorithm）都是使用霍夫曼编码作为编码方式的，如文件压缩格式gzip、PKZIP，以及图片压缩格式 PNG、JPEG 等。

2）算术编码

算术编码是一种应用在无损数据压缩领域的熵编码。和其他熵编码不同的是，算术编码可以把整条信息编码成一个一定精度的小数 q（$0.0 \leq q < 1.0$），如霍夫曼编码为一条信息中每个字符至少分配一个符号。

算术编码的基本原理是根据信源发射不同符号的概率，对区间[0,1]进行划分，区间宽度代表各符号出现的概率。通过下边的例子，可以有更清楚的理解。假设某个信源发射信号 a_1、a_2、a_3 的概率分别为 $P(a_1) = 0.7$、$P(a_2) = 0.1$、$P(a_3) = 0.2$，这个信源发送的信息是 a_1、a_2、a_3，使用算术编码的编码过程如图 1-3 所示。那么 a_1、a_2、a_3 这个信息就可以用[0.5460, 0.5600]这个区间中的任何一个数字来表示。

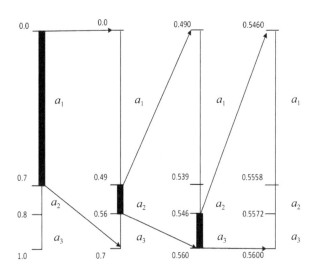

图 1-3　使用算数编码的编码过程

算术编码是到目前为止编码效率最高的一种统计熵编码方式,比著名的霍夫曼编码效率高10%左右。但由于其编码的复杂性、实现技术的限制及专利权的限制,并不像霍夫曼编码那样应用广泛。算术编码有两点优于霍夫曼编码:①符号更紧凑;②编码和符号的统计模型是分离的,可以和任何一种概率模型协同工作。

算术编码是一种高效清除字符串中冗余信息的算法,可以按分数比特位逼近信源熵,突破了霍夫曼编码只能按整数比特位逼近信源熵的限制。但是算术编码的实现有一个缺陷就是很难在具有固定精度的计算机上完成无限精度的浮点运算。对于有限精度的计算机系统,最终区间会收敛到一个点,无法再细分。因此,需要解决无限序列和有限精度之间的矛盾,通过对区间进行动态调整来保证区间不会收敛到一个点,同时这种调整又不能使编码和解码引入歧义。因此,带有区间调整算法的算术编码和基于整数的算术编码就被提了出来,这两种编码都是通过对缩减后的区间进行重新映射。非对称数字系统(Asymmetric Numeral System,ANS)就使用了这种思想,并且在Facebook 的 Zstandard 压缩库中已经做了代码实现。

2. Linux 下开源数据压缩软件

目前,越来越多优秀的开源数据压缩软件出现在大众的视野中,这些开源数据压缩软件不仅免费,还提供了多种数据压缩算法,并且支持多种存储格式,因此被越来越多的用户接受。下面介绍常见的开源数据压缩软件。

1）FreeArc

FreeArc 是一个开源的数据压缩软件，集成了多种数据压缩算法（如 gzip、Multimedia、TrueAudio、Tornado、LZMA（Lempel-Ziv-Markov chain-Algorithm）、PPMD）和过滤器（如 BCJ、DICT、DELTA、REP、LZP）。另外，FreeArc 会根据文件类型自动选择最优的数据压缩算法，并支持数据恢复及算法加密（如 AES + Twofish + Serpent）。FreeArc 是目前压缩效率较高的数据压缩软件之一。

2）7-Zip

7-Zip 是一款开源数据压缩软件，其特点是使用了 LZMA 与 LZMA2 算法的 7z 格式，具有非常高的压缩比。另外，7-Zip 为 7z 与 ZIP 提供了更加完善的 AES-256 加密算法。7-Zip 支持多种压缩/解压缩格式，如 7z、gzip、ZIP、bzip2、XZ、TAR、WIN 等。同时，7-Zip 也支持其他格式文件的压缩/解压缩，如 ARJ、CAB、CHM、cpio、Cramfs、DEB、DMG、FAT、HFS、ISO、LZH、LZMA、MBR、MSI、NSIS、NTFS、RAR、RPM、SquashFS、UDF、VHD、WIM、XAR、Z。对于 ZIP 及 gzip 格式的文件，7-Zip 能够提供的压缩比比使用 PKZIP 和 WinZip 高 2%~10%。

3）Snappy

Snappy 是由 Google 开源的压缩/解压缩软件，具有快速、稳定的特点，一直被用于 Google 的产品当中。它的目标不是最大限度地兼容其他压缩格式，而是提供高速的压缩速度和合理的压缩比。例如，Snappy 在 64 位的 i7 处理器上，可达约 250MB/sec 的压缩速度、500MB/sec 的解压缩速度。相对于 zlib，Snappy 能够提供更快的压缩速度，但同时压缩后的文件大小相对来说会增大 20%~100%。

1.2.4 重复数据删除

重复数据删除（DEDUPE）在存储备份系统中有很重要的应用，有利于更高效地利用存储空间。重复数据删除在维基百科上的定义为 "一种可粗粒度去除冗余数据的特殊数据压缩技术"，开宗明义地解释了重复数据删除和数据压缩之间的联系。

通俗地讲，数据压缩一般通过字符串或比特级的操作来去除冗余数据，然而重复数据删除判断数据冗余的粒度较大，一般是文件级别或块级别的匹配，其目标是达到性能和去重复比例的平衡。

为何需要进行重复数据删除呢？数据的快速增长是对数据中心最大的挑战，爆炸式的数据增长会消耗巨大的存储空间，这会迫使数据提供商去购买更多的存储，然而即使这样却未必能赶上数据的增长速度。这样的现实迫使我们去考虑一些问题：产生的数据是不是都被生产系统循环使用？如果不是，是不是可以把这些数据放到廉价的存储系统中？怎么让数据备份消耗的存储更低？怎么让备份的时间更短？数据备份后，可以保存的时间有多久（物理介质原因）？备份后的数据能不能正常取出？

在实际情况中，和生产系统连接的备份系统一般每隔一段时间就会对生产系统做一次主备份，即备份生产系统中的所有内容。在两次主备份之间有很多增量式备份，且生产系统和备份系统的工作时间一般来讲是互斥的。当然如果生产系统需要持续运行，那么备份系统则需要在生产系统相对空闲的时间来工作。也就是说，备份系统的工作时间是有限制的，一般这个时间被称为备份窗口。需要被备份的数据必须在这个时间全部被迁移到备份系统中，这就对备份系统的吞吐率提出了要求。

那么怎么提高备份系统的吞吐率呢？纯粹更换硬件是一种方法。例如，10年前，主流的备份系统用的是磁带，其局限性在于吞吐率不够而且只支持顺序读/写。为满足吞吐率方面的需求，主流的备份系统的后端存储开始采用磁盘。

用于备份的数据，或者多次备份过来的数据可能是相似的，如果我们不是机械化地去备份这些数据，而是有意识地识别其中冗余的数据，然后对相同的数据只备份一份或少数几份（出于数据可靠性方面的考虑），那么这种方法不仅减少了备份系统所需要的容量，还减少了备份时对带宽的使用。举一个现实的例子，邮件系统中有很多群发邮件，其内容相同，特别是附件。试问邮件备份系统中需要将用户的相同附件都保存一份吗？答案显然是不必要的。邮件系统的例子体现出重复数据删除的作用，不过邮件系统所用的重复数据删除比较简单，主要针对的是相同的文件。

简言之，文件级别的重复数据删除有很大的局限性。最浅显的问题就是：如果文件内容只是略微有些不同，那要怎样进行数据去重呢？换句话说，文件级别的粒度太大，而粒度太小就变成了常用数据压缩技术，也不太合适。所以我们需要的是粒度适中的，如大小平均在 8KB 左右（经验值）。这样的重复数据删除能让空间（数据去重比率）和时间（备份性能）达到一个最佳的平衡点。

综上所述，重复数据删除一般用于备份系统中（或二级存储）。衡量一个应用重复数据删除的备份系统是不是优秀，有以下几个主要特征。

- 数据去重复率。数据去重复率越大越能减少备份系统存储方面的压力，同时在二次或多次数据备份的时候，越能减少对网络带宽的使用。
- 吞吐率。使用了数据去重技术后，备份时间是否显著缩短。根据前面所说的，对于很多生产系统来讲，备份窗口时间有限。如果数据吞吐率不高，即使再高的数据压缩比，也很难被采用。
- 数据的可靠性。这是指经过重复数据删除处理后的数据在进行灾难恢复时，数据能否被正常恢复，因为去重后的数据已经不是原来的数据了。这一点往往被外行人忽略，但是一个好的数据备份厂商，一定会重视这个问题。试想如果去重后的数据在某些情况下不能被正常恢复，那又何必应用重复数据删除做数据备份呢？
- 备份过程的安全性。对于企业内部或私有云，基本上默认在数据备份过程中不会出现安全方面的问题，如数据窃取。但是如果将重复数据删除技术作为一个由第三方提供的服务，那么安全问题就需要被重视。

1. 重复数据删除的分类

上面简单地介绍了重复数据删除技术，这里稍微讲一下重复数据删除的主流分类，以便读者能够更好地理解重复数据删除。

1）分类一

重复数据删除根据应用的位置，可分为源端重复数据删除和目标端重复数据删除两种，其中源端指备份数据的来源；目标端指备份系统。所谓源端重复数据删除是指在源端判断数据重复的工作。例如，用户在上传某数据的时候，可以操作以下步骤。

（1）使用单向函数（某些哈希算法）生成需要上传的数据的指纹（Fingerprint）；

（2）把指纹发送到备份系统，等待确认；

（3）位于目标端的备份系统，判断是否存在相似的数据，给源端返回数据是否存在的信息；

（4）源端接收信息后，决定是否上传数据。

源端重复数据删除的好处显而易见，如果数据已经被备份过了，则不需要将数据再传送给备份系统。当然源端数据去重复,性能未必一定高,在确认数据交换的时候,需要传送大量的指纹(每块数据都会保留一个"指纹",为了保证指纹的唯一性可以使用比较好的哈希算法),这是一笔不小的开销。

此外,如果源端是不可信的,则可能将引起某些安全问题。试想以下应用场景:假设一个备份系统中存有很多用户的工资信息,每个用户都有一个工资单,且工资单的模板都是一样的,那么某些用户就可以去探测其他人的工资信息,假设工资单中含有的信息是用户姓名、工号、工资,如果用户 A 知道用户 B 的姓名、工号,想要猜测对方的工资,只要在源端生成相关文件,然后上传给备份系统,一旦发现生成的文件没有被上传,即可确定 B 的工资。虽然这种攻击是非常耗时的,但是在理论上完全存在这种可能性。

和源端重复数据删除相对应的是目标端重复数据删除,在这种情况下,源端只要把数据上传给位于目标端的备份系统即可,源端甚至感受不到重复数据删除技术的存在。所有的数据都会通过网络或其他传输机制交给备份系统,备份系统对接收的数据统一地应用重复数据删除技术。相比源端重复数据删除,目标端重复数据删除虽然对传输数据的网络带宽占据较大,但是也有很多好处:客户端完全透明,去除了安全方面的隐患,也不用对客户端做维护工作,如版本升级;去重复数据都在目标端,使得管理集中,可进行全局的去重复,可称为一个相对独立的系统。

2)分类二

根据数据在备份系统中进行重复数据删除的时间发生点,分为离线(Post-process)重复数据删除和在线(Inline)重复数据删除两种。

离线重复数据删除,是指在用户数据上传的过程中,数据去重复并不会发生,直接写到存储设备上;当用户数据上传完全结束后,再进行相关的数据去重复工作。这样的方式可以理解成那些有很多胃的食草动物(如牛),先把食物吃到胃中,然后在某个时间点再进行反刍,以完全消化食物。有反刍能力的食草动物一般有多个胃,对应到备份系统中,就是至少需要两个存储设备。试想如下的场景:用户的备份数据是 1PB,备份系统需要的存储至少要大于 1PB。其中第一个存储设备大小为 1PB,用于存储用户上传的数据,另外一个存储设备大小为 X(X 为应用重复数据删除后的数据大小,为 0~1PB)。这样的去重复手段,相信读者一定会看出其中的问题,即为了确保重复数据删除能正常进行,最差的情况下会有 100% 的额外存储资源消耗。

为了解决这个问题，在线重复数据删除技术应运而生。所谓在线重复数据删除，就是在用户数据通过网络上传到备份系统的时候，数据去重复就会发生。用户的数据会被重复数据删除子系统分成不同的部分，每个部分视为一个块（Chunk）或切片，每个数据切片会被计算一个相应的指纹，然后通过指纹去查找相关数据切片是否存在，一旦存在，这个数据切片就不会被写入真实的存储设备中。但这一过程对CPU和内存的消耗是非常高的。

虽然存储某个数据需要先查找数据切片是否存在，但是如果能找到这个数据切片，则避免了大量外部存储写操作，以及过多的存储（磁盘I/O）的操作时间，反而提高了备份的速度。另外，多次备份的内容存在很大的相似性，这带来的好处是非常可观的，因此，在线重复数据删除同时"压榨"CPU、内存、网络、存储I/O等模块，使得整个系统的资源能被更好地利用，与离线重复数据删除相比是一个不小的进步。

当然重复数据删除还有很多其他分类，如根据目标端的备份系统可分为单机重复数据删除或分布式重复数据删除，不再一一赘述。

2. 深入理解重复数据删除

这里将深入地讨论重复数据删除，以帮助读者了解重复数据删除是怎么应用到备份系统中，并使得备份吞吐率、去重复比率、数据的完整和安全性都能得到满足的。

1）数据切片算法

开始的时候，我们就谈到重复数据删除只是一种数据切片级别的特殊数据压缩技术。一般来讲，数据被切成数据切片有两种分类：定长（Fixed Size）和变长（Variable Size）。

定长就是把一个接收到的数据流或文件按照相同的大小切片，每个数据切片都有一个独立的指纹。从实现角度来讲，定长文件的切片实现和管理比较简单，但是数据的去重复比率比较低。这个也是容易理解的，因为每个数据切片在文件中都有固定的偏移。在最坏的情况下，如果一个文件在文件开始处增加或减少一个字符，将导致所有数据切片的指纹发生变化。最差的结果是备份两个仅差一个字符的文件，导致重复数据删除率等于零。这显然是不可接受的。

为此变长技术应运而生，变长不是简单地根据数据偏移来划分数据切片的，而是根据"Anchor"（某个标记）来划分数据切片的。因为寻找的是特殊的标记，而不是数据的偏移，所以能完美地解决定长数据切片中由于数据偏移略有变化而导致的低数据去重复比率。

那么变长技术中的"Anchor"究竟是怎么确定的呢？一般使用基于内容的分片（Content Defined Chunking，CDC）算法使用滑动窗口技术（Sliding Window Algorithm）来确定数据切片的大小。窗口的大小一般是 12~48 字节，根据经验值，数据切片大小为 8KB 时对数据去重复是比较有效的。常用的数据切片算法是利用 RabinHash 算法计算滑动窗口的指纹进行切片。如果获得的指纹满足预先设定的条件，则这个窗口的位置是一个切分点，两个切分点之间的数据被认为是一个切片。RabinHash 算法有很多开源实现，比较早的应用在 MITPdos 研究组的 Pastwatch 项目中有相应的源码下载。

当然 RabinHash 算法也有局限性，在理想情况下，使用 RabinHash 算法产生的切片大小（按照数学期望）是比较均匀的，但是实际情况往往不是这样的。可能会出现以下的问题：①出现很多小切片，这将导致管理数据切片的代价变大（一般使用树状索引）；②数据切片太大，影响数据去重复的效果。

为了解决这两个问题，研究人员提出了一些改进的方法。例如，在 NEC 的一篇文章中，作者提出了双峰算法，其主要思想是进行二次切片。对于大的数据切片可能继续采取一些分片操作，对于小的切片可能采取切片合并操作。此外 HP 实验室在 *A Framework for Analyzing and Improving Content-Based Chunking Algorithms* 中也提供了一个框架来分析一些常用的基于内容的分片算法，并且提出了一个新的基于内容的分片算法——TTTD（Two Thresholds Two Divisors Algorithm）。其中，Two Thresholds 是指规定切片的大小只能在上下界限之间。Two Divisors 是指使用 RabinHash 算法来确定分界的时候有两个值可选：主 Divisor 和备份 Divisor。当使用主 Divisor 时如果找不到分界点，则备份 Divisor 的条件不能被满足。此外在 NEC 发表的文章 *Improving Duplicate Elimination in Storage Systems* 中还提出了一种名为 fingerdiff 的新切片算法，有兴趣的读者可阅读原文。

2）高效删除重复数据

数据切片算法是重复数据删除技术中比较重要的一部分，但只依赖于数据切片算法是远远不够的。前面我们提到衡量数据去重复有两个重要指标：数据去重复率和吞吐率。很多研究表明数据切片越小去重复率越高，但是会导致低吞吐率；反之，数据切片越大去重复率越低，但是吞吐率越高。为此要求应用重复数据删除的系统必须选择合适的切片大小，以在去重复率和吞吐率之间达到一个动态平衡，数据切片大小对数据去重复率和吞吐率的影响如图 1-4 所示。

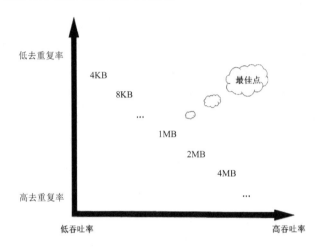

图 1-4　数据切片大小对数据去重复率和吞吐率的影响

在在线数据去重中，怎样在数据切片后根据数据切片的指纹，高效地在数据切片管理系统中查询或建立新的数据切片索引是提高吞吐率的关键所在。一般来讲，数据是通过网络传输过来的，然后指纹的计算会消耗大量的 CPU，指纹的查询会占用大量的内存和进行过多的磁盘操作。因此，整个在线去重复系统就是高效利用了网络、CPU、内存和磁盘 4 个模块。

例如，*Avoiding the Disk Bottleneck in the Data Domain Deduplication File System* 论文中所描述的 DDFS 就采用了以下技术来提高数据的吞吐率。

- 摘要向量技术（Summary Vector），对于切片的指纹查询引入了 Bloom Filter 技术，使用 Bloom Filter 的好处在于没有假负率（False Negative）。只要在 Bloom Filter 中找不到，直接就能说明这个指纹不存在。
- 基于流的块排列技术（Streaming Informed Segment Layout，SISL）的前提是如果备份过一次数据流后出现非常相似的数据流，那么对于某个数据流，其应该作为一个整体来考虑，和该数据流相关的切片和指纹应该尽量集中放置在某几个容器（Container）中。在 DDFS 中，每个容器大小定长，均存储了数据切片和相关的指纹。

- 局部性保持技术（Locality Preserved Cache，LPC）把数据切片和指纹与容器保持一个映射关系。这样的好处在于，如果备份的数据流是有空间局部性的，那么把一个数据指纹加载到内存中时，和这个数据指纹位于同一个容器中的指纹会一起被下载到内存中，后续数据切片的指纹就能直接在内存中找到了，避免了不必要的外部 I/O 操作。此外内存使用最近最少使用（Least Recently Used，LRU）算法管理容器。

客观来讲，DDFS 所使用的策略是非常有效的，这使得整个数据重复删除的效率非常高，为此在工业界，Data Domain 公司的产品从目前来讲领先于其他同类产品，占据了很大的市场份额。当然这不是说 DDFS 的技术无可挑剔了，从学术的角度来讲，还有很多优化可做。例如，在 2011 年的 ATC 会议上，有一篇名为 *SiLo: A Similarity-locality Based Near-exact Deduplication Scheme with Low RAM Overhead and High Throughput* 的文章对切片指纹的查找提出了进一步的优化方案，文章中提到 DDFS 这样的系统只是从本地化（Locality）的角度来考虑高效的切片指纹查找的，但是仅仅依靠本地化是不够的。对于全备份来讲，所备份的数据流具有很高的本地化。但是对于那些增量式备份的数据流，本地化则比较差，为此必须考虑另外一个因素，即相似性（Similarity）。相似性所用的策略比较简单，就是把很多紧密相关的小文件分为一组，并放入一个切片中，或者把一些大文件划分成更多独立的小切片来挖掘相似性。同时利用本地化和相似性，作者提出了一个新的系统 SiLo，能够更好地去重，并且在占据内存较小的情况下，达到比较高的吞吐率。

当然除了在软件上优化指纹的查找，很多研究人员也从硬件方面考虑问题。我们知道，计算指纹（一般使用哈希算法，如 SHA1）需要消耗大量的 CPU。为此可以引入其他物理器件，如 GPU，从而释放 CPU 的计算能力。

3）数据可靠性

当人们把过多目光放在重复数据删除的去重复率和吞吐率方面的时候，我们需要考虑备份数据的可恢复性及其完整性，也就是说，不希望备份数据被破坏。那么到底从哪些方面保证数据的可靠性呢？这里认为，对一个去重复系统而言，当数据从客户端通过传输介质进入数据去重复系统后，必须考虑系统中的每一个模块。也就是说在设计整个重复数据删除系统的时候，必须将任何一个模块在运行过程中存在错误的可能考虑进来。

第一个需要考虑的问题是，外部存储的可靠性。现在备份的数据最终会被放到磁盘（取代了以前的磁带）。所以一个简单的问题就是，在备份过程中磁盘设备损坏了该如何处理？为此，磁盘阵列技术被引入。一般在数据去重复系统中常用的应用有RAID0、RAID5 或 RAID6。当然磁盘阵列技术也有软件和硬件之分，其中，硬件磁盘阵列部署起来虽然比较容易，但是也不能百分之百保证数据不出错。磁盘也一样，写入磁盘的数据未必一定正确，即使错误发生的概率非常低。因此，就需要去重复系统通过软件的方法去验证一些数据的完整性。例如，对于一些数据结构，可采用内嵌的校验和（Checksum）来保证数据的完整性。

第二个需要考虑的问题是，内存的可靠性。众所周知，服务器上的内存都携带ECC（Error Correcting Code）功能。对于重复数据删除系统而言，如果内存有这样的机制，就可以让重复数据删除系统通过 ECC 去检验这些内存条的错误。如果在同一个区域 ECC 出现错误的频率变高了，超过了某个阈值，似乎就可以断定这块内存条在一定时间内有损坏的可能，需要及时替换。再扩展一下，就是对系统中所有的硬件都需要有监控，以防止意外发生，如监控 CPU 和风扇的温度等。

第三个需要考虑的问题是，如果在进行去重复的过程中整个系统崩溃了，那么还能保证数据的完整性吗？这个问题可能比较难解决。对于那些还在 CPU 或内存中但并没有被刷入外部存储的数据，能不能进行相关的跟踪？发生这样的事情最完美的结局是：系统能恢复正常，还没刷入外部存储的数据（已经经过了指纹处理）能被正常写入外部存储。直观地想，这似乎是不可能的，但是细想一下，似乎还有其他的解决方案。

先把思维发散到数据库中。我们知道支持 OLTP 的数据库对事务的支持有很强的要求，如那些没被正常提交的事务（Transaction）需要进行回滚。为了满足这一需求，数据库引入 WAL（Write Ahead Log）机制，即任何写磁盘操作必须先写日志。在数据去重复系统中，是不是也可以引入 WAL 机制呢？答案是，可以，但是纯粹使用引入的 WAL 机制似乎不能满足数据去重复系统高吞吐率的要求，那么怎么办呢？为此，数据去重复系统向一些高端的存储系统学习引入 NVRAM，因此日志可以先被写入 NVRAM。于是当系统崩溃的时候，一些数据就可以从 NVRAM 中恢复出来，这在一定程度上解决了系统崩溃所导致的数据丢失问题。但是 NVRAM 也不是万能的，系统在某些情况下依然会处于一个不能完全恢复数据的状态，当然这样的概率是比较低的。

从数据脆弱性的角度来讲，开发一个好的数据去重复系统还是比较困难的。总的来说，必须把数据可失性的问题从软件和硬件等方面进行全面考虑，才能尽可能地避免数据在去重复或恢复过程中的丢失问题。

3. 重复数据删除应用

重复数据删除技术从萌芽到兴起时间不长，但是随着大数据的发展，人们对存储的需求也呈爆炸式增长。前面我们所讲的是当前重复数据删除技术在数据备份系统中的应用，市场上销售的重复数据删除系统基本都是一体化的。所谓一体化系统，是指数据去重系统以容量大小进行销售，也就是说用户会购买一个 BOX（包含了所有软件和硬件）。但问题是，随着数据容量的增长，单个 BOX 是否还能满足要求？

就这里而言，答案是否定的。数据去重复系统的可扩展性，现在还处于探索阶段，目前可以进一步压榨多核或 CPU 的能力，但是总有一天这种方式的优化效果会变得越来越不显著。为此我们必须将方向转向分布式系统，或者把数据去重和云联系起来。例如，昆腾公司的一款虚拟插件产品 DXi V1000，开始把重复数据删除和虚拟化及云相结合。重复数据删除在数据备份方面的应用，还有很长的路要走。

构建分布式的数据去重复系统，或将其重复数据删除和云结合，有很多种玩法。对云服务代理商而言，可以结合重复数据删除技术和一些廉价的云存储服务，来提供更加可靠的存储服务，这里使用重复数据删除技术也是为了降低成本。重复数据删除的供应厂商，不再单纯地将 BOX 卖给用户，而是提供更加一体化的服务。当用户的 BOX 容量满了，则需要购买容量更大的 BOX 来替换。

对于一些小企业来讲，持续的 BOX 替换是一项比较大的 IT 开销。因此如果数据去重复厂商提供额外的云服务，允许用户在 BOX 容量满的情况下，把去重复后的数据放到云端，虽然备份的性能会有所下降，但是确实满足了小型企业的需求。例如，如果用户买了 1TB 的去重复系统，附加一个 10TB 的云数据去重复系统。

重复数据删除了在数据备份系统（主要指 Secondary Storage）中的应用，在其他方面也有相应的应用，如主存储（Primary Storage）、文件系统、虚拟化，甚至内存。下面对其进行简单介绍。

- 主存储中的数据去重复。在 2012 年的 FAST 会议上，NetApp 公司发表了一篇名为 *iDedup:Latency-aware,inline data deduplication for primary storage* 的文

章，希望重复数据删除在主存储上的应用能同时在存储空间节省和 I/O 延迟之间做一个平衡。

- 文件系统的数据去重复，如 ZFS、liveDFS、SDFS、DEDE，其中，ZFS 在文件系统管理中支持了数据去重复功能；liveDFS 可在虚拟机内进行重复数据删除；SDFS 可在一些文件系统之下进行重复数据删除，不过它是一个用户级数据去重复文件系统；DEDE 工作在 VMware 的 VMFS 层，可以在线对用户虚拟机磁盘进行重复数据删除。
- 对于内存中的去重复（数据共享），大家应该不会陌生，一般都是在 Page 级别进行内存共享。例如，在操作系统中进程之间共享内存，使用的写时复制（Copy On Write，COW）机制，以及同一个主机中的不同虚拟机之间通过写时复制机制共享内存。另外还有一些更复杂的基于内存数据去重复机制，这里不再赘述。

4．Linux 下开源数据删除软件

Linux 下的独立开源存储方案不太多，目前用得比较多的是 OpenDedup。OpenDedup 针对 Linux 的重复数据删除文件系统被称为 SDFS，主要针对的是那些使用虚拟化环境，且追求低成本、高性能、可扩展的重复数据解决方案的用户。

OpenDedup OST 连接器提供了网络备份与 OpenDedup 之间的集成，其支持以下的功能：将数据写入并备份到 OpenDedup 卷；从 OpenDedup 卷读取并恢复；备份 OpenDedup 卷的加速器支持。此外 OpenDedup 的开源文件系统 SDFS，可以在本地或云存储删除目标。OpenDedup 的特定功能如下。

- 对云存储后端（Storage Backend）进行在线重复数据删除：SDFS 可以将所有数据发送到 AWS、Azure、Google 或任何 S3 兼容的后端。
- 性能：对压缩的数据可以多线程上传和将数据下载到云端。
- 本地缓存：SDFS 可以在本地缓存最近访问的数据（默认大小是 10GB）。
- 安全性：所有数据在发送到云端时都可以使用 AES-CBC 256 进行加密。
- 流控：上传和下载速度可能会受到限制。
- 云恢复/复制：所有本地元数据都可以被复制到云端中，并且可以被恢复。
- Glacier 支持：支持 S3 生命周期策略并可以从中检索数据。

此外，还有另外一些开源网络备份和数据恢复软件厂商，如 Bacula Systems、Zmanda、Nexenta 等。另外重复数据删除功能，也被集成在大型的分布式存储系统中，以提供备份的功能。这方面云服务商用得比较广泛。

1.2.5　开源云计算数据存储平台

首先，回顾一下云计算技术的发展历史及云计算的概念。在传统模式下，想要使用计算机资源，必须自己购买基础设施和软件的许可。同时，企业还需要雇用专业的运维管理人员对其进行维护。随着企业所需的计算机资源规模越来越大，不仅需要扩充各种硬件基础设施，还需要扩大维护人员团队，以保障服务的正常运行。

而对于大部分企业来说，其实计算机基础设施并不是它们真正需要的，它们只是将基础设施作为一种支持上层业务的服务手段。在维护费用上，不仅需要花费大量的资金购买硬件、建立企业的数据中心，而且还需要高价聘请专业人员对其进行管理与维护，这无形中给企业增加了额外的成本费用。倘若有一种服务，让企业无须自己搭建并维护数据中心，只需要出钱就可以直接买到所需要的服务，那么就可以大大降低企业额外的运营成本，并且可以获得高质量的 IT 服务。这如同我们常见的公共服务一样，如水电站，我们每天都需要用到水和电，但并不是家家户户及每个企业都要去建立自己的发电厂和水井等设施。我们只需要缴纳一定的费用就可以享受这样的服务。

所以，云计算的目标就是为用户提供计算机基础设施服务。在云计算模式下，所有计算机资源都由云计算厂商进行集中管理，用户只需要按需付费，即可获得所需要的服务。这对用户（企业）来说，使用 IT 资源变得更加简单，费用成本更低。用户不必关心底层的基础设施建设，可以略过一系列复杂的硬件部署、软件安装等步骤，直接使用云计算厂商提供的计算、存储及网络等资源即可。这对于用户（企业）来说是将部署计算机资源从购买产品转换为购买服务。

目前对于云计算的定义有多种说法，现阶段广为接受的是美国国家标准与技术研究院（NIST）的定义：云计算是一种按使用量付费的模式，能够提供可用的、便捷的、按需的网络访问，位于可配置的资源共享池的资源（包括网络、服务器、存储、应用软件、服务）能够被快速提供，用户只需要做很少的管理工作，或者与服务提供商进行很少的交互。

随着云计算的不断推广，目前越来越多的公司开始提供云计算服务，出现了一批优秀的云计算服务,如国外的有 Amazon 的云计算服务 AWS、微软的云计算服务 Microsoft Azure 和 Google 的计算服务 Google Cloud;国内的有阿里云、腾讯云及金山云等。

"云计算"中的"云"可以简单地理解为任何可以通过互联网访问的服务,那么根据其提供服务的类型,云计算有以下 3 种落地方式。

- IaaS:通过互联网提供"基础的计算资源",包括处理能力、存储空间、网络等,用户能从中申请到虚拟或物理的硬件设备,包括裸机(Bare Metal)或虚拟机,可在上面安装操作系统或其他应用程序。典型的代表有 Amazon 的 AWS 和阿里云 ECS。
- 平台即服务(Platform As a Service,PaaS):将计算环境、开发环境等平台作为一种服务通过互联网提供给用户,用户能从中申请到一个安装了操作系统及各种所需运行库的物理机或虚拟机,可在上面安装其他应用程序,但不能修改已经预装好的操作系统和运行环境。
- 软件即服务(Software As a Service,SaaS):通过互联网为用户提供软件的一种服务方式。应用软件安装在厂商或服务供应商那里,用户可以通过网络以租赁而非购买的方式来使用这些软件。典型的代表有百度云盘、360 云盘等。

Iaas、SaaS 和 PaaS 三者的关系如图 1-5 所示。

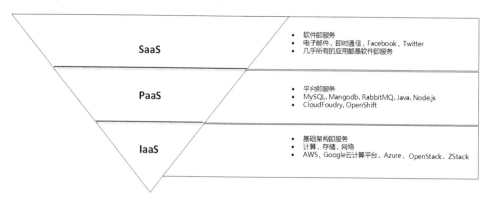

图 1-5　IaaS、SaaS 和 PaaS 三者的关系

底层为 Iaas,提供各种基础硬件平台,如计算、存储及网络。PaaS 提供中间层的服务,隐藏了服务器、虚拟机等概念,把一切功能服务化。顶层则为 SaaS,提供

常见的业务服务。针对云计算的三层结构，出现越来越多的云计算平台，其与云计算服务进行整合，为用户提供了更优质的服务。

1.2.6 存储管理和软件定义存储

存储管理软件对存储而言是非常重要的，是存储运维非常重要的一部分。随着存储系统的多样化，如果依然对不同的存储使用不同的软件，则存储会非常低效，这将增加运维的复杂度。另外不同的存储软件不能互通，这会影响存储的调度。于是急需一个非常高效的、统一的存储软件，以管理不同的存储，并且可以在不同的存储之间根据用户的需求进行相应的调度，这促进了软件定义存储（Software Defined Storage，SDS）的诞生。软件定义存储是用来满足管理、资源调度或编排（Orchestration）的需求的。

1. 软件定义存储的发展

最早出现"软件定义"这个词的是软件定义网络（Software Defined Network，SDN）。软件定义网络起源于斯坦福大学的一个研究课题——Clean Slate。2009年，软件定义网络的概念被正式提出。软件定义网络通过将网络设备的控制与数据分隔，运用可编程化控制实现了网络的灵活管理，为网络平台及应用提供了良好的平台。

之后在2012年，VMware于VMworld 2012大会上首次提出了软件定义数据中心（Software Defined Data Center，SDDC）的概念。软件定义数据中心抽象、池化和自动化了云计算的基础架构（计算、存储、网络），整个数据中心可以由软件自动控制（见图1-6）。其目标是利用虚拟化和云计算技术，通过虚拟化，将数据中心的一切资源，构建成一个由虚拟资源组成的资源池，软件定义存储是一种最有效、最经济且恢复力强的云计算基础架构方法。外部应用编程接口可以无缝连接到私有云、公有云及混合云平台。

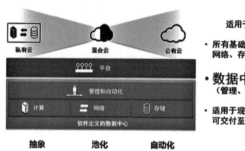

图 1-6　软件定义数据中心

随后，作为软件定义数据中心中的基础服务之一软件定义存储的概念被提出。软件定义存储是一种数据存储方式，其独立于底层硬件，与存储相关的控制工作都在相对于物理存储硬件的外部软件中完成。软件定义存储通常包括一种虚拟化存储的形式，这种形式将存储硬件与管理软件分开，使软件定义的存储软件也可以为数据删除、复制等特性提供管理。

那么为什么会出现软件定义的存储呢？其原因是当下各种新型技术的不断进步，以及互联网行业的快速发展带来了巨大的存储需求。互联网行业的蓬勃发展带来了大量的数据资源，这给存储带来了更大的挑战。在云计算方面，越来越多的基础架构即服务大量涌现，其中存储即服务也需要做到更高效、更快捷的管理。下面从数据中心的 3 个基础设施服务（计算、存储及网络）的发展来解释是什么推动了软件定义存储的发展。

- 计算：相比之前，CPU 的计算能力越来越强，并且随着 CPU 多核时代的到来，单个多核 CPU 往往可以处理更多 I/O 请求。在虚拟化场景中，这显得尤为重要。多核 CPU 在很大程度上提高了处理器的利用率。相应地，在底层存储上也需要变革。不仅是硬件方面，在软件方面也需要进一步提升以匹配日益发展的计算速度。

- 存储：如今，存储技术在不断变革，存储介质从 2D NAND 到 3D NAND，再到如今英特尔推出的 3D XPoint；块设备从最早的 SATA 硬盘发展到如今的 PCIe NVMe SSD，使得存储硬件产生了质的飞跃；磁盘的延时从毫秒级缩短到了亚毫秒级。同时存储软件上也出现了许多变革，为适应最新的硬件产品、提高存储性能，如英特尔推出了 SPDK 等 Kernel Bypass 技术。

- 网络：网络技术也在不断变革，从最早的千兆网卡到如今的万兆网卡，这使得网络延时变得越来越小。随着越来越多的分布式服务的出现，网络被广泛用于连接各种存储设备。同时，一些新技术的大量涌现使得网络服务变得更加高效。例如，在硬件上，Mellanox 推出 RDMA 网卡，Infiniband 推出 RDMA 的网络交换机；在软件上，英特尔推出 DPDK 来改进当前网络方面的性能。

随着上述技术的不断进步，涌现了大量的高性能存储服务，其中包括一些日益成熟的分布式存储系统、存储虚拟化等技术。同时，存储资源管理和使用也日趋复杂。云计算和虚拟化环境需要更加智能的存储管理，从而能够灵活管理和控制其信息，并且能够快捷灵活地部署存储资源。因此，计算、存储及网络 3 个基础设施服务的发展推动了软件定义存储的发展。软件定义存储通常包含两部分：控制平面（Control Plane）和数据平面（Data Plane）。

下面结合图 1-7 来介绍软件定义存储中常见的组件。

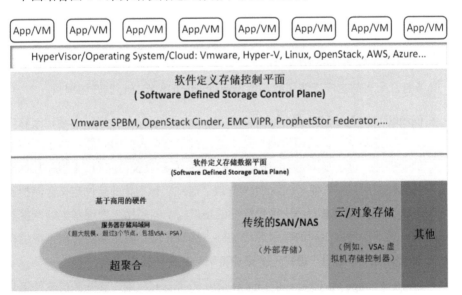

图 1-7 软件定义存储的控制平面和数据平面

1)控制平面

控制平面常见的组件有以下几种。

- VMware SPBM(Storage Policy Base Management),基于存储策略的管理。
- OpenStack Cinder,用于提供块存储服务。
- EMC ViPR,其目标是实现 EMC 存储、异构存储、商用硬件本地存储资源的存储虚拟化(包括互操作性)。

2)数据平面

数据平面这一层组成比较复杂,组成部分较多,有如下几部分。

- 基于商用的硬件(Based on Commodity Hardware),这一类包含两大类:超融合架构(Hyper Converged Infrastructure,HCI),如 VMware VSAN、EMC ScaleIO 等;非超融合架构,如 DELL Fluid Cache、HP StorVirtual 等。
- Traditional SANStorage Area Network Storage Area Network /NSA,传统的外置磁盘阵列,包括 SAN 存储和 NAS(Network Attached Storage)存储。
- Cloud/Object Storage,作为应用的后端存储提供相关的存储资源。

2. 软件定义存储开源项目介绍

如下是几个当前被广泛使用的存储资源管理与软件定义存储开源项目。

- OpenSDS:OpenSDS 最早由华为提出,旨在为存储业界提供标准化的软件定义存储控制平面,从而为用户解决存储过于复杂多样的问题。由于当前的存储管理往往过于复杂,后端涉及各种各样的存储设备供应商、虚拟化技术等,部署和使用极不方便。OpenSDS 开放了统一、标准化的软件定义存储控制器架构,最上层用来向用户提供统一的接口;中间层用来处理基本的调度和管理;最下层接入不同的存储后端支持,从而管理不同的存储后端,提供统一标准的结构,给用户提供一个更加整洁、灵活的使用方式。
- Libvirt Storage Management:Libvirt 是由 Redhat 开发的一套开源的软件工具,其在 host 端通过管理存储池(Pool)和卷(Volumes)来为虚拟机提供存储资源。Libvirt 可以与多种虚拟机进行交互,包括 KVM/QEMU、Xen、LXC、Virtual Box、VMware ESX 及 Hyper-V 等。另外 Libvirt 支持多种后端存储类型,如

本地文件系统、网络文件系统、iSCSI、LVM 等。
- OHSM（Online Hierarchical Storage Manager）：OHSM 是企业级开源数据存储管理器。它在高成本和低成本的存储介质之间自动移动数据。OHSM 系统的存在是因为高速存储设备（如硬盘驱动器）比慢的设备（如光盘和磁带驱动器）更昂贵（每字节存储）。虽然理想的情况是所有数据都可以在高速设备上使用，但对于许多用户来说这是非常昂贵的。相反，OHSM 系统将企业的大部分数据存储在较慢的设备上，然后在需要时将数据复制到更快的磁盘驱动器上，从而实现动态的数据管理。动态的数据管理能够更加灵活、更加充分地利用后端存储资源。

1.2.7　开源分布式存储和大数据解决方案

随着大数据时代的到来，应用系统发生了很大变化，数据量变得越来越大，之前的存储和计算系统已经远远不能满足当今用户的需求。摩尔定律告诉我们：当价格不变时，集成电路上可容纳的元器件的数目，每隔 18～24 个月便会增加一倍，性能也将提升一倍。换言之，每一美元能买到的计算机性能，将每隔 18～24 个月增加一倍。

当我们将时间固定在某一个点上，即当时间不变时，如果要提高单机的性能，意味着我们要花费更多的钱。所以说单纯地提高单机的性能，性价比较低。除此之外，单机的计算和存储性能存在一定的瓶颈，即当单机的计算和存储达到一定的峰值后，即使我们花费再多的钱，也无法再提升其性能了。另外，出于可靠性和安全性方面的考虑，当这台机器出现问题，系统就完全不能用了。

所以分布式存储就是将多台独立的设备通过某种网络通信连接起来，组成一个大的集群，从而使集群中不同设备的硬盘驱动器、固态硬盘等介质组成一个大规模的存储资源池。分布式存储系统一般包括三大组件：元数据服务器（也称为主控服务器）、客户端及数据服务器。分布式存储系统结构如图 1-8 所示。

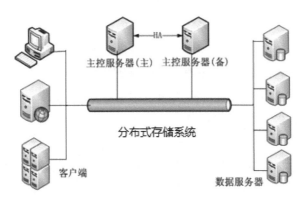

图 1-8　分布式存储系统结构

元数据服务器是分布式存储系统的核心，主要在系统中提供以下服务。

- 命名空间管理。命名空间管理主要负责分布式存储系统中的元数据管理，如对象或文件块到数据服务器的索引、文件之间的关系等。因为在分布式存储系统中，会涉及大量的大型存储对象，它们一般会被分割成小的对象分配到不同的存储位置，因此命名空间的管理极为重要，这不仅涉及系统中数据一致性的问题，而且还涉及访问文件的效率。不同的分布式系统采用不同的命名空间管理方法，有些分布式系统采用将元数据全部基于内存的存储方式，分布式存储系统采用特殊的文件系统或数据库等方式来存储元数据。
- 数据服务器管理。由于分布式存储系统是由多个设备组成的集群，各个数据服务器的运行情况显得极其重要。元数据服务器也兼任了数据服务器管理的工作，它需要实时地掌握集群中各个系统的情况。如果发生某些单点故障，则需要及时进行恢复并启用备份节点。不同的系统采用不同的策略进行数据服务器管理，常见的方式是各个数据服务器节点通过不断地向元数据服务器发送心跳感应来报告当前节点运行的状况。
- 主备份容灾。分布式存储系统为了提高数据的可靠性和安全性，通常会进行多组备份。不仅仅是数据需要备份，同时元数据也需要备份。另外在基于内存的元数据管理方式中，还需要启用日志系统来持久化数据。当单一节点出现问题的时候，元数据服务器会根据当前的系统状态转移并启用备份节点。

数据服务器的重要作用是维护数据存储及副本，主要分为以下几种服务。

- 数据的本地存储。数据服务器会维护数据本地化的持久存储。对于较小的文件，数据服务器通常会进行数据整合。例如，将多个文件存储在同一个块中，从而提高空间的利用率。对于较大的文件，数据服务器通常会将其分割成多个小的文件，从而利用分布式存储系统的特点，将其存放在不同的节点中。同时，所有文件数据块都将与元数据做文件索引，从而实现对文件数据的管理。

- 状态维护。数据服务器除了做数据存储，通常还会进行状态维护。它们将自己的状态信息报告给元数据服务器，通常这些信息会包含当前的磁盘负载、I/O 状态、CPU 负载、网络情况等，从而方便元数据服务器进行任务的调度和文件数据的划分，同时数据服务器制定负载均衡策略。
- 副本管理。在分布式存储中，为了保护数据的安全性和可用性，通常会将文件数据做多个备份，根据不同的策略将其存放到不同的位置。当有其他节点出现故障或负载不均匀的情况时，元数据服务器会根据情况复制或迁移副本，从而保证整个系统中数据的安全性和可用性。

客户端面向用户，最主要的任务是提供接口给用户，使用户能够访问数据资源。常见的方式是给用户提供可移植操作系统接口，以便能够与虚拟文件系统对接；其次向用户提供基于用户态的用户访问接口。另外，其他的分布式系统向用户提供 RESTful 接口支持，从而使用户可以通过 HTTP 的方式访问文件资源。

以下是常见的开源分布式存储软件，其中大部分可以在不同的操作系统上运行，主要部署于 Linux 操作系统上。

- Hadoop。Hadoop 是由 Apache 基金会所发布的开源分布式计算平台，起源于 Google Lab 所开发的 MapReduce 和 Google 文件系统。准确来说，Hadoop 是一个软件编程框架模型，利用计算机集群处理大规模的数据集进行分布式存储和分布式计算。Hadoop 由 4 个模块组成，即 Hadoop Common、HDFS（Hadoop Distributed File System）、Hadoop YARN 及 Hadoop MapReduce。其中，主要的模块是 HDFS 和 Hadoop MapReduce。HDFS 是一个分布式存储系统，为海量数据提供存储服务。而 Hadoop MapReduce 是一个分布式计算框架，用来为海量数据提供计算服务。目前 Hadoop 已被广泛应用到各个大型公司中，据统计，Yahoo 使用 4000 多个节点的 Hadoop 集群来支持其广告和搜索业务；Facebook 使用 1000 多个节点的 Hadoop 集群存储日志数据，并在该数据之上做数据分析和机器学习。

- HPCC（High Performance Computing Cluster）。HPCC 是一款开源的企业级大规模并行计算平台，主要用于大数据的处理与分析。HPCC 提供了独有的编程语言、平台及架构，与 Hadoop 相比，在处理大规模数据时 HPCC 能够利用较少的代码和较少的节点达到更高的效率。

- GlusterFS。GlusterFS 是一个开源分布式存储系统，具有强大的横向扩展能力，能够灵活地结合物理、虚拟的云资源实现高可用（High Availability，HA）的企业级性能存储，借助 TCP/IP 或 InfiniBand RDMA 网络将物理分布的网络存储资源聚集在一起，并使用统一的全局命名空间来管理数据。同时，GlusterFS 基于可堆砌的用户空间设计，可以为各种不同的数据负载提供优质的性能。相对于传统的 NAS 和 SAN，GlusterFS 容量可以按比例扩展；廉价且使用简单，可以完全建立在已有的文件系统之上；扩展和容错设计比较合理，复杂度低；适应性强，部署方便，对环境依赖低。GlusterFS 由于具有高扩展性、高可用性及弹性卷管理等特性而备受欢迎。

- Ceph。Ceph 是一款开源分布式存储系统，起源于 SageWeil 在加州大学圣克鲁兹分校的一项博士研究项目，通过统一的平台提供对象存储、块存储及文件存储服务，具有强大的伸缩性，能够为用户提供 PB 乃至 EB 级的数据存储空间。Ceph 的优点在于，它充分利用了集群中各个节点的存储能力与计算能力，在存储数据时会通过哈希算法计算出该节点的存储位置，从而使集群中负载均衡。同时，Ceph 中采用了 Crush、哈希环等方法，使它可以避免传统单点故障的问题，在大规模集群中仍然能保持稳态。目前，一些开源的云计算项目都已经开始支持 Ceph。例如，在 OpenStack 中，Ceph 的块设备存储可以对接 OpenStack 的 Cinder 后端存储、Glance 的镜像存储和虚拟机的数据存储。

- Sheepdog。Sheepdog 是一个开源的分布式存储系统，于 2009 年由日本 NTT 实验室所创建，主要用于为虚拟机提供块设备服务。Sheepdog 采用了完全对称的结构，没有类似元数据服务器的中心节点，没有单点故障，性能可线性扩展。当集群中有新节点加入时，Sheepdog 会自动检测并将新节点加入集群中，数据自动实现负载均衡。目前 QEMU/KVM、OpenStack 及 Libvirt 等都很好地集成了对 Sheepdog 的支持。Sheepdog 总体包括集群管理和存储管理两大部分，运行后将启动两种类型的进程：sheep 与 dog，其中，sheep 进程作为守护进程兼备节点路由及对象存储功能；dog 进程作为管理进程可管理整个集群。在 Sheepdog 对象存储系统中，getway 负责从 QEMU 的块设备驱动上接收 I/O 请求，并通过哈希算法计算出目标节点，将 I/O 转发到相应的节点上。

1.2.8 开源文档管理系统

文档管理系统（Document Management System，DMS）主要用来管理文档、视频、音频等内容。信息化系统的发展促进了文档管理系统的发展。企业信息化系统发展迅速，信息量越来越大，需要管理的文档文件越来越多，并且各类文档存储形式不同，管理十分困难。例如，各类文档一般以电子文档的形式存在，存在格式为.doc、.ppt、.pdf、.xls 等类型。此外，海量文档存在管理困难、查找效率低、文档版本管理混乱、文档缺乏安全保障等问题，所以，尤其对于企业用户来说，通过一些优秀的文档管理系统来管理所有的信息是十分必要的。

最早的文档管理系统是基于 B/S 架构的，通过将文档上传到服务器来进行集中存储，优点在于管理方便、安全、查找效率高。用户只需要通过互联网就可以连接到文档管理系统，进而可以随时随地对文档进行访问。此外，这类 B/S 文档管理系统为了满足用户复杂的需求，通常会添加很多额外的功能，如在线编辑、文档共享、权限管理、文档加密等，让用户使用起来更加方便、安全。

文档管理系统有以下主要功能。

- 文档管理：提供文档的集中式存储，为用户提供一个功能完备的海量文档管理平台；提供目录结构，方便用户构建自己的文档组织形式，进行查找及权限控制；提供搜索功能，其中的各类快捷搜索方式，使用户能够更高效地定位所需文档及内容。
- 安全管理：提供权限管理、存储加密及 IP 地址限制等功能。权限管理功能，如文档的访问权限，可以限制针对个人、部门的权限；存储加密即对文档进行加密以保障文档的安全，从而保护企业数据的安全与可靠性；IP 地址限制用户在组织架构中设定的登录 IP 地址，以保障账户安全，也可以限制外来网络用户的访问，保障安全性。
- 协同办公：在企业用户中，通常存在多名用户需要协同办公的情况。因此，文档管理系统会提供相关的功能，使用户协同办公更加方便。例如，在线共享编辑文档功能使多名用户可以共同合作编写文档；文档审阅功能，使得用户之间可以相互评论、发表意见。

- 格式管理：文档管理系统管理的数据可以有多个分类，如文档、视频、音频，且每个分类下又存在多种格式。例如，文档格式有.doc、.ppt、.pdf、.xls 等类型，视频格式有.mp4、.rmvb、.mkv、.avi 等类型，音频格式有.mp3、.ape、.wav 等类型。因此文档管理的格式复杂多样，文档管理系统必须支持多种格式的管理功能，从而使用户无须关心格式的细节，方便使用。

很多厂商提供了企业级文档管理系统，它们基本上都是闭源且收费的。随着信息量越来越大，闭源的企业级文档管理系统存储存在以下缺点。

- 费用较高：通常各类管理系统是根据用户的场景提供相应适合的文档管理系统的。企业用户的信息量越大，越需要更加高效、复杂的管理系统。这使得用户必须缴纳更多的使用及维护费用，来保障自己所获得的服务。
- 扩展性差：面向大多数的客户开发的文档管理系统，主要有常见的功能。而如果企业用户需要适用于自身情况的特定功能，则需要向厂商提出需求，定制特殊的功能，也需要缴纳额外昂贵的费用。

基于以上两点，企业级闭源文档管理系统不是很受欢迎，因此越来越多的开源文档管理系统出现在用户的视野中。相对于闭源文档管理系统，开源文档管理系统面向用户是免费的，而且具有很高的可扩展性。另外在各类用户及开发者的共同努力下，文档管理系统本身可以结合用户的需求，将更多优秀的源代码合并进来，功能将更加完善。

下面介绍几款开源文档管理系统。

- DSpace。DSpace 是一款专门的数字资源管理系统。该系统开放源代码且遵循 BSD 3-Clause license，可以收集、保存、存储、索引各种格式、层次结构的数据。DSpace 最早是由麻省理工学院图书馆和惠普公司实验室共同研发的，于 2000 年正式开始使用。DSpace 支持多种文件类型，如图像、音频、视频、文档等。同时 DSpace 运用 Java 搜索引擎 Lucene，提供强大的检索功能，还可以对外提供 API 访问，具有很强的扩展能力。
- Epiware。Epiware 是一款开源文档管理系统，主要面向企业文档管理，使用户能够安全地分享文档、创建计划及管理任务。同时，Epiware 提供了一套完整的文件管理功能，包括文档的上传、下载、审核、版本控制及通知等，并且为开发团队提供了一个安全的信息交流及相互合作的平台。

- OpenKM。OpenKM 是一款基于 Web 的多角色的开源电子文档管理系统。它基于 Tomcat Java 企业级服务器，采用 J2EE、Jackrabbit 内容管理库和 GWT 等技术开发，并提供强大的管理功能。OpenKM 提供了多种系统功能模块，可以用于管理公共文档、建立用户自己的知识库并修订自己的文档标准模板等。此外，OpenKM 还提供了强大的社区技术支持，方便用户对文档进行部署、使用。

1.2.9 网络功能虚拟化存储

网络功能虚拟化（Network Functions Virtualization，NFV）在维基百科的定义是"使用虚拟化技术，将各个类别的网络节点功能虚拟化为连接在一起的通信服务"。

在 2012 年的德国软件定义网络和 OpenFlow 世界大会上，ETSI 发布的《网络功能虚拟化——介绍、优点、推动因素、挑战与行动呼吁》首次引入 NFV，NFV 将许多网络设备由目前的专用平台迁移到通用的 X86 平台上来，帮助运营商和数据中心更加敏捷地为客户创建和部署网络特性，降低设备投资和网络费用。

NFV 可以利用成熟的虚拟化设备实施网络技术，并减少新设备的投入。除此之外，不必承担过多的时间成本，短期内即可实现网络架构。NFV 最重要的一点在于，可以根据用户的不同习惯，实现快速的网络搭建和调整，在虚拟化产品上搭建网络，满足不同用户群的需求。

NFV 的出现改变了网络和通信工业，为了加速 NFV 技术的推进，Linux 基金会于 2014 年 9 月发布了一个新的项目 OPNFV，基于 OPNFV，可以创建一个 NFV 的参考平台。与其他开源项目相比，OPNFV 是一个集成的平台，致力于将很多其他领域的开源项目，包括 OpenStack、KVM 等集成在一起，针对 NFV 环境进行部署与测试，从而促进 NFV 新产品和服务的引入。

NFV 主要包括 3 个部分：NFVI（网络功能虚拟化基础设施）、VNF（虚拟网络功能）和 MANO（NFV 管理与编排）。其中 NFVI 中包含虚拟化层（Hypervisor 或者其他容器管理系统，如 Docker）和物理资源层（如存储设备、交换机等），用于管理和连接虚拟资源。无论是公有云还是私有云,都会涉及不同业务的不同用户,因此网络需求是多样化的,网络业务需要根据用户的需求动态调整。NFV 在云计算场景中的架构如图 1-9 所示。

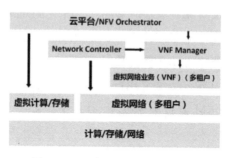

图 1-9　NFV 在云计算场景中的架构

NFV 将网络功能整合到行业标准的服务器、交换机和存储硬件上,并且提供了优化的虚拟化数据平台,用软件的方式实现了网络功能的计算、存储和网络资源的虚拟化。NFV 可以为用户提供 VNF 服务,根据不同用户的不同需求,动态调整分配给这些 VNF 的计算和存储资源,实现 VNF 功能和性能的按需分配。NFV 由于具有灵活性、可扩展性等特点,在云计算场景中备受欢迎。

1.2.10　虚拟机/容器存储

如今,随着虚拟化技术不断发展,越来越多的虚拟化技术被运用到企业中。无论是传统的虚拟化技术,还是如今新兴的容器虚拟化技术,都带动了整个虚拟化生态圈的发展。虚拟化的优势在于它可以让 CPU、内存、硬盘等硬件成为可以被动态管理的资源,从而使资源能够有更高的使用率,并且能简化运维管理。同时虚拟化技术还能够节约空间、成本,并且提高系统的稳定性,减少宕机事件的发生。

1. 虚拟机存储

对于传统虚拟机的存储来说,最早出现的是完全以软件模拟的虚拟化存储技术,后来出现了半虚拟化技术。CPU 的发展带来了对虚拟化技术的支持(如英特尔 VT),所以出现了硬件辅助的虚拟化技术。

- 完全虚拟化技术:虚拟机(Guest OS)不知道自己运行在真实的物理硬件上,还是虚拟的硬件上。它所基于的所有硬件,都是由 Hypervisor 模拟实现的。Guest OS 不使用任何真实的硬件,仅使用虚拟的硬件。因此在完全虚拟化技术中，当 Guest OS 需要使用底层系统资源时，都会通过 Hypervisor 截获，然后模拟这些指令的行为，将结果反馈给 Guest OS。然而，在这样完全的虚拟化技术中，其安全性、可靠性及性能方面都存在很大不足。因此，为了解决完全虚拟化技术的缺陷，英特尔在其硬件产品中添加了对虚拟化技术（英特尔 VT）的支持。

- 半虚拟化技术：半虚拟化技术建立在全虚拟化基础之上，需要对 Guest OS 做一定的修改。半虚拟化技术提供了一些 API 对特殊指令进行优化。因此不再需要 Hypervisor 进行指令之间的翻译，从而减轻了 Hypervisor 的负担，提高了性能。相比于完全虚拟化技术，半虚拟化技术在性能上有很大的改善，但是用户需要事先修改，部署和使用都比较烦琐，不够灵活。
- 硬件辅助虚拟化技术：硬件辅助虚拟化技术需要 CPU 的虚拟化技术的支持，在 X86 平台上较为明显，如英特尔的 CPU 通过其英特尔 VT 技术来实现虚拟化支持。对虚拟化，英特尔 VT 技术主要有 3 个方面的支持，包括 CPU、内存及 I/O。通过硬件辅助的虚拟化技术，CPU 可以明确地分辨出来自 Guest OS 的特权指令，并针对 Guest OS 进行特权操作。相较于软件模拟的完全虚拟化技术和半虚拟化技术，硬件辅助的虚拟化技术无论是在性能上，还是在使用上，都占有一定优势。

随着虚拟化技术的发展，存储 I/O 也经历了从 I/O 全虚拟化到 I/O 半虚拟化的发展过程。虽然 CPU 提供的虚拟化支持，使得虚拟机在 I/O 上有了进一步的性能提升，但是对于纯软件模拟的完全虚拟化 I/O 来说，当用户进行 I/O 操作的时候，虚拟机需要通过 VM-Exit 将 CPU 控制权交给 VMM 来处理。所以在处理 I/O 时，需要触发多次 VM-Exit，同时 I/O 路径相对较长，这使得性能降低。因此为了减少触发 VM-Exit 的次数，出现了半虚拟化 I/O 技术——virtio（Virtual I/O Device）。在处理 I/O 时，配合 virtio 的前后端一起使用，大大降低了 VM-Exit 的触发次数。但是在 I/O 路径上，还需要经过 VMM 和 Host Kernel。

因此为了进一步缩短 I/O 路径，VHost 技术出现了。VHost 是 Host Kernel 中的一个模块，它可以与 Guest 直接进行通信，数据交换都在 Guest 和 VHost 模块之间进行，可以减少 VMM 的干涉，从而减少了上下文切换缩短了 I/O 路径。目前，由于 VHost 是 Host Kernel 中的模块，I/O 需要与 Host Kernel 相互配合，避免不了从用户态到内核态的上下文切换。因此英特尔提出，在用户态中实现 VHost，从而使得 QEMU 与用户态的 VHost 实现通信，进一步提高 I/O 性能。

2. 容器存储

在 2016 年之后，容器存储也得到了迅速的发展，如 EMC、华为等企业存储厂商积极拥抱容器生态，并推出相应的 Docker Volume-Plugin 的实现。其中，EMC 打造了开源社区 EMC Code，并发布了容器控制生态 Polly 和 Libstorage，致力于向容器生态圈推进其技术。如今，在容器持久化存储生态系统中，已经逐渐发展成以下 4 种主要形态。

- Data-volume + Volume-Plugin：在 Docker 最初设计中，便考虑了持久化存储的问题，并提供了 Data-volume 支持，主要用来支持本地卷，不支持外置存储。随着存储需求的逐渐扩大，仅仅提供本地卷的支持便会遇到很多瓶颈，因此在 Docker 1.8 版本之后便推出了对数据卷插件（Volume Plugin）的支持。随后，大批存储厂商开始研发自己的数据卷插件，如 EMC 推出的 REX-Ray、华为推出的 Fuxi 等。数据卷插件用来提供一些简单的卷管理接口，让存储的管控面对接，而在数据面上并未做任何优化。但数据卷插件并没有解决大量实际的问题，如并发性等问题仍然没有很大的改进。
- Container-define Storage：针对 Volume-plugin 的局限性，为了更好地发挥容器持久化存储的性能，越来越多的厂商意识到，不仅要结合管控面，还要结合数据面的特性，因此便出现了容器定义存储。容器定义存储的特点在于，融合了管控面和数据面，是结合容器的特点定制的，充分发挥了企业存储的特性。例如，CoreOS 就是典型的容器定义存储。容器定义存储的缺点在于，存储本身不是云原生的，仍需要解决容器与存储两层之间的调度。
- STaaC（Storage as a Containter）：STaaC 为容器存储融合了管控面与数据面，并且解决了存储云原生应用的问题，存储自身也是容器化的，比容器定义存储更具有优势，典型的 STaaC 有 StorageOS、BlockBridge 等。
- Container-aware（容器感知）：对于大型应用来说，通常单个主机会挂载大量的容器，使得宿主机的卷变得越来越难管理，同时速度可能也难以保证。Container-aware 具备感知容器的能力，可以实现面向容器引擎 Pod 集群的容器存储，而不是在容器这一级。这将会大大减少容器存储的粒度，并实现数据库的容器感知能力。基于感知容器数据卷实现 Container 管理、分析、迁移，是容器存储的最佳形态。

1.2.11 数据保护

随着大数据和云计算时代的到来，企业用户的数据量越来越大，数据一旦发生泄露或丢失，对企业用户来说，是非常大的损失。因此企业将越来越多的数据存储在云端，云端存储大多数采用的是分布式架构，并且保存多份副本，能够在很大程度上提高容错能力。目前，大多数主流的云计算厂商不仅仅是卖计算和存储资源的，还将其基础架构用于帮助用户提供数据保护的服务。

越来越多的主流云存储和虚拟化系统，融入了对数据保护的扩展与支持。例如，虚拟化 Hypervisor 和管理平台在数据保护方面提供了很高的支持，包括热备份、增量备份、合成备份、一致性处理、单文件恢复、即时恢复等方面。又如，在虚拟化领域大名鼎鼎的 VMware 在数据保护方面也提供了多种支持，如具有强大功能的 VADP（vStorage APIs for Data Protection）接口，其他备份软件只要遵循这个接口，就可以实现数据保护的大多数功能。

开源项目也少不了对数据保护的支持。例如，OpenStack 的块存储管理接口 Cinder 提供了数据备份的支持，每次增量备份，虚拟机的数据要做切片哈希计算和对比，从而确定新增的数据。越来越多的用户会将开源的分布式存储系统作为存储后端，调用文件系统的快照（Snapshot）来做备份。例如，分布式存储系统 Ceph 和 GlusterFS 都可以通过网关节点来复制快照，从而把数据备份到本地或远程目标上。

另外一个比较有名的数据保护项目是 Karbor，Karbor 主要针对 OpenStack 提供应用数据保护服务，可以使各种数据保护软件通过标准的 API 和数据保护框架接入 OpenStack，从而为 OpenStack 提供更好的备份、复制、迁移等数据保护的服务。同时为了完成数据保护任务，完成创建、任务触发、保护、数据一致性、数据恢复等整个流程，Karbor 会为每个任务阶段都提供相应的 API，将这些接口暴露给用户，从而提高灵活性、增加保护范围。Karbor 最初由华为与其他数据保护公司主导，致力于解决虚拟机备份难、无标准备份接口的难题。Karbor 保护的对象都是关联的资源，对每种资源的保护都是由 Karbor 中的插件引擎执行完成的，它会通过加载各种资源所需要的插件，来保护相关资源。

从目前来讲，数据保护仍是一个很热门的话题，随着云计算行业的不断推进，数据的保护将变得越来越重要。相信未来会出现更多优秀的技术，来带动数据保护项目的开拓与发展。

1.3 三大顶级基金会

在形形色色的开源组织里，有三个巨无霸的角色，就是 Linux 基金会、OpenStack 基金会和 Apache 基金会。而三大基金会又与云计算有着千丝万缕的关系。

整体而言，云计算的开源体系可以分为硬件、容器/虚拟化与虚拟化管理、跨容器和资源调度的管理和应用。在这几个领域里，Linux 基金会关注硬件、容器及资源调度管理，在虚拟化层面，也有 KVM 和 Xen 等为人熟知的项目。在容器方面，Linux 基金会和 Docker 联合发起了 OCI（Open Container Initiative）；在跨容器和资源调度管理上，Linux 基金会和 Kubernetes 发起了 CNCF（Cloud Native Computing Foundation）。相比之下，OpenStack 基金会更为聚焦，专注于虚拟化管理。

1．Linux 基金会

Linux 基金会的核心目标是推动 Linux 的发展。我们耳熟能详的 Xen、KVM、CNCF 等，都来自 Linux 基金会。

Linux 基金会采用的是会员制，分为银级、金级、白金级 3 个等级，白金级是最高等级。Linux 基金会的会员数量不胜枚举，不过由于白金级高达 50 万美元的年费门槛，白金级会员却是一份短名单，仅包括思科、富士通、惠普、华为、IBM、英特尔、NEC、甲骨文、高通、三星和微软等知名企业。

值得一提的是，作为白金级会员的华为，在 Linux 基金会成功建立了一个项目——OpenSDS，这是首个由我国主导的 Linux 基金会项目。OpenSDS 旨在为不同的云、容器、虚拟化等环境创建一个通用开放的软件定义存储解决方案，提供灵活的按需供给的数据存储服务。

另外，2018 年 3 月，由英特尔开源技术中心中国团队主导的车载虚拟化项目 ACRN 也被 Linux 基金会接受并发布。ACRN 是一个专为物联网和嵌入式设备设计的管理程序，目标是创建一个灵活小巧的虚拟机管理系统。通过基于 Linux 的服务操作系统，ACRN 可以同时运行多个客户操作系统，如 Android、Linux 其他发行版或 RTOS，使其成为许多场景的理想选择。

2. OpenStack 基金会

近些年,在开源的世界,OpenStack 应该是最为红火的面孔之一。OpenStack 基金会就是围绕 OpenStack 项目发展而来的。2012 年 9 月,在 OpenStack 发行了第 6 个版本 Folsom 的时候,非营利组织 OpenStack 基金会成立。OpenStack 基金会最初拥有 24 位成员,共获得了 1000 万美元的赞助基金,由 RackSpace 的 Jonathan Bryce 担任常务董事。OpenStack 社区决定 OpenStack 项目从此以后都由 OpenStack 基金会管理。

OpenStack 基金会的职责为推进 OpenStack 的开发、发布,以及能作为云操作系统被采纳,并服务于来自全球的所有 28 000 名个人会员。

OpenStack 基金会的目标是为 OpenStack 开发者、用户和整个生态系统提供服务,并通过资源共享,推进 OpenStack 公有云和私有云的发展,辅助技术提供商在 OpenStack 中集成新兴技术,帮助开发者开发出更好的云计算软件。

OpenStack 基金会在成立之初就设立了专门的技术委员会,用来指导与 OpenStack 技术相关的工作。对于技术问题讨论、某项技术决策和未来技术展望,技术委员会负责提供指导性建议。除此之外,技术委员会还要确保 OpenStack 项目的公开性、透明性、普遍性、融合性和高质量。

在一般情况下,OpenStack 技术委员会由 13 位成员组成,他们完全是由 OpenStack 社区中有过代码贡献的开发者投票选举出来的,通常任职 6 个月后需要重选。有趣的是,其中的 6 位成员是在每年秋天选举产生的,另外 7 位是在每年春季选举产生的,通过错开时间保证了该委员会成员的稳定性和延续性。技术委员会成员候选人的唯一条件是,该候选人必须是 OpenStack 基金会的个人成员,除此之外无其他要求。而且,技术委员会成员也可以同时在 OpenStack 基金会其他部门兼任职位。

而随着越来越多的用户在生产环境中使用 OpenStack,以及 OpenStack 生态圈里越来越多的合作伙伴在云中支持 OpenStack,社区指导用户使用和产品发展的使命就变得越来越重要。鉴于此,OpenStack 用户委员会应运而生。

OpenStack 用户委员会的主要任务是收集和归纳用户需求,并向董事会和技术委员会报告;以用户反馈的方式向开发团队提供指导;跟踪 OpenStack 部署和使用,并在用户中分享经验和案例;与各地的 OpenStack 用户组一起在全球推广 OpenStack。

3. Apache 基金会

Apache 基金会，简称为 ASF，它支持的 Apache 项目与子项目中所发行的软件产品都需要遵循 Apache 许可证（Apache License）。

对于开发者来说，在 Apache 的生态世界中，有"贡献者→提交者→成员→导师"这样的成长路径。积极为 Apache 社区贡献代码、补丁或文档就能成为贡献者。通过会员的指定能够成为提交者，成为提交者后就会拥有一些"特权"。提交者中的优秀人员可以"毕业"成为 ASF 成员。

Apache 基金会为孵化项目提供组织、法律和财务方面的支持，目前其已经监管了数百个开源项目，包括 Apache HTTP Server、Apache Hadoop、Apache Tomcat 等。其中，Kylin 是我国首个 Apache 顶级项目。

第 2 章 存储硬件与协议

软盘、CD 等已经伴着遥远的记忆成为历史，这里就让我们随着存储硬件的发展历史缅怀一下这段岁月吧。

2.1 存储设备的历史轨迹

1. 穿孔卡

人们对"存储"的渴望在 19 世纪 80 年代就已经凸显出来了。这个时期，一位美国老爷爷 Hollerith 发明了基础的，利用穿孔卡片收集和整理数据的系统，并于 1889 年开发出一种复杂的电子排序和制表机。这复杂的电子排序和制表机机器包含一个穿孔装置、一个带有计数器的制表机和一个电控制排序工具箱，能够基于穿孔卡片上孔的位置来分组。这项技术随后被用于美国人口普查，使得原本需要耗时 8 年的美国人口普查缩短为仅仅 1 年。

20 世纪的前 10 年，Hollerith 发明了一种新的穿孔卡片，如图 2-1 所示。这种穿孔卡片上共有 960 个孔洞，以 80 列、每列 12 个的方式排列，这种排列方式使得数据只能记载 960bits。这种卡片能够与一种更简单的键控穿孔、更高效的卡片分类机和制表机一起使用，在很多地方都得到了应用，甚至第一次世界大战期间的美国军队还使用了这种技术。

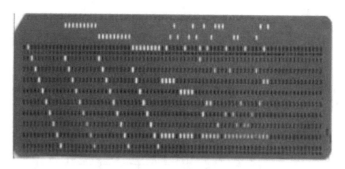

图 2-1 穿孔卡片

1911 年,Hollerith 成立了计算机制表公司(Computing-Tabulating-Recording Company,CTR),这就是 IBM 的前身之一。

2. 磁带

1950 年以打孔记载数据的方式慢慢被盘式磁带取代。

当时,一盘磁带可以替代一万张穿孔卡片,所以当 IBM 将盘式磁带用于计算机存储时,受到了极大的欢迎。这种情况一直持续到了 20 世纪 80 年代,磁带被用于存储音乐和电影,这种用于存储电影的一圈一圈大轮子的盘式磁带成为了整整一代人的回忆。

在过去几十年里,磁带技术发展迅速。一卷现代磁带已经可以存储 15TB 数据,一个磁带库最多可以存储 278PB(1PB=1024TB)数据。这些数据如果用 CD 光碟存储的话需要 3.97 亿张(一张普通 CD 光盘容量约为 700MB)。

与其他存储设备相比,磁带的访问速度要慢很多。但是,作为存储媒介,磁带也有相当多的优点。例如,磁带更为节能,数据一旦被磁带记录,就会被放进磁带库里静静待着,不会消耗任何电能。此外,磁带的出错概率要比其他存储设备低 4~5 个量级。

磁带的这些优点让它在很多地方仍然发挥着不可忽视的作用,例如,2011 年,Google 曾因一个软件升级误删除 4 万个 Gmail 账户邮件信息。虽然这些被存储在硬盘中的数据被放在多个数据中心,但是还是丢失了。幸运的是,同样的数据还被存储在磁带中,这使 Google 可以从中恢复这些数据。这个事件告诉我们:Google 仍在使用磁带。

之所以很多人会认为磁带已经消失，只是因为在消费产品中已经看不到它的身影了。事实上，磁带不但没有远去，还会有很长的生命力。每隔 2~3 年，磁带的容量就会增加一倍，IBM 在 2017 年 8 月推出的新磁带可以存储近 330TB 的内容。

3. 硬盘

令人惊讶的是，硬盘这个理念最先提出的时间要早于磁盘。1956 年 12 月 13 日，IBM 的 Reynold B.Johnson 认为可以外接更大的存储硬件来存储更多的数据，于是就提出了外接硬盘这个理念。这个时候的硬盘是超级巨大的一个一个挨在一起的圆形磁盘片，被放置在固定温度的空间里，相当于现在两个中等冰箱的大小，可以存储 3.75MB 的数据（见图 2-2）。

图 2-2 IBM 最早推出的硬盘

从这个时候起，硬盘就和磁带技术相互补充、共同发展。硬盘与磁带使用了相同的物理技术，简单来说就是，在磁性材料薄膜中有许多很窄的轨道，磁性材料的磁性在两种极性之间转换。信息用二进制位编码，在轨道上的某一个特定点通过磁性转换与否来体现。

1980 年，苹果最先引进个人计算机的概念，自带了内置硬盘，这一变化延续至今。计算机硬盘都是直接内置的，没有特殊需求并不需要外置额外的硬盘。

而普通的内置硬盘就演变成了我们现在熟悉的硬盘驱动器。硬盘驱动器主要由盘片、磁头、主轴和控制器组成，工作时，主轴马达会带动盘片转动，然后传动臂伸展磁头在盘片上进行数据读/写操作。所以硬盘本质上来说是一种机械装置。

- 盘片。

盘片是硬盘的主要组成部分，是硬盘存储数据的载体。盘片的好坏对硬盘的存取速度和存储容量影响巨大。盘片最初是用塑料做基片的，但塑料的硬度较低，容易变形，特别是在高速转动的情况下。现在盘片材料大多是特殊的金属材料，甚至硬度极高的特殊玻璃材料。盘片的上下两面是磁性材料，通过磁道和扇区来管理。

硬盘内部一般包括多个盘片，盘片的个数及单个盘片的容量直接决定了硬盘的总容量。硬盘的尺寸其实即盘片的直径，早期有 8 英寸、5 英寸的硬盘，目前常见的是 3.5 英寸、2.5 英寸、1.8 英寸等，3.5 英寸的硬盘主要用在台式机和服务器上，2.5 英寸和 1.8 英寸的硬盘面向的对象是移动笔记本和移动硬盘。

- 主轴。

盘片的转动是靠主轴马达来带动的，硬盘的转速就是指主轴的转动速度，一般用每分钟转多少转来表示，即 RPM 消费级市场的硬盘转速一般为 5400RPM 和 7200RPM；企业级市场的转速一般较高，可以达到 10 000RPM，甚至 15 000RPM，转速的快慢是硬盘性能的重要指标，因为转速越快，磁头定位数据的速度就越快，但转速的提升带来的一个问题就是功耗的增加。

- 磁头。

磁盘中的每个盘片都有两个磁头，上下面各有一个。写数据的时候，磁头改变盘片上磁性材料的磁极；读数据的时候，磁头去检查盘片表面的磁极。

- 控制器。

控制器一般是一块印刷电路板，位于硬盘的底部，包括主控芯片、控制电路、内存等。控制器控制着主轴马达的电源和转速，也管理着硬盘和主机之间的数据传输。它接受并解释计算机发来的指令，然后向硬盘发出各种控制信号。

下面来介绍一下硬盘性能。

硬盘的两个重要性能参数是 IOps 和吞吐量。IOps 是指每秒能进行多少次的 I/O 操作。首先，什么是一次 I/O？在系统路径的每个层次上都有 I/O 的概念，如果我们把整个系统看作一个一个按层分布的模块，每个模块之间都有各自的接口，那么接口之间的指令和数据的交互即可看作一次 I/O。例如，从应用程序到操作系统请求：读取显示 C:\file.txt 文件内容，操作系统在一系列底层的操作完成后给应用程序返回一个成功的信号，这次 I/O 就算完成了。应用程序到操作系统的一次 I/O 发生后，操作系统到硬盘驱动程序会触发多次 I/O，"读取从某某位置开始的多少扇区""接着再次读取从某某位置开始的多少扇区"，这若干次的 I/O 对应了上层的一次 I/O。同样道理，I/O 请求会一层层下沉分解，直到主机上的硬盘控制器向硬盘发送特定接口协议的指令和数据，如 ATA、SCSI、NVMe 等协议。这是最细粒度的 I/O，也是通常意义上的一次 I/O 请求。

IOps 其实直接对应的就是完成一次 I/O 所需要的时间，即 I/O 服务响应时间。对硬盘来说主要包括 3 部分：磁头寻道时间、盘片旋转时间、数据传输时间。

磁头寻道时间，是指磁头从盘片的直径方向移动到正确磁道的时间，一般硬盘的磁头寻道平均时间大概在 3～15ms。

移动到正确的磁道之后，盘片需要通过旋转使得目标扇区对应到磁头的位置，这个时间即盘片旋转时间。可以想象一下，这时最糟糕的情况是旋转一圈，最好的情况可能不需要旋转，所以取平均值，即以旋转半圈的情况来计算旋转时间。之前提到过旋转时间的直接影响因素就是硬盘的转速，假设硬盘转速为 10 000RPM，那么旋转一圈的时间是 1/10 000=0.0001min，即 6ms，那么旋转时间为 3ms。

吞吐量，是指单位时间内硬盘能够传输到主机硬盘控制器上的数据量。对于读操作来说，数据先从盘片被读取到硬盘内部的缓冲区，然后通过接口被传输到主机硬盘控制器。同样对于写操作来说，数据先通过硬盘控制器接口被传输到硬盘内部的缓冲区，然后通过磁头被写入盘片。可以理解为数据传输时间是除寻道和旋转时间以外所有的数据搬运路径上的时间和，这段时间主要为磁头真正在盘片上读/写数据的时间和接口上的传输时间。真正读/写数据的时间和盘片的旋转速度、磁道记录密度有关系，接口传输时间和采用的接口类型有关。通常，每秒 10 000 转的 SCSI 硬盘的磁盘读/写速度大概可以达到 1000MB/s，而对于接口传输速率来说，由于主流的 SAS、SATA 接口传输速率不断提升的数据传输时间通常远小于前两部分消耗的时间和，所以对于硬盘来说数据传输时间在通常情况下可以被忽略。

4. 磁盘（软盘）

1971 年，3.5 英寸软盘的前身问世了，只不过当时的尺寸比较大。

初代软盘大小为 32 英寸，后因为携带不便改成了 8 英寸，这项改进让 IBM 的 Alan Shugar 名声大噪，后期他离开 IBM 创办了希捷。

20 世纪 80 年代，日本的索尼首先研发出了 3.5 英寸软盘。相比之前更小、存储量更大。

在鼎盛时期，软盘被人们认为是以后计算机发展的必然趋势，全球有多达 50 亿片软盘正在使用，可是，苹果的第一款 iMac 就取消了对软盘的依赖，转而使用了光盘驱动器。

5．CD/DVD

20 世纪 80 年代，CD 开始流行。CD 出现的时间比早期的软盘要早很多，据资料记载，20 世纪 60 年代 CD 就已经被开发出来作为存储工具了，只是到了 20 世纪 80—90 年代才开始流行，变成了主要的存储工具。

而 DVD 则是在 1995 年开始流行的，这可能与当时 DVD 播放机的流行有关。DVD 存储容量比 CD 更大，达到了几 GB 以上。

6．U 盘/移动硬盘

随着 USB 等的出现，最初那个巨大的、移不动的外置存储变成了后来的移动硬盘。在 1994 年，康柏、迪吉多（成立于 1957 年的一家美国老牌计算机公司，发明了 Alpha 微处理器，后于 1998 年被康柏收购）、IBM、英特尔、微软、NEC 和北电网络一起研发出了两种可移动的存储设备形态，即 U 盘和移动硬盘。

7．固态硬盘

传统的硬盘驱动器是由盘片、磁头、主轴、控制器组成的机械装置，而固态硬盘则是由闪存介质、控制芯片组成的电子芯片设备，两者有着完全不同的存储原理和控制方式。

固态硬盘是在闪存的基础上加入控制电路，使数据被读取后还能存留，在最终擦除时，通过放电使数据不再保留。硬盘驱动器包括可旋转的磁盘和可移动的读/写磁头，而固态硬盘使用微型芯片，并没有可以移动的部件。所以，和硬盘驱动器相比，固态硬盘的抗震性更强、噪音更低、读取时间和延迟时间更短。固态硬盘和硬盘驱动器有相同的接口，因此在大多数应用程序中，固态硬盘可以很容易地取代硬盘驱动器。

早期的固态硬盘也有采用 RAM 作为介质的产品，如 1976 年就出现了第一款使用 RAM 的固态硬盘，RAM 的优点是可以随机寻址，且速度比较快，但是因为 RAM 的特性，固态硬盘掉电数据就消失了，并且 RAM 价格比较昂贵，所以很长一段时间内这种固态硬盘都只是用在一些特殊场景的小众产品。

直到 20 世纪 90 年代，一些厂商才开始尝试使用 Flash 作为固态硬盘的介质，Flash 使用一种叫作 Floating Gate Transistor 的晶体管来保存数据，每个这样的晶体管叫作一个单元（Cell），这种晶体管比普通的 MOSFET 多了一个 Floating Gate，悬浮在中间，能够保存电荷。存储 1bit 数据的单元为 SLC（Single Level Cell），存储 2bit 数据的单元为 MLC（Multiple Level Cell），同理存储 3bit 数据的单元为 TLC（Triple Level Cell），现在已经有了 QLC，即一个单元可存储 4bit 的数据。如图 2-3 所示，SLC、MLC 与 TLC 在同样面积的存储芯片上，存储容量依次增加，但是与此同时，又由于存储单元划分粒度的增加，在读/写数据的时候控制需要更加精细，这使得其擦写时间性能方面是依次减少的。当然随着技术的不断完善，TLC 甚至是 QLC 必将成为业界主流。

闪存类型	SLC	MLC	TLC
每单元比特数	1	2	3
可擦写次数	约 100 000 次	约 5000 次	约 1000 次
读取时间	25μs	50μs	75μs
编程时间	300μs	600μs	900μs
擦写时间	1500μs	3000μs	4500μs

图 2-3　SLC、MLC 与 TLC

2.2　存储介质的进化

NAND 的存储密度在呈现高速增长的趋势，2017 年达到 2.77TB/in^2，持续拉大了与磁盘介质的差距。

2.2.1　3D NAND

Flash 芯片容量结构从大到小可以分为 Device、Target、Die/LUN、Plane、Block、Page、Cell。一个 Device 通常包含一个或多个 Target，一个 Target 又包含若干个 Die（或 LUN），每个 Die/LUN 包含若干个 Plane，每个 Plane 包含若干个 Block，

每个 Block 包含若干个 Page，Cell 是 Page 中的最小操作擦写读单元。Die/LUN 是接收和执行 Flash 命令的基本单元，不同的 Die 可以同时接收和执行不同的命令，但在一个 Die 中一次只能执行一个命令，不能对其中的某个页在写的同时又对其他页进行读访问。

而对于存储领域来说，小存储单元尺寸（Cell Size）、高性能及低功耗（Power Consumption）一直是持续追求的目标。越来越小的尺寸让每片晶圆可以生产更多的 Die，高性能才能符合高速运算的需求，低功耗才能改善移动设备电池充电频率高及数据中心系统散热慢的问题。而芯片工艺的每一次提升（24nm → 14nm → 10nm…），带来的不仅仅是元件尺寸的缩小，也有性能的增强和功耗的降低。

每次 NAND 制程的升级都能将 NAND 存储密度提升到一个新的高度，但是 NAND 闪存的制程工艺是一把双刃剑，容量提升、成本降低的同时可靠性及性能都在下降，因为工艺越先进，NAND 的氧化层越薄，可靠性也越差，厂商就需要采取额外的手段来弥补，但这又会提高成本，以至于达到某个点之后制程工艺已经无法带来优势了。

2D NAND 制程上的瓶颈催生了 3D NAND 技术的出现。如图 2-4 所示，就像盖房子一样，当你不能在水平方向扩大占地面积的时候，可以向垂直方向发展，3D 闪存结构就像存储器界的摩天大楼，在垂直方向构建存储单元格，而不是在晶圆平面上构建一系列的存储单元格。把存储单元立体化，这意味着每个存储单元的单位面积可以得到大幅减少。

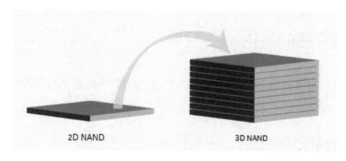

图 2-4　2D NAND 与 3D NAND

近几年来许多大厂商纷纷投入对 3D NAND 的研发，但目前只有三星、Toshiba/SanDisk/WD、SK Hynix、Micron/英特尔四组公司能够进行量产。各家的 3D NAND

存储单元及技术都不相同，目前量产的大多为 64～72 层的 3D NAND。

64 层 3D NAND 已在成本和性能方面优于 2D NAND 技术。不过，各大厂商并不满足 64 层 3D NAND 带来的效益，很快将苗头锁定下一代 96 层 3D NAND 技术，因为 96 层堆叠可将单个 Die 的容量提高到 1TB 以上，将具有更优的成本及更高的产品效能。英特尔于 3 年前宣布将中国大连的 Fab 68 晶圆厂改造为 NAND 工厂，总投资 55 亿美元，现在二期工厂已经投产，主要生产 96 层的 3D NAND 闪存。

2.2.2 3D XPoint

在如今的存储领域，3D XPoint 和 3D NAND 是两个颇具话题性的技术。3D NAND 从本质上更偏向于"演进式"（从 2D 到 3D 是从平面到立体的制程架构，是一种工艺上的提升）的出现，3D XPoint 则完全是以一种"新生代"姿态面世的。它是自 NAND 闪存以来的首个新型非易失性存储技术，而且在 2015 年发布时被描述为"速度和耐久性都是 NAND 闪存的 1000 倍"，一时风头无二。

虽然 1000 倍的速度只是理论值，不过以颠覆者形象出现的 3D XPoint 技术仍然备受期待。特别是在数据中心领域，随着数据的爆发式增长和人工智能、大数据等新一代工作负载的涌现，企业对高性能存储设备的需求日益升高，所以 3D XPoint 夸张的 1000 倍理论值并不是除营造噱头外毫无作用，在某种程度上反映了 3D NAND 的可挖掘性。

同为非易失性存储领域的新秀，而且都是由英特尔与美光共同研发的，因此 3D XPoint 与 3D NAND 常被互相比较。严格来说，在 3D NAND 与 3D XPoint 之间进行孰优孰劣的对比是不合适的，因为它们的定位并不相同。3D XPoint 的市场定位很清晰，就是一种比机械硬盘更高级的数据存储方案。3D XPoint 的定位介于 DRAM 与 3D NAND 之间，它的速度与耐久性能够达到内存的水平，密度与非易失性则偏向 3D NAND，成本也介于两者之间，如图 2-5 所示。

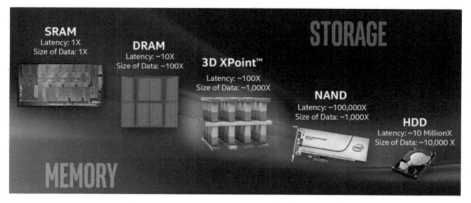

图 2-5　3D XPoint

可以看到，除 DRAM 的易失性与 NAND 的寿命延迟不尽如人意以外，DRAM 与 NAND 之间的性能鸿沟是一个不可回避的问题，上下两级系统存在较大的性能差距，使得级次缓存的设计方案很难体现出最佳的效果，相比 DRAM 和硬盘驱动器之间的性能鸿沟，NAND 和 DRAM 的这个鸿沟略有缩小，但是本质上的变化并不明显。例如，延迟方面，DRAM 的十几纳秒相比 NAND 的约一百微秒快了很多个数量级。

而英特尔与美光推出的 3D XPoint 则同时拥有高性能和非易失性两种特性。可以说，3D XPoint 在原本的内存与外部存储之间开辟了一个新的层次，这也导致了外界对 3D XPoint 未来走向的各种解读。

第一种解读是 3D XPoint 将挑战 DRAM 内存。DRAM 的特性在于延迟很低（纳秒级别）、带宽较为充裕，且寿命很长，但它的核心问题是易失性，需要不停供电才能保存数据。3D XPoint 拥有达到 DRAM 同样性能的潜力，且正好拥有非易失性。所以有分析师认为，3D XPoint 最终可能会挑战现有的内存技术 DRAM。

第二种解读是 3D XPoint 与 NAND 的互补结合。这是一种很靠谱的说法，事实上英特尔与美光都比较支持这种互补理念，而且英特尔已经推出了面向数据中心的存储解决方案，不仅通过 3D NAND 实现了大容量存储，并通过 3D XPoint 实现了加速，两相结合。英特尔认为，3D XPoint 的性能可以让用户根据不同的需求来选择新的存储系统组合，如 DRAM+3D XPoint+NAND 三级存储系统、3D XPoint 接管 DRAM+NAND、DRAM+3D XPoint 的方案，甚至 3D XPoint+NAND 的系统，不同方案的成本、侧重点和性能都有所不同，结局是开放性的，可以根据市场选择来搭配合适的方案。

此外，还有人认为，3D XPoint 将打破内存与外部存储两极分化的现状。3D XPoint 拥有 NAND 的非易失性，性能与耐久性更接近 DRAM，而且价格只有 DRAM 的一半。内存的易失性问题已经解决，如果 3D XPoint 能够在未来的发展中彻底消除 DRAM 与 NAND 之间的性能鸿沟，且逐渐降低成本，那么打破两极分化也不是没有可能的。从长远来看，这种现实意义上的融合可能确实将成为一种趋势。但这种目标太过遥远，即使在今天仍有很多企业还在使用价格更低的硬盘驱动器来存储数据，而且冷热数据的资源配给与成本问题不可忽略，同时价格、容量、性能、耐久等因素都是需要长时间的努力来进行优化的，但 3D XPoint 的出现，至少提供了一个未来的努力方向。

如图 2-6 所示，3D XPoint 存储器采用两层堆叠架构，使用 20nm 工艺可实现 128 千兆位的密度，它的读取延迟降低到纳秒级，约为 125ns，可擦写次数为 20 万次。3D XPoint 的读/写速度和寿命均为 NAND 闪存的 1000 倍，延迟是 NAND 闪存的千分之一，内存（DRAM）的 10 倍，存储密度则是内存的 10 倍。在这个 3D 交叉矩阵结构中，3D XPoint 摒弃了之前存储结构中的电容、晶体管设计，只保留内存单元（存数据的地方）、选择器和读/写总线。原有的"闲杂人等"（电容、晶体管）被统统"踢"走，腾出来的空间塞进了更多的内存单元，因此存储容量得到了大幅度的扩展。

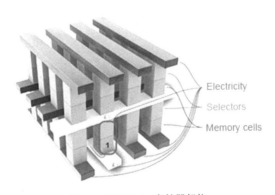

图 2-6　3D XPoint 存储器架构

那么 3D XPoint 又是怎样实现比 NAND 快 1000 倍的读/写速度的呢？在 3D XPoint 中，内存单元和选择器被存储总线交叉叠加在一起，每一层的总线又会被导线连接。这又该怎么理解呢？按原来的方式，内存单元之间访问就像两个住在楼梯房的好朋友，每次去其中一家串门都需要走过道爬楼梯。而 3D XPoint 则是相当于为他们设置了一个直达电梯，每次串门"叮"的一声就到了。这样一来，数据访问效率就会高很多。

同时，3D XPoint 上的电阻材质非常特殊，在电压的作用下该材质形态会发生巨大的变化，从而实现阻值的改变。在这个过程中，电阻材质形态的改变带来的损耗非常小，就像雾和雪一样，两者形态的转变最多只是热量的流失，而水的本质不变。相比于 NAND 上多次读/写后就会出现的绝缘层损耗，3D XPoint 的损耗基本可以被忽略。所以我们可以看到，3D XPoint 的寿命是 NAND 的 1000 倍。

2.2.3 Intel Optane

前面提到，DRAM 与 NAND 之间在容量、性能和延迟时间等方面存在着巨大的差距，3D XPoint 在原本的内存与外部存储之间开辟了一个新的层次。英特尔基于 3D XPoint 技术分别开发出 Optane Memory（傲腾内存）和 Optane SSD（傲腾固态盘），对存储层次模型进行重新划分和定义，如图 2-7 所示。

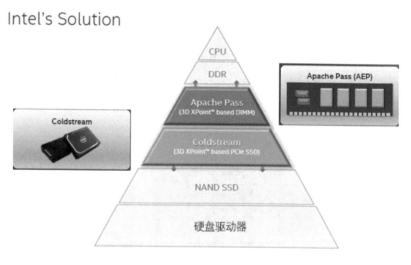

图 2-7　基于 3D XPoint 的新的存储层次模型

英特尔称 Optane Memory 为 Apache Pass，是为高性能和灵活性而设计的革命性的 SCM（Storage Class Memory）；称 Optane NVMe SSD 为 Coldstream，是世界上最快的、可用性和服务性最好的固态硬盘。3D XPoint（包括 Apache Pass DIMM 和 Coldstream SSD）位于 DRAM 和 NAND 之间，用于弥补 DRAM 和 NAND 之间的性能和延迟时间差距。

从应用场景分析，Coldstream SSD 主要用在 NAND Flash SSD 之上，用于对系统日志、Memory Page 和系统元数据进行加速；Apache Pass DIMM 主要定位于替代 DRAM，用于支撑 Persistent Memory 或 In-Memory 应用。

随着固态硬盘单盘容量的不断变大，元数据的量也在不断增大。当元数据的量增加到一定程度时，DRAM 已无法完全缓存，采用 Coldstream 作为扩展缓存，将元数据缓存在 Coldstream 上，并且配合相应的算法，可以提高大容量下元数据的访问性能，从而提升阵列在大容量下的整体性能。通过对哈希、Radix tree、B-Tree 等各种索引数据结构和算法进行充分比较，选取对 Coldstream 上的存储内容高效的索引数据结构和算法，从而既能快速访问索引和 Coldstream 上的内容，又能占用较少的 CPU 和内存资源。

在实际应用中，大部分应用都存在热点数据。在数据缓存的设计中，可以使用高效的热点识别算法对数据进行识别，将频繁访问的热数据缓存在内存中，次热数据缓存在 Coldstream 盘中，从而直接从内存或 Coldstream 访问热数据，减少由固态硬盘读取数据的操作，进而缩短延迟时间，最大限度地加快热点数据的访问速度。

2.3 存储接口协议的演变

固态硬盘接口经历了 SATA、mSATA、SATAExpress、M.2 和 U.2 等多次革新，但这些都只是物理接口标准，也就是我们在外观上能够直接分辨的接口形式。至于难以通过外观直接判断的通信协议，则可以分为上层协议与传输协议两个方面的演变。存储接口协议如图 2-8 所示。

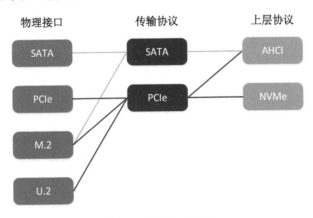

图 2-8　存储接口协议

SATA 接口最为原始，只支持 SATA 传输协议与 AHCI 上层协议。作为融合了多种协议的接口，M.2 则能够兼容 AHCI 和 NVMe 两种上层协议，至于传输协议与传输层的布线有关，理论上一个 M.2 插槽既可以使用 M.2 SATA 传输协议的固态硬盘，也可以使用 PCIe 传输协议、NVMe 上层协议的固态硬盘。M.2 SATA 传输协议兼容性更好，而 M.2 NVMe 上层协议性能更佳。

AHCI 的历史可以追溯到 2004 年，是在英特尔公司的领导下由多家公司联合研发的接口标准，它允许存储驱动程序启用高级串行 ATA 功能。相对于传统的 IDE 技术，AHCI 能够改善传统硬盘的性能，它设计之初面向的就是机械硬盘，针对的是高延迟的机械磁盘的优化。因此 AHCI 不能完全发挥固态硬盘的优势，对 Flash 固态硬盘来说逐渐出现性能瓶颈，又因为非易失性存储是存储硬件的发展趋势，所以需要一种新的协议来突破 AHCI 的局限，于是 NVMe 顺势而生。

1. NVMe

NVMe 或称 NVMHCIS（Non-Volatile Memory Host Controller Interface Specification，非易失性存储主机控制器接口标准）最早是由英特尔公司于 2007 年提出的。英特尔公司领衔成立了 NVMHCIS 工作组，成员包括三星、美光等公司，致力于使将来的存储产品从 AHCI 中解放出来。固态硬盘产品已经通过 NVMe 来取代 AHCI 发挥出极高的性能优势。

简单来说，NVMe 就是能够使固态硬盘与主机通信速度更快的主机控制器接口规范。打个比方，假设你刚买了一辆超级跑车，能达到每小时 400 千米的时速，问题是，普通的道路不允许以这样的速度行驶，而且一般的城市道路限速为每小时几十千米，如果想要让跑车车速更快，那么就需要换一条路开。这个场景有点类似于固态硬盘推出之后存储行业的情况。闪存技术比传统的机械硬盘快很多倍，但是早期都是使用 SATA 或 SAS 将存储设备连接到系统和网络的，虽然对于硬盘驱动器来说，这些接口所能提供的性能已经足够，但是它们为固态硬盘带来了瓶颈。

这就促使人们寻找更好的方式将固态硬盘连接到主机，而这正是 NVMe 的用武之地。NVMe 的主要特点如下所示。

- PCIe：NVMe 使用 PCIe 总线来提供更大的带宽和更低的延迟连接。
- 并行性：NVMe SSD 在很大程度上实现了并行性，极大地提高了吞吐量。当数据从存储设备传输到主机时，它会进入一个队列。传统的 SATA 设备只能支持一个队列，一次只能接收 32 条数据；而 NVMe 存储则支持最多 64 000 个队列，每个队列有 64 000 个条目。类似于跑车的例子，SATA 就像只有一条车道的公路，可以容纳 32 辆车；而 NVMe 就像有 6.4 万条车道的公路，每条车道都能容纳 6.4 万辆汽车。当系统从硬盘驱动器读取数据时，一次只能读取一块数据。因为硬盘驱动器的磁头必须通过旋转移动到第一个数据块的正确位置，再次旋转移动到第二个数据块的正确位置，以此类推。但是闪存和其他非易失性存储技术没有移动部件，不需要旋转定位的过程，这就意味着系统可以同时从许多不同的位置读取数据。这就是为什么固态硬盘能够充分利用 NVMe 提供的并行性，而硬盘驱动器不能。

- 限速：SATA 和 SAS 连接有比较低的速度限制，对于 SATA 理论上最大传输速度为 6.0Gbps，超过一定限度，使用再快的闪存对系统的整体性能也没有影响。

2. NVMe-oF

在硬盘驱动器的时代，因为硬盘性能太低，所以要把很多硬盘堆在一起形成磁盘阵列，从而提供更高的性能或更大的容量。随着固态硬盘的发展，开始出现固态硬盘加硬盘驱动器组成缓存或分层，或者纯固态硬盘（全闪存）来满足应用需求的方案。

但是，随着 NVMe SSD 的普及，以及服务器本身能支持的固态硬盘数量进一步增加，本地的计算能力可能已经不能完全发挥固态硬盘的全部性能，计算或软件成为了性能瓶颈。

这个时候，就有两条途径：一是减少软件的开销，因此出现了 SPDK；二是将计算与存储分离，把固态硬盘放到单独设备里面，把存储独立出来供很多主机共享。但是计算和存储分离了以后，却带来了带宽和延迟上的挑战，而这就是 NVMe-oF 要解决的问题。

NVMe-oF 规范与 NVMe 规范大约有 90%的内容相同，其实 NVMe-oF 只是在 NVMe 协议中的 NVMe Transport 部分进行了扩展，来支持 InfiniBand、以太网及光纤通道等。

关于 NVMe-oF，目前有两种类型的传输正在开发，使用 RDMA 的 NVMe-oF 和使用 FC-NVMe 的 NVMe-oF。这里的 RDMA 包括了 InfiniBand、RoCE（RDMA over Converged Ethernet）和 iWARP（internet Wide Area RDMA Protocol），RDMA 支持在不涉及处理器的情况下将数据传输到两台计算机的内存，并提供低延迟和快速的数据传输。从逻辑架构上看，与 NVMe over PCIe 相比，NVMe over RDMA 在软件开销上的增加很小，可以近似地认为跨网络访问和本地访问的延迟几乎是一样的。

2.4 网络存储技术

随着网络技术的飞速发展，各类海量数据快速占据了系统的存储空间。单一的存储系统已经无法面对新的形势，网络存储技术开始成为存储技术的主流。

目前网络存储技术主要有 DAS（Direct Attached Storage）、NAS、SAN、iSCSI（Internet SCSI）。DAS、NAS、SAN 与 iSCSI 的区别如图 2-9 所示。

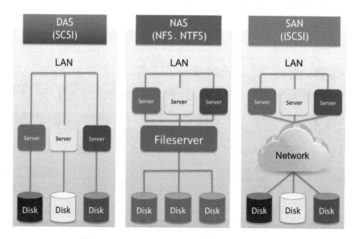

图 2-9　DAS、NAS、SAN 与 iSCSI 的区别

1）DAS

DAS 是指通过 SCSI 接口或光纤通道将存储设备直接连接到一台服务器上。当服务器在地理上比较分散很难通过远程进行互联时，DAS 是比较好的解决方案。对 DAS 来说，存储只能通过与之连接的主机进行访问，数据不能与其他主机共享。同时，DAS 会占用 CPU、I/O 等服务器的操作系统资源，并且数据量越大，占用系统资源越严重。

2）NAS

NAS 是指通过某一网络协议把多个存储设备和一群计算机相连接。NAS 通过网络交换机连接存储系统和服务器，用户通过 TCP/IP 访问专门用于数据存储的私有网络，采用网络文件系统、HTTP、CIFS 等标准的文件共享来实现文件级的数据共享。NAS 为那些需要共享大量文件数据的企业提供了一个高效的、高可靠的、高性价比的解决方案。NAS 的局限性在于，它会受到网络带宽和网络拥堵的影响。

3）SAN

SAN 是一种独立于 TCP/IP 网络之外的专用存储网络，目前一般提供 2~4Gb/s 的传输速率。由于其基础是一个专用网络，SAN 的扩展性很强，不管是在一个 SAN 系统中增加一定的存储空间，还是增加几台服务器都非常方便。SAN 的维护成本高昂，需要投入很多硬件成本，如 FC 交换机。

4）iSCSI

为了降低使用 SAN 的成本，可以利用普通的数据网络来传输 SCSI 数据，实现和 SAN 相似的功能，同时系统的灵活性也得到了提高。iSCSI 就是这样一种技术，它利用普通的 TCP/IP 网络来传输 SCSI 数据块。

SCSI 最初是一种专门为小型计算机系统设计的 I/O 技术，SCSI 系统架构如图 2-10 所示。

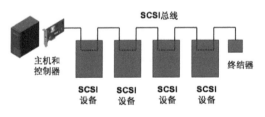

图 2-10　SCSI 系统架构

可以看到主机通过 SCSI 控制器与 SCSI 设备相连，通常把发起 SCSI 数据存储的一端叫作 Initiator，而把存储数据的 SCSI 设备叫作 Target。主机通过控制器与 Target 相连，而 Target 也可以通过 SCSI 总线与其他的 SCSI 设备相连，在 SCSI 总线的末端一般都会连接一个终结器，用来减少相互影响的信号，维持 SCSI 链上的电压恒定。

SCSI 总线分为宽带和窄带两种，宽带有 16 个接口，除了 1 个用来连接 Initiator，最多还可以连接 15 个 Target；而窄带有 8 个接口，最多可以连接 7 个 Target。

系统中的每个 SCSI 设备都必须有唯一的 SCSI ID（即 Target ID）来表示设备的地址，每个 Target 上可以连接多个逻辑单元（一个逻辑单元对应一个 SCSI 设备），不同的逻辑单元用逻辑单元号（Logical Unit Number，LUN）来区别，每个 SCSI ID 上最多有 32 个 LUN（宽带的），一个 LUN 对应一个逻辑设备（SCSI 设备）。

SCSI 通信模式如图 2-11 所示。

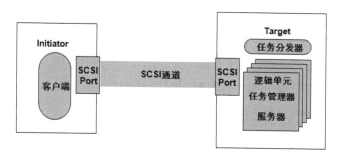

图 2-11　SCSI 通信模式

iSCSI 是 IETF 制定的一项标准，用于将 SCSI 数据块映射为以太网数据包。iSCSI 将存储行业广泛应用的 SCSI 接口技术与 IP 技术相结合，简单来说，iSCSI 就是在 IP 网络上运行 SCSI 协议的一种网络存储技术。一般来讲，就是在 TCP/IP 上传输 SCSI 命令，实现 SCSI 和 TCP/IP 的连接。

在 iSCSI 技术出现之后，SAN 也出现了两种不同的实现方式，即光纤存储网络（FC SAN）和 IP 存储网络（IP SAN），我们通常所说的 SAN 指的就是 FC SAN。相对 FC SAN 来说，IP SAN 的成本要低很多，而且随着千兆网甚至万兆网的发展，iSCSI 的速度相对 SAN 来说并没有太大的劣势。

iSCSI 层次结构如图 2-12 所示。

第 2 章 存储硬件与协议

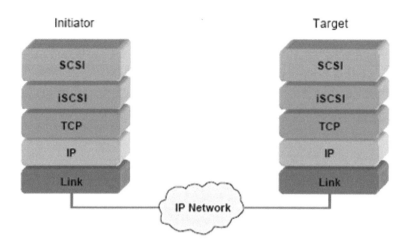

图 2-12 iSCSI 层次结构

根据应用发出的请求，SCSI 层会建立 SCSI CDB（命令描述块）并传给 iSCSI 层，iSCSI 层对 SCSI CDB 进行封装，以便其能够在 TCP/IP 网络上进行传输，完成 SCSI 到 TCP/IP 的协议映射。

iSCSI Initiator 计算机上的软件或硬件设备，负责与 iSCSI 存储设备进行通信。

- 软件 Initiator：Initiator 软件可以将以太网卡虚拟成 iSCSI 卡，从而实现主机和 iSCSI 存储设备之间的 iSCSI 协议和 TCP/IP 传输。这种方式除以太网卡和以太网交换机以外，并不需要其他的设备，因此成本最低。但是 iSCSI 报文和 TCP/IP 报文转换需要消耗服务器的 CPU 资源，因此只适用于低 I/O 和低带宽性能要求的应用环境。

- 硬件 Initiator：使用 iSCSI HBA（Host Bus Adapter），即 iSCSI Initiator 硬件。这种方式需要在 iSCSI 服务器上安装 iSCSI HBA 卡，来实现 iSCSI 服务器与交换机之间、iSCSI 服务器与存储设备之间的高效数据传输。与软件 Initiator 相比，安装硬件 iSCSI HBA 卡的方式不需要消耗服务器的 CPU 资源，可以提供更快的数据传输速度和更高的存储性能，但是 iSCSI HBA 卡价格昂贵，需要用户在性能和成本之间进行权衡。

- TOE 网卡+Initiator 软件：支持 TOE（TCP Offload Engine）功能的智能以太网卡可以将网络数据流量的处理工作全部转到网卡上的集成硬件中完成，以降

65

低服务器 CPU 资源的消耗。此时虽然 SCSI 指令的运行仍然会占用一定的 CPU 负载，但价格相对硬件的 Initiator 来说要便宜一些。

iSCSI Target 是可以用于存储数据的 iSCSI 磁盘阵列或具有 iSCSI 功能的设备，大多数操作系统都可以利用一些软件将系统转换为一个 iSCSI Target，如 Linux 的 LIO（Linux-IO Target）。

第 3 章

Linux 存储栈

如果把整个 Linux 系统看成各种数据共生的世界,那么它的存储系统要完成的就是为这些数据寻找或分配一个家,从而做到"居者有其屋",这个过程必然是复杂而又严谨的,这也是我们基于 Linux 展开的一切与存储相关的讨论的基础。

3.1 Linux 存储系统概述

新到一个城市,我们总是会先去寻找当地的地图及各种指南,有了它们我们才不至于像无头苍蝇一样行走在陌生的街道上。

对于复杂的 Linux 存储系统来说,不外如是。不过幸运的是,Werner Fischer 为我们描绘了如图 3-1 所示的一幅细致的画面。

如图 3-1 所示,宽泛一点来说,Linux 存储系统包括两个部分:第一部分是站在用户的角度提供读/写的接口,数据以流为表现形式;第二部分是站在存储设备的角度提供读/写接口,数据以块为表现形式。文件系统位于两者中间起到承上启下的作用。

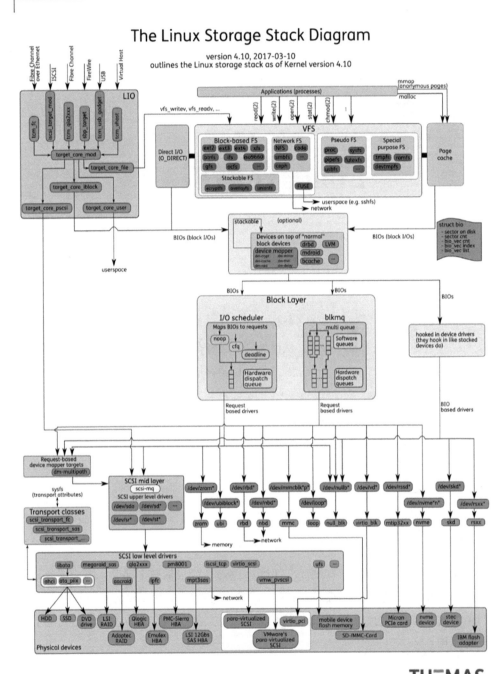

图 3-1　Linux 存储栈

例如，应用程序通过系统调用发出一个写请求，最终的目的是要把数据写到磁盘上，文件系统来负责定位这个写请求的位置并将其转换成块设备需要的块，然后把这个请求发送到设备上。内存在这个过程中扮演了一个磁盘缓存的角色，把上下两个部分隔离成异步运行的两个过程，对上半部分来说，让数据一直留在内存中是最好的方式，因为没有办法预料到之后还会不会修改，如果需要对同一个位置频繁地进行修改，则与磁盘进行不断的数据同步是没有必要的。至于下半部分，数据从页面缓存（Page Cache）同步到磁盘上，发出的请求被包装成一个 request，一个 request 包含一组 bio，每个 bio 包含需要同步的数据页。而对于磁盘来说，要写上面的一个位置，首先需要从物理上把磁头移动到那个轨道上，因此需要一定的 I/O 请求调度的过程，尽可能合理地安排 I/O 请求执行的顺序，不然磁头频繁地来回移动，会严重影响磁盘的性能。

3.2 系统调用

一个稳定运行的 Linux 操作系统需要内核和用户应用程序之间进行完美配合，内核提供各种各样的服务，然后用户应用程序通过某种途径使用这些服务，进而满足用户的不同需求。

用户应用程序访问并使用内核所提供的各种服务的途径即是系统调用。在内核和用户应用程序相交的地方，内核提供了一组系统调用接口，通过这组接口，应用程序可以访问系统硬件和各种操作系统资源。用户可以通过文件系统相关的系统调用请求系统打开文件、关闭文件或读/写文件。例如，可以通过时钟相关的系统调用获得系统时间或设置定时器等。

内核提供的这组系统调用通常也被称为系统调用接口层。系统调用接口层作为内核和用户应用程序之间的中间层，扮演了一个中间人的角色。系统调用接口把应用程序的请求传达给内核，待内核处理完请求后再将处理结果返回给应用程序。

内核提供的系统调用数目非常有限，其中，图 3-1 中与存储系统相关的主要就是 read、write、open 等，这里着重介绍一下很容易产生各种误解的 mmap。

提及 mmap，不可避免会涉及进程的地址空间。以 32 位 Linux 为例，CPU 能访问 4GB 的虚拟地址空间为 0x0-0xFFFFFFFF，其中低 3GB 的地址（0x0-0xC0000000）是应用层的地址空间，高地址的 1GB（0xC0000000-0xFFFFFFFF）是留给 Kernel 的。

Kernel 中所有的线程共享这 1GB 的地址空间,而每个进程可以有自己独立的 3GB 的虚拟地址空间,互不干扰。

进程的地址范围分成不同的内存区域,包括代码段(TEXT)、数据段(DATA)、未初始化的全局变量段(Block Started by Symbol,BSS)、堆(Heap)、栈(Stack)等。

下面例子中,我们通过 pmap 命令查看进程 bash 的地址空间分布(也可以通过 /proc/<pid>/maps 查看)。在 pmap 的输出中,第 1 列为内存区域起始地址,第 2 列为内存区域大小,第 3 列为属性(r 表示 read,w 表示 write,x 表示 execute,s 表示 shared,p 表示 private),第 4 列为内存映射的文件。示例内容如下:

```
$ pmap 2291
2291:   -bash
08048000    664K r-x--  /bin/bash
080ee000     20K rw---  /bin/bash
080f3000    740K rw---  [anon]
b7a7c000     28K r-xs-  /usr/lib/gconv/gconv-modules.cache
b7a83000     36K r-x--  /lib/libnss_files-2.7.so
b7a8c000      8K rw---  /lib/libnss_files-2.7.so
b7a8e000     32K r-x--  /lib/libnss_nis-2.7.so
b7a96000      8K rw---  /lib/libnss_nis-2.7.so
b7a98000     76K r-x--  /lib/libnsl-2.7.so
b7aab000      8K rw---  /lib/libnsl-2.7.so
b7aad000      8K rw---  [anon]
b7aaf000     28K r-x--  /lib/libnss_compat-2.7.so
b7ab6000      8K rw---  /lib/libnss_compat-2.7.so
b7ab8000   1364K r-x--  /usr/lib/locale/locale-archive
b7c0d000   2048K r-x--  /usr/lib/locale/locale-archive
b7e0d000      8K rw---  [anon]
b7e0f000   1248K r-x--  /lib/libc-2.7.so
b7f47000      4K r-x--  /lib/libc-2.7.so
b7f48000      8K rw---  /lib/libc-2.7.so
b7f4a000     12K rw---  [anon]
b7f4d000      8K r-x--  /lib/libdl-2.7.so
b7f4f000      8K rw---  /lib/libdl-2.7.so
b7f51000    188K r-x--  /lib/libncurses.so.5.6
b7f80000     12K rw---  /lib/libncurses.so.5.6
b7f87000      8K rw---  [anon]
```

```
b7f89000     104K r-x--  /lib/ld-2.7.so
b7fa3000       8K rw---  /lib/ld-2.7.so
bff50000      84K rw---  [stack]
ffffe000       4K r-x--  [anon]
```

进程地址空间里的内存区域块通常被称为 VMA（Virtual Memory Area），它描述了一个连续空间上的独立区间，拥有一致的属性。一个进程地址空间内的各个内存区域是不允许发生地址重叠的。

如果映射的文件名为[anon]，则表示匿名的内存映射，指动态生成的内容所占用的内存。例如，堆不存在相对应的磁盘路径，所以它的映射就称为匿名的内存映射（注意一下最后一个[anon]区域，它的地址在内核地址空间，这是 VDSO（Virtual Dynamic Shared Object）技术的应用，相当于将一个内核动态库共享给应用进程）；[stack]表示栈内存。一般属性为"r-x"（只读并可执行的）的是程序的代码段，而具有可写属性的可能是数据段、未初始化的全局变量段、堆、栈等。

在这个例子中，我们很容易就能看到 bash 进程对应的可执行文件与内存段的映射关系，以及虚拟内存分布等信息。

我们看到，当一个进程运行的时候，其用到文件的代码段、数据段等都是映射到内存地址区域的。这个功能是通过系统调用 mmap() 来完成的，代码如下：

```
void *mmap(void *addr, size_t length, int prot, int flags,
     int fd, off_t offset);
int munmap(void *addr, size_t length);
```

mmap()将文件（由文件句柄 fd 所指定）从偏移 offset 的位置开始的长度为 length 的一个块映射到内存区域中，从而把文件的某一段映射到进程的地址空间，这样程序就可以通过访问内存的方式去访问文件了。

参数 addr 是输入的参考虚拟地址，通常指定为 NULL，这样内核会自动生成一个合理的虚拟地址。

参数 prot 为映射的属性，可以是 PROT_EXEC（可执行的）、PROT_READ（可读的）、PROT_WRITE（可写的）、PROT_NONE（无）或是它们"比特或"的结果。

参数 flags 指定映射的一些操作，如 MAP_SHARED（共享映射，进程间通过这种映射可以共享文件信息，但只有调用 msync()或 munmap()后才能保障文件的回写完成）或 MAP_PRIVATE（私有映射，对映射内存的写操作基于写时复制实现，也就是说不会写回到真正的文件中，其他进程无法共享）。更多的 flags 参数介绍读者可以参考 mmap2()的 manual 帮助。

如果 fd 指向的句柄为一个设备文件，则可以把设备的物理块映射到内存中，这需要在相应的设备驱动中实现 xxx_mmap()接口。典型的例子就是利用/dev/mem 可以将一些 MMU 能访问的物理地址映射为应用层虚拟地址，从而可以在应用层直接访问某些物理地址，实现一些简单的驱动开发。

如果 flags 中包含 MAP_ANONYMOUS，则表示这是一个匿名映射，不映射到任何文件中，这时参数 fd 和 offset 不起作用，mmap()返回一块初始化为 0 的匿名映射内存区域块。应用层 Glibc 库的 malloc()函数分配虚拟内存的时候，小于 128KB 的用 brk()系统调用增长堆的大小，而大于等于 128KB 的直接用 MAP_ANONYMOUS 的方式映射一个匿名地址空间。开发人员可以用这种方法预先创建一个大的虚拟地址空间，然后在应用层实现自己的内存管理。

mmap()和新的系统调用 mmap2()之间唯一的区别就是最后一个参数。mmap()最后一个参数是以字节为单位的文件偏移量，而 mmap2()最后一个参数是以页为单位的文件偏移量。这对于 32 位的 X86 系统，mmap2()将可以访问的文件偏移从 2^{32} 字节增加到 2^{44} 字节。内核实现了 sys_mmap2()，而 mmap()可以简单地从 mmap2()封装得到。

```
void *mmap2(void *addr, size_t length, int prot, int flags,
        int fd, off_t pgoffset);
```

与 read/write 相比，使用 mmap 的方式对文件进行访问，带来的一个显著好处就是可以减少一次用户空间到内核空间的复制，在某些场景下，如访问音频、视频等大文件，可以带来性能的提升。

3.3 文件系统

Linux 文件系统的体系结构是一个对复杂系统进行抽象化的有趣例子。通过使用一组通用的 API 函数，Linux 就可以在多种存储设备上支持多种文件系统，这使得它拥有了与其他操作系统和谐共存的能力。

3.3.1 文件系统概述

文件是文件系统中最核心的概念，Linux 中文件的概念并不局限于普通的磁盘文件，而是指由字节序列构成的信息载体，I/O 设备、socket 等也被包括在内。

因为有了文件的存在，所以需要衍生出文件系统去进行组织和管理文件，而为了支持各种各样不同的文件系统，所以有了虚拟文件系统的出现。

文件系统是一种对存储设备上的文件、数据进行存储与组织的机制。这个定义中的关键词有两个——"存储设备"和"存储与组织的机制"。"存储设备"包括硬盘、光盘、Flash、网络存储设备及其他存储设备，而文件系统给出了这些存储设备上数据的意义（网络协议规定了互联网上数据的意义，从这个角度来说，文件系统也可以被看作一个协议）。"存储与组织的机制"的目的是易于查询和存取文件。

Linux 已经可以支持数十种文件系统，而且这些不同的文件系统可以共存于系统中，它们之间的关系并不是相互对立的，而是会经常进行文件与数据移动的，因此必须有一种统一的"语言"去支持它们的这种交流，虚拟文件系统就扮演了这个角色。

虚拟文件系统通过在各种具体的文件系统上建立一个抽象层，屏蔽了不同文件系统间的差异，通过虚拟文件系统分层架构（见图 3-2），我们在对文件进行操作时，便不需要去关心相关文件所在的具体文件系统细节。

图 3-2 虚拟文件系统分层架构

分层架构使得底层的操作细节被屏蔽，用户应用程序进行文件操作时，只需要考虑使用哪个系统调用，而不需要考虑操作的是位于哪个文件系统中的文件。

通过系统调用层，我们可以在不同的文件系统之间复制和移动数据，正是虚拟文件系统使得这种跨越不同存储设备和不同文件系统的操作成为了可能。

虚拟文件系统之所以能够衔接各种各样的文件系统，是因为它提供了一个通用的文件系统模型，该模型能够表示 Linux 支持的所有文件系统，包括了我们能够想到的一个文件系统应该具有的功能和行为。

虚拟文件系统提供的通用文件系统模型在内核中具体表现为一系列的抽象接口和数据结构，每个具体的文件系统都必须实现这些接口，并在组织结构上与该模型保持一致，如它们必须都支持像文件和目录这样的概念，也支持像创建文件和删除文件这样的操作。

我们可以把虚拟文件系统比作各种文件系统所共同推出的负责对外交流的"傀儡"，它本身没有实际的实施权，所有的决策实施都要通过躲在背后的每个具体文件系统来完成，正所谓每一个成功的虚拟文件系统背后都有很多个默默支持它的具体文件系统。

虚拟文件系统采用了面向对象的设计思路，将一系列概念抽象出来作为对象而存在，它们包含数据的也包含了操作这些数据的方法。当然，这些对象只能用数据结构来表示，而不可能超出 C 语言的范畴，不过即使在 C++语言里面数据结构和类的区别也仅仅在于数据结构的成员默认公有，类的成员默认私有。

虚拟文件系统主要有如下 4 个对象类型。

- 超级块（Super Block）。

超级块对象代表一个已安装的文件系统，用于存储该文件系统的有关信息，如文件系统的类型、大小、状态等。对基于磁盘的文件系统，这类对象通常存放在磁盘的特定扇区上。对于并非基于磁盘的文件系统（如基于内存的文件系统 sysfs），它们会现场创建超级块对象并将其保存在内存中。

- 索引节点（Inode）。

索引节点对象代表存储设备上的一个实际的物理文件，用于存储该文件的有关信息。Linux 将文件的相关信息（如访问权限、大小、创建时间等）与文件本身区分开。文件的相关信息又被称为文件的元数据。

- 目录项（Dentry）。

目录项对象描述了文件系统的层次结构，一个路径的各个组成部分，不管是目录

（虚拟文件系统将目录当作文件来处理）还是普通的文件，都是一个目录项对象。例如，打开文件/home/test/test.c 时，内核将为目录 home、test 和文件 test.c 都创建一个目录项对象。

- 文件。

文件对象代表已经被进程打开的文件，主要用于建立进程和文件之间的对应关系。它由 open() 系统调用创建，由 close() 系统调用销毁，当且仅当进程访问文件期间存在于内存之中。同一个物理文件可能存在多个对应的文件对象，但其对应的索引节点对象却是唯一的。

3.3.2　Btrfs

相对来说，文件系统似乎是内核中比较稳定的部分，多年来从 ext2、ext3 到 ext4。在很多人心里，几乎成了 Linux 文件系统的代名词。

但是随着我们对文件系统有更多的了解后，会发现很多用户都认为 ext4 只是一个过渡，Btrfs 才是未来 Linux 文件系统里的"真命天子"，包括 ext4 的作者 Theodore Tso 也在盛赞 Btrfs，并认为 Btrfs 将成为下一代 Linux 标准文件系统。Facebook 甚至挖来了 Btrfs 的核心开发者，在内部大量的部署 Btrfs。

1）B-Tree

Btrfs 文件系统中所有的元数据都由 B-Tree 管理，可以说 B-Tree 是 Btrfs 的核心。B-Tree 带来的好处主要在于可以进行高效的查找、插入和删除操作。

不妨先看看 ext2/3 中元数据管理的实现方式。妨碍 ext2/3 扩展性的一个问题来自其目录的组织方式。作为一种特殊的文件，目录在 ext2/3 中的内容是一张线性表格。例如，一个目录中包含 4 个文件，分别是 "home"、"usr"、"oldfile"、"sbin"，如果需要在该目录中查找 "sbin"，则需要对该目录中的所有文件进行遍历，直至找到 sbin 为止。

在文件个数有限的情况下，这是一种比较直观的设计，但随着目录下文件容量的增加，这种遍历查找文件的方式耗费的时间将呈线性增长。为了解决这个问题，ext3 设计者于 2003 年开发了目录索引技术，使用的数据结构就是 B-Tree。如果同一目录下的文件容量超过 2KB，则索引节点中的 i_data 域就会指向一个特殊的 block，其中存储了目录索引 B-Tree。B-Tree 的查找效率高于线性表，但为同一个元数据设计两种数据结构总是不太方便的，而且文件系统中还有很多其他的元数据，所以用统一的 B-Tree 进行管理是非常自然的。Btrfs 内部所有的元数据就是采用了 B-Tree 进行管理，在文件系统的超级块中，有指针指向这些 B-Tree 的根。

B-Tree 这种数据结构常常被用于实现文件系统及数据库索引。我们知道磁盘 I/O 是非常昂贵的操作，所以操作系统采用预读的方式对此做了优化：每一次 I/O 时，不仅仅将当前磁盘地址的数据加载到内存，还会将相邻的数据也加载到内存缓冲区中。这主要是基于局部预读的原理：当访问一个地址数据的时候，与其相邻的数据很快也会被访问到。

数据库索引存储在磁盘上，索引的大小随着表中数据量的增长而增长，可以达到几 GB 甚至更多。因此当我们利用索引进行查询的时候，不可能把索引全部加载到内存中，只能逐一加载每个磁盘页。假设每次磁盘 I/O 读取一页，每个磁盘页对应了索引树上的一个节点。那么相对于二叉树性能来说，使用 B-Tree 来实现索引的关键因素就是磁盘 I/O 的次数。

例如，对于如图 3-3 所示的 4 阶二叉树，如果查找 0010，则整个过程需要进行 4 次 I/O，树的高度和磁盘 I/O 的次数都是 4，所以在最坏的情况下磁盘 I/O 的次数是由树的高度来决定的。由此来看，减少磁盘 I/O 的次数就是要压缩树的高度，使树从"瘦高"尽量变得"矮胖"，所以 B-Tree 就在这样的背景下诞生了。

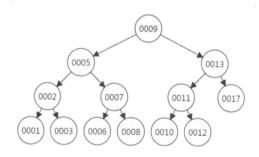

图 3-3　4 阶二叉树

对于一个 m 阶的 B-Tree 来说，必须满足以下几个条件：每个节点最多拥有 m 颗子树；根节点至少有 2 颗子树；分支节点至少拥有 m/2 颗子树（除根节点和叶子节点外都是分支节点）；所有叶子节点都在同一层上，每个节点最多可以有 m-1 个 Key，并且以升序排列。

例如,对于如图 3-4 所示的 3 阶 B-Tree,如果查找 0021 的话,需要进行 3 次 I/O。相同数量的 Key 在 B-Tree 中生成的节点要远远少于二叉树中的节点,相差的节点数量就等同于磁盘 I/O 的次数。这样达到一定数量后,性能的差异就显现出来了。

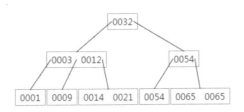

图 3-4　3 阶 B-Tree

2)基于 extent 的文件存储

在 ext2 文件系统中,数据块都是被单独管理的,inode 中保存有指向数据块的指针,文件占用了多少个数据块,索引节点里面就有多少个指针(多级)。想象一下对于一个大小为 1GB 的文件,4KB 的块大小,就需要(1024×1024)/4=262 144 个数据块,即需要 262 144 个指针,这些指针需要在创建文件的时候进行初始化,在删除文件的时候进行回收,极大地影响了性能。

而现在很多文件系统包括 ext4、Btrfs 都支持 extent 功能,用 extent 取代 block 来管理磁盘,能有效地减少元数据开销。extent 由一些连续的 block 组成,由起始的 block 加上长度进行定义。

简单来说,extent 就是数据块的集合,以前一次分配一个数据块,现在可以一次分配一个 extent,里面包含很多数据块,同时索引节点里面只需要分配指向 extent 的指针就可以了,这大大减少了指针的数量和层级,提高了操作大文件的性能。

3)动态索引节点分配

在 ext2/3/4 系列的文件系统中,索引节点的数量都是固定的,如果存储很多小文件的话,就有可能造成索引节点已经用完,但磁盘还有很多剩余的空间无法被使用的情况。不过它也有一个好处,就是磁盘一旦损坏,恢复起来要相对简单,因为数据在磁盘上的布局是相对固定的。

为了解决磁盘剩余空间无法被使用的问题，需要对索引节点进行动态分配：每一个索引节点作为 B-Tree 中的一个节点，用户可以无限制地任意插入新的索引节点，索引节点的物理存储位置是动态分配的，所以 Btrfs 没有对文件个数进行限制。

4）针对固态硬盘做的优化

固态硬盘采用闪存技术，内部没有磁盘、磁头等机械装置，读/写速率得到大幅提升。闪存不同于硬盘驱动器，在写数据之前必须先执行擦除操作，对擦除进行操作的次数也有一定的限制，因此，为了延长 Flash 的使用寿命，应该将写操作平均到整个 Flash 上。

Btrfs 是少数有专门针对固态硬盘进行优化的文件系统，这些不仅能提高固态硬盘的使用寿命，而且能提高读/写性能。用户可以使用 mount 参数对固态硬盘做特殊优化处理。

5）支持元数据和数据的校验

例如，block A 中存放的数据为 0x55，但读取出来的数据变成了 0x54，因为读取操作并未报错，所以这种错误不能被上层软件察觉。解决这个问题的方法是保存数据的校验和，在读取数据后检查校验和，如果不符合，便知道数据出现了错误。校验和技术保证了数据的可靠性，避免了 Silent Corruption 现象（这种错误一般无法被立即检测出来，而是应用在后续访问数据的过程中，才发现数据已经出错，这种很难在数据发生错误那一刻被检查出来的错误，就称为静默数据破坏，即 Silent Data Corruption）。

ext2/3 对磁盘完全信任，所以没有采用校验和技术。但不幸的是，磁盘的错误始终存在，不仅是廉价的 IDE 硬盘，就连昂贵的磁盘阵列也会存在 Silent Corruption 问题。而且随着存储网络的发展，即使数据从磁盘读取正确，也很难确保其能够安全地穿越网络设备。

Btrfs 在读取数据的同时会读取相应的校验和，如果最终从磁盘读取出来的数据和校验和不相同，Btrfs 会先尝试读取数据的镜像备份，如果数据没有镜像备份，则 Btrfs 将返回错误。数据在写入磁盘之前，Btrfs 会计算相应的校验和，然后将校验和与数据同时写入磁盘。

Btrfs 采用 crc32 算法计算校验和，为了提高效率，Btrfs 将写数据和校验和的工作分别用不同的内核线程并行执行。

6）支持写时复制

文件系统中的写时复制是指在对数据进行修改的时候，不会直接在原来的数据位置上进行操作，而是找一个新的位置进行修改，优点是一旦系统突然断电，重启之后将不需要做 fsck。Btrfs 文件系统采用写时复制及事务机制保证了数据的一致性。

对 Btrfs 来说，所谓的写时复制，是指每次将数据写入磁盘时，先将更新的数据写入一个新的 block，当新数据写入成功之后，再更新相关的数据结构指向新 block。写时复制只能保证单一数据更新的原子性，但文件系统中很多操作需要更新多个不同的元数据，如创建文件时需要创建一个新的索引节点、增加一个目录项等，任何一个步骤出错，文件就不能被创建成功，因此可以将类似创建文件这样的一个完整操作过程定义为一个事务。

7）子分区 subvolume

把文件系统的一部分配置为一个完整的被称为 subvolume 的子文件系统。通过 subvolume，一个大的文件系统可以被划分为多个子文件系统，这些子文件系统共享底层的存储设备，在需要时便从底层设备中分配磁盘空间，过程类似于分配内存的 malloc() 函数。这种模型里，底层的存储设备可以作为存储池。这种模型有很多优点，如可以充分利用磁盘的带宽、可以简化磁盘空间的管理等。

所谓充分利用磁盘的带宽，是指文件系统可以共享底层的磁盘，做到并行的读/写；所谓简化管理，是相对于 LVM 等卷管理软件而言的。采用存储池模型，每个文件系统的大小都可以自动调节。而使用 LVM 时，如果一个文件系统的空间不够了，该文件系统并不能自动使用其他磁盘设备上的空闲空间，必须要使用 LVM 的管理命令手动调节。

subvolume 可以作为根目录，挂载到任意挂载点。假如管理员只希望用户访问文件系统的一部分，如希望用户只能访问 /var/test 下面的内容，而不能访问 /var/ 目录下的其他内容，那么便可以将 /var/test 做成一个 subvolume。/var/test 的这个 subvolume 便是一个完整的文件系统，可以用 mount 命令挂载。如果挂载到 /test 目录下，给用户访问 /test 的权限，那么用户便只能访问 /var/test 下面的内容。

8）软件磁盘阵列

磁盘阵列技术有很多非常吸引人的特性，如用户可以将多个廉价的 IDE 磁盘组合为 RAID0 阵列，从而变成一个大容量的磁盘；RAID1 和更高级的磁盘阵列配置还提供了数据冗余保护，使存储在磁盘中的数据更加安全。Btrfs 很好地支持了软件磁盘阵列，包括 RAID0、RAID1 和 RAID10。

9）压缩

Btrfs 内置了压缩功能。通常将数据写入磁盘之前进行压缩会占用很多的 CPU 时间，这必然会降低文件系统的读/写效率。但随着硬件技术的发展，CPU 处理时间和磁盘 I/O 时间的差距不断加大，在某些情况下，花费一定的 CPU 时间和占用一定的内存，能大大减少磁盘 I/O 的数量，这反而能够提高整体的效率。

例如，一个文件在不经过压缩的情况下需要进行 100 次磁盘 I/O。但花费少量 CPU 时间进行压缩后，只需要进行 10 次磁盘 I/O 就可以将压缩后的文件写入磁盘。在这种情况下，I/O 效率反而提高了。当然，这取决于压缩率。目前 Btrfs 已经能够支持 zlib、LZO 与 zstd 等方式进行压缩。

3.4 Page Cache

Page Cache，通常也称为文件缓存（File Cache），使用内存 Page Cache 文件的逻辑内容，从而提高对磁盘文件的访问速度。

顾名思义，Page Cache 是以物理页为单位对磁盘文件进行缓存的。对于 Linux 及多数的类 UNIX 系统，系统一般不会让空闲内存太空闲，而是将其用作 Page Cache，在有内存请求时逐步释放缓存。所以一般看 Linux 的空闲内存总是那么少，其实它们正在为加速访问文件系统做贡献。

Page Cache 基于内存管理系统，同时又要和文件系统打交道，是两者之间一个重要的纽带。如前所述，应用层对文件的访问一般有两种方法：一是通过系统调用 mmap() 创建直接访问的虚拟地址空间；二是利用系统调用 read()/write() 进行寻址访问。

一个文件通过 mmap() 映射到虚拟内存空间后，对这个内存区域进行第一次访问时，页表还没有建立，必然会出现一个内存访问的缺页错误。内核在处理这个缺页错误时，通过页面预读函数分配内存页面，然后将对应的文件块读入。当程序再次访问这个文件块的时候，由于它已经在内存缓存中了，因此就不需要再次访问文件了。

通过系统调用 read() 来访问文件时，最终也是通过页面预读函数分配 Page Cache 的。而对文件缓存的写操作，使用写时复制机制，等到要同步或清理缓存时再把文件同步回去，这种情况一般会有延迟效应。

我们在用户层面上对磁盘文件的各种访问，会体现在内核里，并最终转化为针对磁盘（块设备）的一系列 I/O 操作。扇区是块设备的基本单元，也是最小的寻址单元，但是内核并不是按照扇区来执行磁盘操作的，而是在扇区之上又抽象出了一个"块"的概念。内核执行的所有磁盘操作都是按照块来进行的，每个块的大小必须是扇区的数倍，而且不能超过一个页面的长度，所以块大小一般为是 512Byte、1KB 或 4KB。

内核只能基于块来访问物理文件系统，所以与扇区是块设备的最小寻址单元相对应，块也被称为是文件系统的最小寻址单元。一个磁盘块被调入内存时，它需要存储在一个缓冲区中，这个缓冲区就是块在内存中的表示，每个块在内存中都与一个缓冲区相对应。

因为内核基于块来访问物理文件系统，而磁盘块与内存中的缓冲区又是一一对应的映射关系，所以为了提高磁盘的存取效率，内核引入了缓冲区缓存机制，将通过虚拟文件系统访问的块的内容缓存在内存中。

在早期版本的内核中，Page Cache 和 Buffer Cache 是两个独立的缓存，前者缓存页，后者缓存块，由于一个磁盘块可以在两个缓存中同时存在，因此除了耗费额外的内存，还需要对两个缓存中的内容进行同步操作。从 2.4.10 版本内核开始，Buffer Cache 不再是一个独立的缓存了，它被包含在 Page Cache 中，通过 Page Cache 来实现。对于 4KB 大小的 page 来说，根据不同的块大小，它可以包含 1~8 个缓冲区。

使用 free 命令可观测到 buffer 和 cache，如下所示：

```
$ free
                total       used       free     shared    buffers     cached
Mem:         16340212   15223624    1116588    1153504     216356    4967596
-/+ buffers/cache:     10039672    6300540
Swap:        16680956     123448   16557508
```

其中，"buffers"表示块设备所占用的缓存页，包括直接读/写块设备，以及文件系统元数据，如 SuperBlock 所使用的缓存页；"cached"表示普通文件所占用的缓存页。

3.5 Direct I/O

Direct I/O 与标准 I/O（Buffered I/O，缓存 I/O）相对应，在 Buffered I/O 中，Linux 会将 I/O 的数据缓存在 Page Cache 中，也就是说，数据会先被复制到内核的缓冲区，再从内核的缓冲区复制到应用程序的用户地址空间。Buffered I/O 有几个优点。

- Buffered I/O 使用了内核缓冲区，在一定程度上分离了应用程序和物理设备。
- Buffered I/O 可以减少 I/O 次数，从而提高系统性能。

应用程序尝试读取某块数据的时候，会先查找 Page Cache，如果这块数据已经存放在 Page Cache 中（就是所谓的 Cache 中），那么就可以立即返回给应用程序，而不需要再进行实际的物理磁盘操作。如果不能在 Page Cache 中发现要读取的数据，那么就需要先将数据从磁盘读取到 Page Cache 中。同样，对于写操作来说，应用程序也会先将数据写到 Page Cache 中，再根据所采用的写操作机制，判断数据是否应该立即被写到磁盘上去。

在 Buffered I/O 机制中，在没有 CPU 干预的情况下，可以通过 DMA 操作在磁盘和 Page Cache 之间直接进行数据的传输，如将数据直接从磁盘读取到 Page Cache 中，或者将数据从 Page Cache 直接写回到磁盘中。但是没有方法能直接在应用程序的地址空间和磁盘之间进行数据传输，这样的话，数据在传输过程中需要在用户空间和 Page Cache 之间进行多次数据复制操作，这将带来比较大的 CPU 开销。

对于某些特殊的应用程序来说，如自缓存应用程序（Self-Caching Applications），即具有自己的用户空间的数据缓存机制，并不需要利用内核中的缓存，如数据库管理系统就是这类应用程序的一个代表。在这种情况下，就有必要避开内核缓冲区直接在应用程序的用户地址空间和磁盘之间传输数据，从而获取更好的性能。

因此才有了这里要介绍的 Direct I/O 机制。Direct I/O 可以省略使用 Buffered I/O 中的内核缓冲区，数据可以直接在用户空间和磁盘之间进行传输，从而使得自缓存应用程序可以避开复杂系统级别的缓存结构，执行自定义的数据读/写管理，从而降低系统级别的管理对应用程序访问数据的影响。

如果在块设备中执行 Direct I/O，那么进程必须在打开文件的时候将对文件的访问模式设置为 O_DIRECT，这样就等于告诉 Linux 进程在接下来将使用 Direct I/O 方式去读/写文件，且传输的数据不经过内核中的 Page Cache。

Direct I/O 最主要的优点就是通过减少内核缓冲区和用户空间的数据复制次数，降低文件读/写时所带来的 CPU 负载能力及内存带宽的占用率。如果传输的数据量很大，使用 Direct I/O 的方式将会大大提高性能。然而，不经过内核缓冲区直接进行磁盘的读/写，必然会引起阻塞，因此通常 Direct I/O 与 AIO（异步 I/O）一起使用。

在内核的邮件列表讨论里，Linus 曾经认为 Direct I/O 是很不好的设计。绕开内核究竟好不好，每个人都有自己的判断。例如，对于网络 I/O 来讲，只有把内核绕开，才能得到比较低的延迟。内核发展的一个趋势也是控制越来越少的资源，给用户程序更好的自由度来管理资源。

3.6 块层（Block Layer）

对内核来说，管理块设备要比管理字符设备复杂得多。因为块设备访问时，需要在介质的不同区间前后移动，而字符设备访问时仅仅需要控制一个位置，就是当前位置。所以内核没有提供一个专门的子系统来管理字符设备，但是却有一个专门的子系统来管理块设备。这不仅仅是因为块设备的复杂度远远高于字符设备，更重要的原因是块设备的访问性能对系统的影响很大，对硬盘每多一分利用都会对系统的整体性能带来提升，其效果要远远比提高键盘的吞吐速度好得多。

块设备上的操作涉及内核中的多个组成部分，内核块设备 I/O 流程如图 3-5 所示。

图 3-5 可以看作图 3-1 的简化，系统调用 read() 触发相应的虚拟文件系统函数，虚拟文件系统判断请求的数据是否已经在内核缓冲区里，如果不在，则判断如何执行读操作。如果内核必须从块设备上读取数据，就必须要确定数据在物理设备上的位置。这由映射层（Mapping Layer），即磁盘文件系统来完成。文件系统将文件访问映射为设备访问。

而如何维持一个 I/O 请求在上层文件系统与底层物理磁盘之间的关系是由通用块层（Generic Block Layer）来负责的。在通用块层中，使用 bio 结构体来描述一个 I/O 请求。

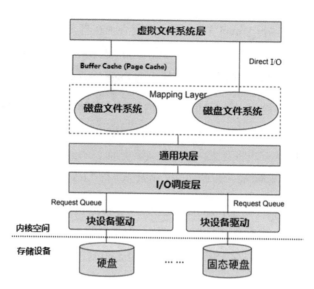

图 3-5　内核块设备 I/O 流程

而到了 Linux 驱动,则是使用 request 结构体来描述向块设备发出的 I/O 请求的。对于慢速的磁盘设备而言,请求的处理速度很慢,这时内核就提供一种队列的机制把这些 I/O 请求添加到队列中(请求队列),使用 request_queue 结构体描述。

为了提高访问效率,在向块设备提交这些请求前,内核会先通过一定的调度算法对请求进行合并和排序预操作,对连续扇区操作的多个请求进行合并以提高执行效率,这部分工作由 I/O 调度器负责。

3.6.1　bio 与 request

bio 与 request 是块层最核心的两个数据结构,其中,bio 描述了磁盘里要真实操作的位置与 Page Cache 中页的映射关系。作为 Linux I/O 请求的基本单元,bio 结构贯穿块层对 I/O 请求处理的始终。

每个 bio 对应磁盘里面一块连续的位置(这是由磁盘的物理特性决定的,单次 I/O 只能操作一块连续的磁盘空间,但是一个 bio 请求要读或写的数据在内存上可以不连续,每个不连续的数据段由 bio_vec 来描述,内容如下),每一块磁盘里面连续的位置,可能对应 Page Cache 的多页或一页,所以磁盘里面会有一个 struct bio_vec *bi_io_vec 的表。

```
struct bio_vec {
        struct page     *bv_page;
        unsigned int    bv_len;
        unsigned int    bv_offset;
}
```

顾名思义，bio_vec 就是一个 bio 的数据容器，专门用来保存 bio 的数据。bio_vec 是组成 bio 数据的最小单位，它包含一块数据所在的页，以及页内的偏移及长度信息，通过这些信息就可以很清晰地描述数据具体位于什么位置。bio、bio_vec 与 page 之间的关系如图 3-6 所示。

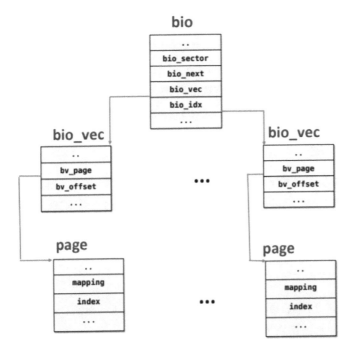

图 3-6　bio、bio_vec 与 page 之间的关系

bio_idx 指向当前的 bio_vec，通过它可以跟踪 I/O 操作的完成进度。但 bio_idx 更重要的作用在于对 bio 结构体进行分割，像磁盘阵列这样的驱动器可以把单独的 bio 结构体（原本是为单个设备使用准备的）分割到磁盘阵列中的各个硬盘上，磁盘阵列设备驱动只需复制这个 bio 结构体，再把 bio_idx 域设置为每个独立硬盘操作时需要的位置就可以了。

bio 在块层会被转化为 request，多个连续的 bio 可以合并到一个 request 中，生成的 request 会继续进行合并、排序，并最终调用块设备驱动的接口将 request 从块层的 request 队列（request_queue）中移到驱动层进行处理，以完成 I/O 请求在通用块层的整个处理流程。

request 用来描述单次 I/O 请求，request_queue 用来描述与设备相关的请求队列，每个块设备在块层都有一个 request_queue 与之对应，所有对该块设备的 I/O 请求最后都会流经 request_queue。块层正是借助 bio、bio_vec、request、request_queue 这几个结构将 I/O 请求在内核 I/O 子系统各个层次的处理过程联系起来的。

面对新的、快速的存储设备，一个块设备一个队列的策略，开始变得不合时宜。普通的物理硬盘每秒可以响应几百个 request（IOps），但固态硬盘每秒则可以响应几十万个 request，如果只有一个队列的话，会造成全部 I/O 中断集中到一个 CPU 上，所有 CPU 访问一个队列也会出现有锁的问题。所以，和网络一样，现在块层也支持多队列模型，即图 3-1 中的 blkmq，这个特性需要硬件来支持。

3.6.2　I/O 调度

Linux 的 I/O 调度器又称为电梯（Evelator）调度器，因为 Linus 开始实现这个系统的时候，使用的就是电梯算法。坐过电梯的人应该很容易理解，电梯的算法就是：电梯总是从一个方向，把人送到有需要的最高的一个位置，然后反过来，把人送到有需要的最低的一个位置。这样效率是最高的，因为电梯不用根据先后顺序不断调整方向走更多的冤枉路。

为了实现这个算法，我们需要有一个蓄流（Plug）的概念。这个概念类似马桶的冲水器，先把冲水器用塞子堵住，然后开始接水，等水满了，再一次把塞子拔掉，冲水器中的水就一次冲出去了。在真正冲水之前，就有机会把数据进行合并、排序，保证电梯可以从一头走到另一头，再从另一头返回。

但情况千变万化，不是每种磁盘、每个场景都可以用一样的算法。所以，现在 Linux 可以支持多个 I/O 调度器，可以给每个磁盘制定不同的调度算法，这可以在 /sys/block/<dev>/queue/scheduler 中进行设置。

1）noop

不调度的算法（no operation，noop），也是最简单的调度算法，有什么请求都直接写下去。noop 算法先将所有的 I/O 请求放入一个 FIFO 队列中，然后逐个执行这些 I/O 请求，当然对于一些在磁盘上连续的 I/O 请求，noop 算法也会适当做一些合并。noop 算法特别适合那些不希望调度器重新组织 I/O 请求顺序的应用。

- 在 I/O 调度器下方有更加智能的 I/O 调度设备。例如，磁盘阵列、SAN、NAS 等存储设备，这些设备本身就会更好地组织 I/O 请求，并不需要 I/O 调度器去做额外的调度工作。
- 上层的应用程序比 I/O 调度器更懂底层设备。如果上层应用程序到达 I/O 调度器的 I/O 请求已经是经过精心优化的，那么 I/O 调度器就不需要画蛇添足，只需要按顺序执行上层传达下来的 I/O 请求即可。

2）deadline

deadline 是一个改良的电梯算法，与电梯算法相比只加了一条：如果部分请求等太久了（即 deadline 到了，默认读请求为 500ms，写请求为 5s），电梯就要立即掉头，先处理这些请求。也就是说，deadline 算法的核心在于保证每个 I/O 请求在一定的时间内一定要被服务到，从而避免出现"饥饿"的请求。

3）CFQ

CFQ（Completely Fair Queuing）类似于进程调度算法里的 CFS（完全公平调度器），它是按任务分成多个队列，按队列的"完全公平"来进行调度的。

CFQ 试图为竞争块设备使用权的所有进程分配一个请求队列和一个时间片，在调度器分配给进程的时间片内，进程可以将其读/写请求发送给底层块设备，当进程的时间片消耗完时，进程的请求队列将被挂起，等待调度。

每个进程的时间片和每个进程的队列长度取决于进程的 I/O 优先级，每个进程都会有一个 I/O 优先级，CFQ 调度器会将 I/O 优先级作为考虑的因素之一，来确定该进程的请求队列何时可以获取块设备的使用权。可以通过 ionice 命令设定每个任务不同的 I/O 优先级。

对于通用的服务器来说，CFQ 是较好的选择。从 Linux 2.6.18 版本开始，CFQ 成为默认的 I/O 调度算法。

3.6.3 I/O 合并

所谓 I/O 合并就是将符合条件的多个 I/O 请求合并成单个 I/O 请求进行一并处理，从而提升 I/O 请求的处理效率。

如前所述，进程产生的 I/O 路径主要有 Buffered I/O 与 Direct I/O 两条，如图 3-7 所示，无论哪一条路径，在 bio 结构转换为 request 结构进行 I/O 调度前都需要进入 Plug 队列（Plug List）进行蓄流（部分 Direct I/O 产生的请求不需要经过蓄流），所以对 I/O 请求来说，能够进行合并的位置主要有 Page Cache、Plug List、I/O 调度器 3 个。

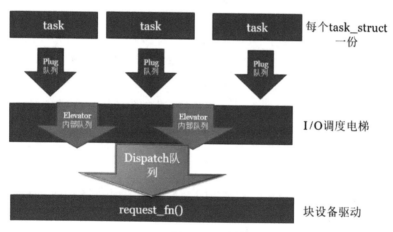

图 3-7 I/O 合并

Plug，顾名思义就是将块层的 I/O 请求聚集起来，使得零散的请求有机会进行合并和排序，最终达到高效利用存储设备的目的。

每个进程都有一个私有的 Plug 队列，进程在向通用块层派发 I/O 请求之前如果开启了蓄流功能，那么 I/O 请求在被发送给 I/O 调度器之前都被保存在 Plug 队列中，直到泄流（Unplug）的时候才被批量交给调度器。蓄流主要是为了增加请求合并的机会，bio 在进入 Plug 队列之前会尝试与 Plug 队列中保存的 request 进行合并。当应用需要发多个 bio 请求的时候，比较好的办法是先蓄流，而不是一个个单独发给最终的硬盘。

这类似于现在有 10 个老师,这 10 个老师开学的时候都接受学生报名。然后有一个大的学生队列,如果每个老师有一个学生报名的时候,都访问这个唯一的学生队列,那么这个队列的操作会变成一个重要的锁瓶颈。如果我们换一种方法,让每天报名的学生先挂在老师自己的队列上面,老师的队列上面挂了很多学生后,再进行"泄流",挂到最终的学生队列中,这样则可以避免锁瓶颈问题,最终只需在小队列融合进大队列的时候控制住时序就可以了。

在蓄流的过程中,还要完成一项重要的工作就是造请求(make request)。make request 会尝试把 bio 合并到一个进程本地 Plug 队列里的 request,如果无法合并,则创造一个新的 request。request 里面包含一个 bio 的队列,这个队列的 bio 对应的硬盘位置,最终在硬盘上是连续存放的。

假设一个文件的第 0~16KB 在硬盘的存放位置并不连续,分别为 100、103、102、200,那么这 4 块数据会被转化为 4 个 bio。

- bio0:硬盘第 100 块。
- bio1:硬盘第 103 块。
- bio2:硬盘第 102 块。
- bio3:硬盘第 200 块。

当它们进入进程本地 Plug 队列的时候,由于最开始 Plug 队列为空,bio 0 显然没有合并的对象,这样就会形成一个新的 request0。bio1 也无法合并进 request0,于是得到新的 request1。bio2 正好可以合并进 request1,于是 bio1 被合并进 request1。bio3 对应硬盘的第 200 块,无法合并,于是得到新的 request2。

最终进程本地 Plug 队列上的 request 排列如表 3-1 所示。

表 3-1 Plug 队列上的 request 排列

request	bio	硬盘数据块
request 0	bio 0	100
request 1	bio 1 bio 2	102~103
request 2	bio 3	200

泄流的时候，进程本地 Plug 队列的 request，会被加入电梯调度算法的队列中。当各个进程本地 Plug 队列里面的 request 被泄流时，进入的不是最终的设备驱动，而是一个电梯调度算法，request 将进行再一次的排队。这个电梯调度算法的主要目的就是进一步合并 request，把 request 对硬盘的访问顺序化，以及执行一定的 QoS（Quality of Service）。

3.7 LVM

LVM，第一个版本由 Heinz Mauelshagen 于 Linux 2.4 内核实现。在 2.6 内核，基于 device mapper 机制实现了第二个版本 LVM2。

通常我们在 Linux 系统里使用 fdisk 工具来分割并管理磁盘的分区，如将磁盘 /dev/sda 分割为 /dev/sda1 与 /dev/sda2 两个分区，以分别满足不同的需求，但是这种手段非常生硬，需要我们重新引导系统来使分区生效。

而 LVM 通过在操作系统与物理存储资源之间引入逻辑卷（Logical Volume）的抽象，来解决传统磁盘分区管理工具的问题。LVM 将众多不同的物理存储器资源（物理卷（Physical Volume），如磁盘分区）组成卷组（Volume Group，VG），该卷组可以理解为普通系统中的物理磁盘。但是卷组上不能创建或安装文件系统，而是需要 LVM 先在卷组中创建一个逻辑卷，然后将 ext3、ReiserFS 等文件系统安装在这个逻辑卷上，我们可以在不重新引导系统的前提下通过在卷组里划分额外的空间，来为这个逻辑卷动态扩容。因此 LVM 的存储模型可以理解为如图 3-8 所示的层次结构。

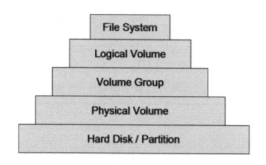

图 3-8　LVM 存储模型

由 4 个磁盘分区所组成的逻辑卷管理系统如图 3-9 所示，LVM 在由这 4 个磁盘分区组成的卷组上创建了多个逻辑卷作为逻辑分区，如果需要为一个逻辑分区扩充存储空间，那么只需从剩余空间中分配一些给该逻辑分区使用即可。

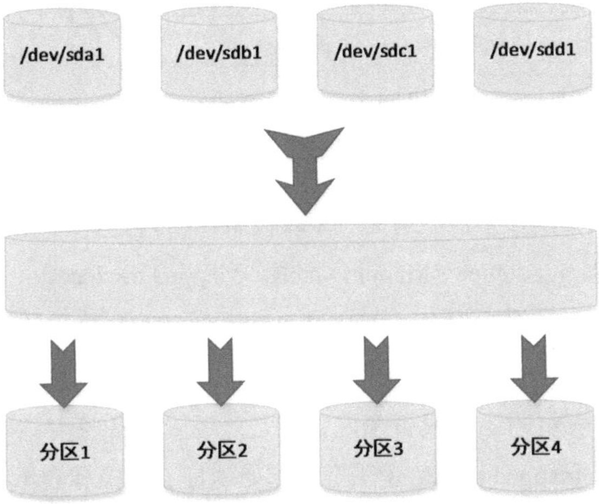

图 3-9 逻辑卷管理系统示例

对 LVM2 来说，在使用逻辑卷管理命令管理逻辑卷的时候，最终是通过 device mapper 完成的。device mapper 是于 2.6 内核引入的支持逻辑卷管理的通用设备映射机制，它为实现那些用于存储资源管理的块设备驱动提供了一个高度模块化的内核架构，device mapper 架构如图 3-10 所示。

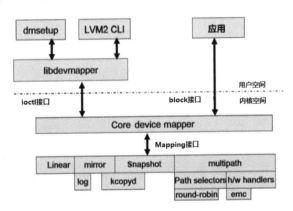

图 3-10 device mapper 架构

device mapper 在内核中通过模块化的 Target driver 插件来实现，对 I/O 请求进行过滤或重定向等工作。当前已经实现的插件包括磁盘阵列、加密、多路径、镜像、快照等，如图 3-10 所示的 Linear、mirror、Snapshot、multipath。

这体现了在 Linux 内核设计中策略和机制分离的原则,即将所有与策略相关的工作放到用户空间完成,如逻辑设备和哪些物理设备建立映射,怎么建立这些映射关系,等等。而内核主要用来提供完成这些策略所需要的机制,主要有 I/O 请求的过滤和重定向。因此整个 device mapper 机制由两部分组成:内核空间的 device mapper 驱动,用户空间的 device mapper 库。

device mapper 在内核中被注册为一个块设备驱动,它包含 3 个重要的对象概念:Mapped Device、Target device、Mapping table。Mapped device 是一个逻辑抽象,可以理解为内核向外提供的逻辑设备,它通过 Mapping table 描述的映射关系和 Target device 建立映射。Target device 表示的是 Mapped device 所映射的物理空间段,对 Mapped device 所表示的逻辑设备来说,就是该逻辑设备映射到的一个物理设备。Mapping table 里有 mapped device 逻辑上的起始地址、范围和表示在 Target device 上的地址偏移量及 Target 类型等信息(这些地址和偏移量都是以磁盘的扇区为单位的,即 512 字节,所以,当看到 128 的时候,其实表示的是 128×512=64KB)。

device mapper 中的逻辑设备 Mapped device 不但可以映射一个或多个物理设备 Target device,还可以映射另一个 Mapped device,于是就出现了迭代或递归的情况,就像文件系统中的目录里除了文件还可以有目录,理论上可以无限嵌套下去。device mapper 内核中各对象的层次关系如图 3-11 所示。

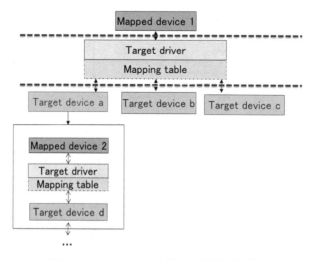

图 3-11 device mapper 内核中各对象的层次关系

从图 3-11 中我们可以看到 Mapped device 1 通过映射表和 Target device a、Target device b、Target device c 建立了映射关系，而 Target device a 又是通过 Mapped device 2 映射而来的，Mapped device 2 通过映射表和 Target device d 建立了映射关系。

device mapper 所要完成的工作就是根据映射关系和 Target driver 描述的 I/O 处理规则，将 I/O 请求从逻辑设备 Mapped device 转发到相应的 Target device 上。I/O 请求在 device mapper 的设备树中按照请求转发的顺序从上到下进行处理。当一个 bio 由设备树中的 mapped deivce 向下层转发时，一个或多个 bio 的克隆（Clone）被创建并发送给下层的 Target device。同样的过程在设备树的每一个层次上进行重复，理论上只要设备树足够大这种转发就可以无限进行下去，直到转发到一个或多个 Target 节点为止。

在设备树的某个层次中，Target driver 完成某个 bio 请求后，将表示该 bio 请求处理完成的事件上报给它上层的 Mapped device，这个过程在各个层次上重复进行，直到该事件最终上传到根 Mapped device 为止，然后 device mapper 结束根 Mapped device 上原始 bio 请求，进而完成整个 I/O 请求过程。

由于一个 bio 请求不能跨多个物理空间段，在设备树的每一个层次上，device mapper 都需要根据 Mapped device 的 Target 映射信息克隆一个或多个 bio，然后将它们转发到对应的 Target device 上，再由相应的 Target driver 根据自身的 I/O 处理规则进行 I/O 请求的过滤等处理。

device mapper 提供了一个从逻辑设备到物理设备的映射架构，只要用户在用户空间制定好映射策略，并按照自己的需求编写处理具体 I/O 请求的 Target driver，就可以很方便地实现一个类似 LVM 的逻辑卷管理器。

3.8 bcache

bcache 是 Linux 内核的块层缓存，它使用固态硬盘作为硬盘驱动器的缓存（见图 3-12），既解决了固态硬盘容量太小的问题，又解决了硬盘驱动器运行速度太慢的问题。

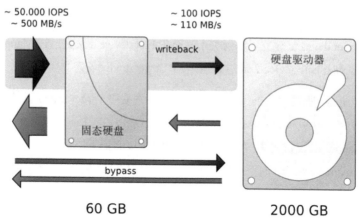

图 3-12 使用固态硬盘作为硬盘驱动器的缓存

bcache 从 3.10 版本开始被集成进内核,支持 3 种缓存策略,分别是写回(writeback)、写透(writethrough)、writearoud,默认使用 writethrough,缓存策略可被动态修改。

如图 3-13 所示,bcache 通过后端设备(Backing Device)和缓存设备(Caching Device)来创建虚拟的 bcache 设备(/dev/bcache)。每个 bcache 设备都与一个后端设备相对应。用户针对 bcache 设备的 I/O 会先缓存在固态硬盘中,刷脏数据的时候就会将其写到对应的后端设备上。

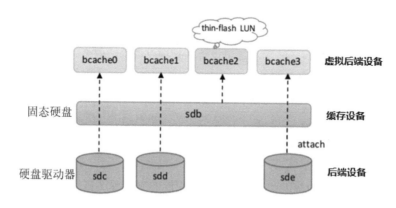

图 3-13 bcache 整体结构

bcache 可以将固态硬盘资源池化,一块固态硬盘形成一个缓存池对应多块硬盘驱动器,并且支持从缓存池中划出瘦分配的纯 Flash 卷(thin-flash LUN)单独使用。LUN 是存储设备上可以被应用服务器识别的独立存储单元,LUN 的空间来源于存储池,存储池的空间来源于组成磁盘阵列的若干块硬盘。从应用服务器的角度来看，一个 LUN 可以被视为一块可以使用的硬盘。thin LUN 是 LUN 的一种，它支持虚拟资源分配，能够以较简便的方式进行创建、扩容和压缩。thin LUN 在创建的时候，可以设置一个初始的容量进行分配，创建完成后，存储池只会分配这个初始容量大小的空间，当已分配的初始存储空间的使用率达到阈值时，会从存储池中再划分一定的配额给 thin LUN，如此反复，直到达到 thin LUN 最初设定的全部容量，因此，它拥有较高的存储空间利用率。

bucket 是 bcache 最关键的结构，缓存设备按照一定的大小划分成很多 bucket，bucket 的默认大小是 512KB，不过最好将其与缓存设备固态硬盘的擦除大小设置一致，如图 3-14 所示的每个小的方框都代表一个 bucket，缓存数据与元数据都是按 bucket 来管理。

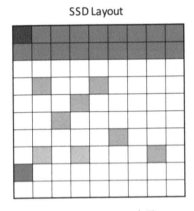

图 3-14　bcache SSD 布局

每个 bucket 都有一个优先级编号（16bit）用于实现 LRU 替换，每次命中，编号都会增加。所有 bucket 的优先级编号都会周期性地减少，不常用的编号会被回收。

bcache 采用写时复制的方式以 bucket 为单位进行空间的分配，对已经在固态硬盘中的数据与元数据进行覆盖写操作时，是写到新的 bucket 空间中的，这样无效的旧数据就会在其所在的 bucket 内形成"空洞"。因此需要一个异步的垃圾回收（GC）线程对这些数据进行标记与清理，并将含有较多无效数据的多个 bucket 压缩成一个 bucket。

使用写回模式时，bcache 会为每个后端的硬盘驱动器启动一个写回线程，负责将固态硬盘中的脏数据刷到后端的硬盘驱动器。为了在保证写回性能的同时尽量不影响I/O 的读/写，bcache 会根据脏数据所占的比例来调节写回的速率。

Linux 开源社区有多个通用的块级缓存解决方案，其中包括 bcache、dm-cache、flashcache、enhanceIO 等。其中，dm-cache 与 bcache 分别于 3.9、3.10 版本合并进内核，flashcache 虽然没有引入内核，但在某些生产环境中也有使用。enhanceIO 衍生于 flashcache 项目。

flashcache 是 Facebook 推出的开源项目，主要目的是，用固态硬盘来缓存数据以加速 MySQL 数据库，但同时它也被作为通用的缓存模块，用于任何搭建在块设备上的应用程序。

flashcache 是基于 device mapper 进行实现的，类似于 bcache，它将快速的固态硬盘和普通的硬盘驱动器映射成一个带缓存的逻辑块设备，将其作为用户操作的接口。用户直接对这个逻辑设备进行读/写操作，而不是直接对底层的固态硬盘或普通的硬盘驱动器进行操作。

作为 Linux 内核的一部分，dm-cache 也是基于 device mapper 实现的。dm-cache 可以采用一个或多个快速设备作为后端慢速存储设备的缓存。dm-cache 采用 3 个物理存储设备混合成 1 个逻辑卷的形式。其中，原始设备通常是硬盘或 SAN，提供主要的慢速存储；缓存设备通常是指固态硬盘；元数据设备记录了原始数据块在缓存中的位置、脏标志，以及执行缓存策略所需的内部数据。

与 flashcache 和 dm-cache 相比，bcache 的内部实现比较复杂，官方给出了 bcache 与 flashcache 的性能对比数据。

3.9　DRBD

分布式块设备复制（Distributed Relicated Block Device，DRBD）用于通过网络在服务器之间对块设备（硬盘、分区、逻辑卷等）进行镜像，以解决磁盘单点故障的问题。可以将 DRBD 视作一种网络磁盘阵列，允许用户在远程服务器上建立一个本地块设备的实时镜像。

在一般情况下，DRBD 只支持两个节点，即主节点和备用节点，与 HA 集群类似。DRBD 将主节点和备用节点上大小相同的两块磁盘或两个分区的每一位都对齐，当用户有数据要存储到主节点上的磁盘时，内核的 DRBD 模块就会对数据进行监控，一旦发现数据是要存储到定义了 DRBD 的分区时，就会把数据复制一份并通过网络传送到备用节点上，备用节点内核中的 DRBD 模块收到数据后会将其保存到磁盘上。

DRBD 工作流程如图 3-15 所示。

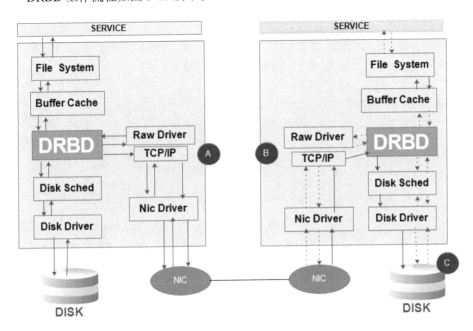

图 3-15　DRBD 工作流程

DRBD 的工作位于 Buffer Cache 与 I/O 调度器之间，数据经过 Buffer Cache 后，DRBD 模块通过 TCP/IP 协议栈经过网卡和备用节点建立数据同步。

DRBD 的工作模式有以下两种。

- 主从模型（Master/Slave）：在某一时刻只允许有一个主节点。主节点可以挂载使用，也可以写入数据等；从节点只是一个备份，用来作为主节点的镜像，不能读/写、不能挂载。
- 双主模型（Dula Primary）：两个节点都可以当作主节点来挂载使用。但是此时会产生并发的问题，即一个主节点对某一个文件正在执行写操作，此时另一个节点也正在对同一个文件执行写操作。这种情况会造成文件系统错乱，导致数据不能正常使用，因为一个节点对文件加锁之后，另一个节点并不知道这个锁的信息。使用集群文件系统，通过分布式的文件锁管理器，即可解决这个问题。该方法的原理是一个节点对文件加锁之后会通过某种机制来通知其他节点有关锁的信息，从而实现文件锁共享。

第 4 章 存储加速

一般从应用的角度来讲,一个存储任务或需求的完成,可以理解为用户从软件(客户端)发出一个存储需求(包括读和写),然后从存储设备返回用户的软件的过程。

存储服务到存储设备的整个 I/O 栈包括软件自身的 I/O 逻辑、网络的 I/O 逻辑、存储驱动的 I/O 逻辑,在其中可以找到很多可以优化的点。例如,在内存中,可以利用 CPU 的特殊指令对一些存储保护算法进行优化;在所经过的网络上,可以把数据传输的任务从 CPU 中卸载,交由具备 RDMA 功能的网卡或智能网卡来进行远程 DMA;在操作系统到实际存储设备落盘的过程中,可以通过用户态的 I/O 栈来旁路(Bypass)操作系统内部的大部分 I/O 栈进行加速。

从目前来讲,无论在存储 I/O 处理的哪个阶段采用加速技术,都不能缺少软件的参与(可以是主机的软件,也可以是 firmware 中的软件),所以简单依照软件和硬件来划分存储技术的加速方案并没有多少价值。

这里我们把存储的加速方案分为以下两类。

- 基于 CPU 处理器的加速和优化方案。
- 基于协处理器或其他硬件的加速方案。

本章首先会针对这两种方案进行介绍,然后会着重介绍基于英特尔 IA 平台的两个对 CPU 加速的软件库:智能存储加速库(Intelligent Storage Acceleration Library,ISA-L)和存储性能软件的加速库(SPDK)。

4.1 基于 CPU 处理器的加速和优化方案

CPU 作为现代计算机系统的大脑，发展迅速。英特尔从 2006 年开始实行"Tick-Tock"策略，其中，一个周期（12～18 个月）升级制程工艺称为"Tick"；一个周期升级核心架构称为"Tock"。随着制程工艺的提升，功耗和散热得到了更好的控制，CPU 可以在更高的功率和频率下运行更长的时间，同时单位面积可以放入更多的三极管。通过对核心架构的升级，如增加缓存尺寸、增加运算单元、提高分枝预测技术等，不断提升 CPU 的运行速度。

从目前来讲，在大部分情况下，CPU 已经不是制约应用速度的瓶颈。但在很多时候，CPU 性能并没有完全发挥出来，其原因主要是没有合理使用 CPU。

CPU 的不断发展也为存储加速提供了不竭动力。下面是可以使用传统 CPU 为应用加速的方法。

1. 超线程技术

超线程技术（Hyperthreading）是指操作系统将每个物理核识别为两个可以并行工作的逻辑核，它们有自己独立的寄存器，但是共用主要的执行单元。这得益于超标量（Superscaler）技术，软件可以通过 CPU 同时分发多条指令到空闲的执行单元，最大限度地利用 CPU 的计算资源。

超线程技术可以为应用提供加速，使应用软件的性能提升近 30%。需要注意的是，当 CPU 物理核数很多时，即当前时刻有很多物理核处于空闲状态时，使用超线程技术甚至会造成性能的下降。超线程技术可以在 BIOS 中配置开启或关闭。

2. 使用合适的指令

不同体系架构的 CPU 都有特殊的指令，通过该指令可以对数据的计算进行优化。合理地利用这些指令可以很好地优化应用，如以算法为主的程序。以下是一些可以用于优化的指令。

1）SIMD

单指令流多数据流指令（Single Instruction Multiple Data，SIMD），一般指拥有多个处理单元的计算机能够用一条指令同时处理多个数据集，这往往被看作数据层次的并行。当前的 SIMD 处理器是在桌面级的不断迭代中发展出来的。在 20 世纪 90 年代，随着计算机运算水平的提升，实时游戏、音频和视频处理成为趋势，这些指令很好地解决了一系列的问题。

英特尔于 1997 年首次在奔腾 MMX 处理器（Pentium with MMX Technology）上引入 MMX—— 一种 SIMD 多媒体指令集，它定义了 8 个 64 位寄存器（共用 80 位浮点寄存器的低 64 位），即 MM0~MM7，同时定义了操作这些寄存器的一系列指令。这些寄存器既可以作为一个完整的 64 位整数寄存器使用，也可以以 packed 形式作为多个小的整数寄存器，如可以分成 2 个 32 位、4 个 16 位或 8 个 8 位寄存器使用。这样通过单指令操作就可以实现多数据并行处理，极大地提高了计算效率。

在这之后，英特尔又提出了 SSE（Streaming SIMD Extensions）、SSE2、SSE3、SSE4，增加了 8 个 128 位寄存器（XMM0~XMM7），解决了 MMX 占用浮点寄存器和不支持浮点运算的问题。

2008 年，英特尔又在 Sandy Bridge 系列处理器上加入了 AVX（Advanced Vector eXtensions）指令集，将寄存器从 128 位拓展到 256 位（16 个 YMM 寄存器），从而增加了 1 倍的计算效率。AVX 引入了三操作数 SIMD 指令（Three-Operand SIMD Instruction）格式，即目标操作数和两个源操作数都不同。例如，之前的 a=a+b 形式现在可以用 c=a+b 表示，保持了 a、b 操作数不变。对某些计算来说，这样的指令提高了效率。但是这类指令只支持 SIMD 操作数，不支持通用寄存器，如 EAX 等指令。英特尔在 AVX2 中加入了对于通用寄存器三操作数指令的支持，同时把大多数 SSE、AVX 指令都扩展到了 256 位。AVX512 又把指令拓展到了 512 位，同时定义了 32 个 512 位寄存器（ZMM0~ZMM31）。

SIMD 指令可以操作位宽更大的寄存器，可以同时进行更多的向量计算，使用效率更高的扩展语法和更多的功能，为包括图片、视频、音频处理、科学仿真计算、数据分析、3D 建模分析等在内的高性能计算和高效数据管理提供了便利。

2）扩展指令

从 MMX 指令集开始，不断有新的扩展指令被加入，用以操作越来越复杂的寄存器。下面是一些在存储领域具有特定功能的扩展指令，如 AES-NI 指令集、CRC32 扩展指令集、SHA-NI 指令集。

- AES-NI 指令集。

AES 是一种被广泛用于网络加密、磁盘加密、文件加密的加密算法，而 AES-NI（Advanced Encryption Standard New Instructions）是为了加速 AES 算法、提高加密数据吞吐量而设计的扩展指令集。AES-NI 指令集由 6 条指令构成，用来执行 AES 算法多个计算密集型操作。这些指令相比软件实现减少了大量时钟周期，同时提供了更高的安全性。AES-NI 指令集可以帮助解决最近发现的针对 AES 的旁路攻击的问题。因为所有的加密与解密都是在硬件内完成的，所以不需要软件查找表，从而降低了旁路攻击的风险。

- CRC32 扩展指令集。

循环冗余检验（Cyclic Redundancy Check，CRC）算法被广泛用于网络和存储领域进行数据一致性检查或指纹生成操作。CRC 根据生成多项式的不同，衍生出多种不同的标准。CRC32 扩展指令集针对 CRC-32C（Castagnoli），主要用于对 iSCSI、SCTP 的数据进行校验。iSCSI 协议目前在数据存储网络中占据主流地位，它基于 TCP，可以通过以太网传输数据。为了确保传输过程中数据的准确性，iSCSI 提供了 CRC 摘要来检测错误。CRC32 指令把第一个操作数作为初始值（也是目标操作数），对源操作数进行 CRC-32C 操作（生成多项式 0x11EDC6F41），并把结果放在目标操作数中。在大吞吐量的数据处理中使用 CRC32 指令可以有效提高性能。

- SHA-NI 指令集。

哈希算法可以对一段数据产生一个长度固定的摘要，并且这个摘要满足确定性、均匀性（低碰撞性）。即如果输入的数据相同，则产生的摘要一定也完全相同。如果输入的数据不相同，则输出的摘要是平均分布在定义范围内的。SHA 算法簇是一种被广泛用于数据一致性检测、数字签名等领域，是安全且低碰撞性的哈希算法。SHA-NI 指令集由 7 个 SIMD 指令构成，一起用来为 SHA-1、SHA-256 计算提速。随着人们对数据安全性的重视不断提升，SHA 将在计算设备中扮演更加重要的角色。为 SHA 提供加速的 SHA-NI 指令集不但可以在一定程度上减少电力消耗，而且由于降低了算法使用的难度，可以为更多的应用提供数据保护。

4.2 基于协处理器或其他硬件的加速方案

除了使用 CPU 加速，我们还可以使用协处理器或其他硬件对存储应用进行加速。

4.2.1 FPGA 加速

随着基于 FPGA 的异构计算技术的高速发展，越来越多的厂商将 FPGA 应用在各类定制存储领域中。目前已有的 FPGA 加速方案按照用途的不同可以分为 3 类：数据密集计算的加速、存储协议转换的加速、特殊存储接口的加速。

1）数据密集计算的加速

随着存储市场的持续增长，需要新的功能来移动、管理和保护存储的数据。为了满足外界应用多样化的存储需求，存储资源的形态由最初的单机存储，逐渐扩展出分布式存储、超融合存储、池化存储等。存储形态的变革也催生了越来越多存储算法的应用。数据压缩、数据加密与解密、数据冗余、数据完整性校验等算法已经被广泛地应用到各种不同的存储场景中。但同时，它们也给 CPU 带来了沉重的负担，极大地影响了存储系统的吞吐量、延迟等各项性能指标。

目前市场上已经存在的 FPGA 加速卡能够实现加速的存储算法有以下几种。

- 纠删码（Erasure Code，EC）。
- 众多无损数据压缩算法，如 gzip/zlib、LZO、LZ4。
- 高性能的对称加密与解密算法及安全哈希算法。

应用 FPGA 计算加速卡后，相关算法的计算速度往往有数倍甚至数十倍的性能提升。将 FPGA 加速库集成到存储产品中，能够释放有限的处理器内存，同时减轻处理器的计算负载。在此基础上，FPGA 能够降低功耗，为数据中心带来最高性能。

2）存储协议转换的加速

软件定义存储已成为一种快速增长的行业趋势。远程存储系统使用软件定义网络负责复制和备份工作，这一网络可通过采用 FPGA 的硬件进行改进，从而在远程存储系统中实现近乎原生的固态硬盘延迟、吞吐量和 IOps。高速的 NVMe over Fabric 访问闪存阵列时，如果要获得最低的延迟，则需要直接连接后端存储驱动器，尽量绕过 CPU，因此 FPGA 可以被应用到此处。

FPGA 解决方案可以使用基于 RoCE、iWarp 等 RDMA 方式的 NVMe over Fabric。例如，英特尔 FPGA 在软件定义存储网络中可以同时作为主机接口和存储控制器，改善远端存储结构，降低固态硬盘设备的延迟。使用 FPGA 卸载存储的工作负载如图 4-1 所示。

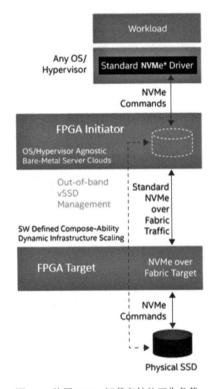

图 4-1　使用 FPGA 卸载存储的工作负载

在 NVMe over Fabric 的实施过程中，能够将服务器操作网络的职责卸载至 FPGA，从而减轻 CPU 工作负载、释放内存资源。借助 RDMA，服务器到服务器的数据存储传输不需要 CPU，从而使整个过程能够以超低网络延迟完成。在此基础之上，系统可以释放 CPU 内存缓存，将 CPU 内存缓存用于处理更紧迫的需求，从而提高服务器的总体性能。

3）特殊存储接口的加速

除了常见的块存储、文件存储、协议存储（如 iSCSI、NVMe-oF），对象存储接口、键值存储（Key/Value Store）接口也越来越多地被上层应用接受。

例如，键值存储被用于许多数据库应用中，如 NoSQL 和 memcached。键值存储通过关联一个简单数据对（即键与值），使数据库通过键来访问相关联的值。键值存储扩展性很好，数据库的规模可以相当大，而这正是基于 Web 为消费者提供服务的应用的关键需求。尽管关系型数据库曾经在复杂数据中心应用中风靡一时，但许多常见的、基于 Web 的服务和应用通常只需要简单的查询，并不需要关系型数据库相关的复杂功能。

引入 FPGA 设备来卸载键值存储任务的想法由来已久，设计并实现出高效的 FPGA 键值存储逻辑一直是一个热点。例如，阿里巴巴集团数据库事业部不久前公布了 FPGA KV 存储引擎 X-Engine，它提高了 50% 以上的吞吐性能；微软研究院公布的一个基于 FPGA 加速实现的 KV 存储服务，其核心思想是依赖可编程网卡将 KV 存储的核心逻辑在网卡的 FPGA 中实现，然后 FPGA 通过 RDMA 机制访问宿主机的物理内存，从而达到 GET 请求 12.2 亿 QPS 和 PUT 请求 6.1 亿 QPS 的超高性能。

4.2.2 智能网卡加速

智能网卡（Smart NIC）的概念已经出现一段时间了，与传统网卡的区别在于，智能网卡考虑的是如何将主机 CPU 上的工作放到网卡上来完成。这就要求网卡具备一定的处理能力，如可编程的能力，从而可以运行"原本在主机 CPU 上执行的软件功能"。

我们还需要从性能角度考虑智能网卡怎么更高效，因此涉及对内存和设备资源的访问。如果在智能网卡上集成 DRAM，就有了灵活处理的能力、有了数据存取的空间、有了软件代码的执行能力。如此，智能网卡看上去更像是一个小系统，完成相应的处理任务后，根据需要和主机 CPU 进行通信。智能网卡工作原理如图 4-2 所示。

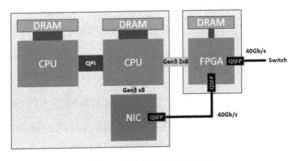

图 4-2　智能网卡工作原理

图 4-2 中智能网卡的处理能力依赖 FPGA，这个 FPGA 组件具备了在本地编程运行软件代码的能力，同时在本地配置了 DRAM。这样原先主机 CPU 需要做的部分工作，如防火墙和 2 层、3 层网络转发、一些优化的网络技术等，在这块智能网卡上就可以完成。

1. 智能网卡和存储

在一定程度上很难将网络和存储区分清楚，其中，存储既可以是临时性的，也可以是持久化的，这是对数据本身存放时间的定义。在网络场景下，即便像图 4-2 中只有一个 DRAM 也有对存储的需求，从网络传送过来的数据包需要在 DRAM 存放和解析；对需要转发的数据包通过网口转发出去；对需要在本地处理的数据包，要么网卡本身来处理（如果网卡有这样的处理能力的话），要么交给主机 CPU 来处理。因此，网络和存储总是一起出现，并且在多数情况下面临同样的需求。

当我们看到智能网卡在网络的服务中开始实现和应用的时候，与存储相关的功能在智能网卡中也可以得到类似的实现。要让类似的软件功能从主机 CPU 侧转到智能网卡上运行，需要考虑以下几点。

- 智能网卡上配备何种处理单元：是 FPGA 还是低功耗的 CPU，如英特尔的 Atom 系列。如果配备 CPU 的话，是单核的还是多核的，是否需要引入一些主机 CPU 上的特性，如英特尔 DDIO（Data Direct I/O）技术等。越接近主机 CPU 的处理单元越容易运行各种相似的软件，从而减轻主机 CPU 的工作量，同时减少对软件代码的定制化修改。

- 智能网卡上配置的接口：是在网卡上直接接入 PCIe 接口，还是接入多个普通网口。直接接入 PCIe 接口可以将 PCIe 存储设备直接连接在智能网卡上。这样做的好处是数据从网络传进来后，可以直接经过处理持久化存储到 PCIe 设备上。

- 智能网卡可以达到的性能：在智能网卡作为硬件的某个形态的时候，如常见的 PCIe 设备接入主机，需要考虑到智能网卡本身能支持的最大功耗，这决定了处理单元的最大执行能力。在考虑软件的设计时，需要考虑到软件本身的复杂程度和其对处理单元的消耗有多大。更精简更高效的软件设计可以更好地将处理单元的能力运用到数据处理和硬件处理上。

- 智能网卡安全性方面的考虑：当更多的硬件接口、软件运行能力被使用到智能网卡上后,需要考虑的是:在这个小系统上跑的数据流是不是安全可靠的,接口之间的通信是否是可以信任的;应该引入什么机制来审查数据本身和接口间互相操作的安全性;是否需要主机侧 CPU 或者额外的硬件、软件安全机制参与其中。

- 智能网卡和主机 CPU 间的通信:当数据流需要通过智能网卡和主机 CPU 交互的时候,如何来设计硬件和软件间的高效通信,常用的硬件 DMA 引擎是如何工作的;在接口处能实现的最大带宽是怎么设计的;主机 CPU 是如何访问智能网卡上的不同硬件接口的,是怎么操作的。

以上是智能网卡在支持存储业务时需要注意的地方,相较于执行网络相关的操作,无论是从软件角度看,还是从硬件角度看,这些与存储相关的操作更加复杂。我们也注意到市场上越来越多的厂商在智能网卡领域给出了不同的解决方案。

2. 智能网卡的应用

随着近几年软件定义网络和软件定义存储的持续发展,利用通用的软件来实现特定的功能的技术已经变得越来越成熟,同时对能够运行通用软件的智能网卡也提出了越来越多的要求。

目前业界已经提供了基于 FPGA 的成熟方案,这些智能网卡集成了来自英特尔或 Xilinx 的 FPGA,其中一些还采用了最新的 FPGA 技术,基本的 I/O 控制器的功能完全由 FPGA 编程来实现。这些使用场景结合目前热门的虚拟化技术,将主机侧 CPU 的工作应用到智能网卡上。虽然这样的迁移可能会导致性能的下降,但是其为大型软件定义服务提供了更多的便利性和通用性,既减少了主机侧 CPU 的工作量,又提供了可编程、可操作的智能网卡设备。

另外,业界正在不断努力,通过集成更先进的处理器,引入更高效的软件处理能力,引入更高速的硬件接口,从而不断丰富智能网卡的应用,尤其是结合存储的应用。

4.2.3 Intel QAT

随着应用发展得越来越复杂,系统将会需要更多的计算资源来处理数据负载。Intel QAT(Quick Assist Technology)就是一款专注数据安全和压缩的硬件加速器,用于助力数据中心性能提升。QAT 主要的使用场景有:在服务器场景中支持更多的安全连接；在网络场景中提供更大的加密数据吞吐量；在大数据场景下加快 Hadoop 的运行速度；在存储场景中提高存储密度，并降低存储成本。

QAT 能够加速的算法有以下几种。

- 对称数据加密算法中的密码操作和验证操作运算。
- 公钥非对称数据加密算法中的 RSA、DSA、DH、椭圆曲线和 SM2 加密运算。
- Deflate 数据压缩和解压缩运算。

QAT 的部署方式包括主板芯片方式、PCIe 插卡方式的 QAT 卡、SoC 方式。在存储领域中，通过 QAT 压缩数据，可以减少存储空间、节省磁盘 I/O 和网络带宽。通常 QAT 可以将压缩性能提升 12 倍以上，主处理器的测试工作集降低到 1/10，使用 QAT 提高性能及降低 CPU 核的使用效果如图 4-3 所示。

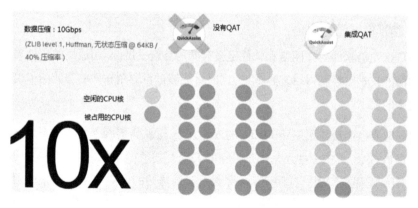

图 4-3 使用 QAT 提高性能及降低 CPU 核的使用效果

1. QAT 的应用示例

QAT 在 Linux 内核中和 Btrfs 集成中的应用如图 4-4 所示。Btrfs（基于 B-Tree 的文件系统）是基于写时复制的新型的文件系统，是下一代 Linux 的文件系统，其不仅具有容错、修复与易于管理等高级特性，同时对数据压缩的支持也是 Btrfs 一个重要的功能。用户在挂载 Btrfs 文件系统时可以选择启用压缩功能，当前支持的压缩算法包括 zlib 和 LZO。如果压缩功能被启用，那么在读/写磁盘时文件就会被自动压缩和解压缩，这些操作对用户都是透明的。

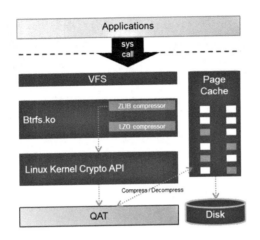

图 4-4　QAT 在 Linux 内核中和 Btrfs 集成中的应用

由于数据压缩都是计算密集型任务,启用压缩通常会极大地增加 CPU 的开销。利用 Intel QAT 可以在不增加 CPU 开销的情况下对数据进行透明压缩和解压缩,从而达到节省磁盘空间和磁盘读/写带宽、增加磁盘读/写吞吐量(IOps)的目的。

QAT 和 RocksDB 的整合如图 4-5 所示。RocksDB 是一款基于 Key/Value 的嵌入式数据库存储引擎,作为 LevelDB 的后继者,因其具有更高的并发读/写吞吐量和更低的延时,在 KV 存储引擎领域受到越来越广泛的关注。为了节省存储资源,RocksDB 支持多种软件压缩算法,但在启动压缩的情况下,高并发的数据读/写操作会使 CPU 使用率显著提高。英特尔实现了在 RocksDB 中快速集成 QAT 的方案,采用英特尔提供的 QATzip 或 zlib 软件库补丁,用户能快速地利用 QAT 的硬件优化功能,来加快 RocksDB 进行读/写操作时带来的压缩和解压缩工作的速度,也能优化数据库文件合并时的解压、排序、合并、压缩的流程。

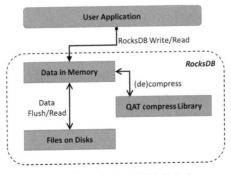

图 4-5　QAT 和 RocksDB 的整合

在当前数据呈爆炸式增长的时代，为了更有效地利用存储资源及提高读/写操作的性能，主流数据库都提供对数据进行压缩的存储方案。然而软件压缩算法都会带来额外的 CPU 消耗，也会降低数据库并发操作的吞吐量。采用 Intel QAT 技术的硬件方案来加速数据的压缩和解压缩操作，与未启动压缩方案相比，CPU 使用率没有增加，并提升了 2 倍的数据插入吞吐量，且节省了一半的磁盘存储空间。除了 RocksDB，英特尔也在积极评估 QAT 对其他主流数据库的优化方案，包括 MongoDB、MySQL 及 SQL Server 等。

4.2.4 NVDIMM 为存储加速

随着存储技术的不断发展及人们对存储性能的不懈追求，高性能存储开始探索向内存通道的迁移。在这样的背景下，NVDIMM（Non-Volatile Dual In-Line Memory Module）技术便应运而生了。

NVDIMM 是一种可以随机访问的非易失内存。非易失内存是指即使在不通电的情况下数据也不会消失，即在计算机掉电、系统崩溃和正常关机的情况下，依然可以保留数据。

NVDIMM 同时表明它使用的封装是双内联存储器模块封装，与标准双内联存储器模块插槽兼容，并且能通过标准的 DRAM 硬件接口进行通信。使用 NVDIMM 可以提高应用的性能和数据安全性，也可以减少系统启动或恢复的时间。目前，根据 JEDEC 标准化组织的定义，有以下 3 种 NVDIMM 的实现。

- NVDIMM-N：指在一个模块上同时放入传统 DRAM 和 Flash 闪存，计算机可以直接访问传统 DRAM，既支持按字节寻址，也支持块寻址。通过使用一个小的后备电源，可以做到在断电时，将数据从传统 DRAM 复制进闪存中，当电力恢复时重新将数据加载到 DRAM 中。同时，使用两种介质的做法使成本急剧增加。

NVDIMM-N 的主要工作方式和传统 DRAM 是一样的，因此它的延迟也在 101 纳秒级；它的容量受限于体积，相比传统的 DRAM 并没有什么提升；它的工作方式决定了它的 Flash 部分是不可寻址的。但是，NVDIMM-N 为业界提出了持久性内存的新概念。

- NVDIMM-F：指使用了 DRAM 的 DDR3 或 DDR4 总线的 Flash 闪存。我们知

道，由 NAND Flash 作为介质的固态硬盘一般使用 SATA、SAS 或 PCIe 总线。DDR 总线可以提高最大带宽，在一定程度上降低协议带来的延迟和减少开销，但是 NVDIMM-F 只支持块寻址。NVDIMM-F 的主要工作方式在本质上和固态硬盘是一样的，因此它的延迟为 101 微秒级，它的容量也可以轻松达到 TB 级。

- NVDIMM-P：NVDIMM-P 支持 DDR5 总线，采用全新介质，如英特尔和 Micron 联合开发的 3D XPoint 技术，在理论上，速度和耐用性可以达到普通 NAND Flash 的 1000 倍以上。

NVDIMM-P 实际上是 DRAM 和 Flash 的混合，既支持块寻址，也支持类似传统 DRAM 的按字节寻址。它既可以在容量上达到类似 NAND Flash 的 TB 以上，也能把延迟保持在 102 纳秒级。通过将数据介质直接连接至内存总线，CPU 可以直接访问数据，无须任何驱动程序或 PCIe 开销。而且由于内存是通过 64 字节的 Cache Line 访问的，CPU 只需要访问它需要的数据，而不是像普通块设备那样每次都按块访问。应用程序可以直接访问 NVDIMM-P，就像对于传统 DRAM 那样。这也消除了传统块设备和内存之间进行页交换的需求。

4.3 智能存储加速库（ISA-L）

ISA-L 是一套在 IA 架构上加速算法执行的开源函数库，目的在于解决特定存储市场的计算需求。

ISA-L 底层函数都是使用汇编语言代码编写的，通过使用高效的 SIMD 指令和专用指令，最大化地利用 CPU 的微架构来加速存储算法的计算过程。通过源码包中的 C 示例函数，ISA-L 可以非常容易地理解并整合到客户的软件系统中。

ISA-L 可以应用到多种操作系统中，它通过了在 Linux、BSD 及 Windows Server 上的测试，全面支持 Intel 64 位硬件平台。

ISA-L 中的算法函数覆盖了数据保护、数据安全、数据完整性、数据压缩及数据加密，例如，纠删码用于磁盘阵列的同位检查，防止数据传输错误的 CRC 算法；从 MD5、SHA1 到 SHA512 等多种安全哈希算法。

4.3.1 数据保护：纠删码与磁盘阵列

磁盘阵列通常是指由多个磁盘组成的磁盘阵列，根据组成方式和数据排布的不同，可以分为多个磁盘阵列级别。不同的磁盘阵列级别分别可以提供更好的数据吞吐量、更高的数据冗余量，或在吞吐量、冗余量和可靠性之间做不同的折中。

ISA-L 的磁盘阵列函数支持 RAID5 和 RAID6，这两种磁盘阵列方式都是通过计算和存储冗余数据来保证一定程度的数据可靠性的。RAID5 又被称为 XOR 方式，它是通过对所有存储数据条带做一次 XOR 操作，来得到一份冗余条带作为校验数据的；RAID6 又被称为 P+Q 方式，它在 RAID5 XOR 的校验数据（该校验数据通常被称为 P）基础上进一步计算出第二份校验数据（通常被称为 Q）。通常 Q 的生成是各个存储数据条带乘以不同系数后求得的 XOR 结果。RAID5 可以容忍一个磁盘的故障，RAID6 可以容忍两个不同磁盘的故障。图 4-6 与图 4-7 分别为 RAID5 和 RAID6 的示例。

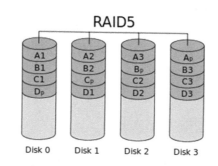

图 4-6　RAID5 示例

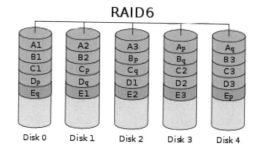

图 4-7　RAID6 示例

随着时间的推移，在很多应用中，RAID6 也无法满足应用需求了。为了达到更高的数据冗余度，一个比较不错的选择是采用冗余度更大的编码与解码方式——纠删码。

纠删码可以看作 RAID5 和 RAID6 的超集，k+m 纠删码如图 4-8 所示，其基本思想是将 k 块原始的数据元素通过一定的计算，得到 m 块冗余元素（校验块）。对于这 k+m 块的元素，当其中任意 m 块元素出错（包括原始数据和冗余数据）时，均可以通过对应的重构算法恢复出原来的 k 块数据。生成校验的过程被称为编码，恢复丢失数据块的过程被称为解码。

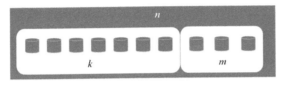

图 4-8　k+m 纠删码

在分布式存储系统中，为了保证数据的可靠性，通常将一份数据复制为多份并将其存储到不同的节点上，如果一个节点失效，则可以从其他节点上获取数据。数据多节点复制的方式可以很好地提高数据可靠性，并且可以将读/写数据流很好地分离。但是，其带来的问题是存储利用率大为降低，因为在一般情况下每份数据都会存储 3 份。如何平衡存储空间和数据可靠性，成了分布式存储需要考虑的重要问题。纠删码可以平衡这两者的关系，在提高存储空间利用率的前提下，不会影响数据可靠性。因此，Ceph、Hadoop、Sheepdog 等分布式存储系统都有采用纠删码。

ISA-L 的纠删码不仅提供了用于编码与解码的计算函数，还提供了一系列的辅助功能函数和实例，如生成计算矩阵、求取解码逆矩阵等。

4.3.2　数据安全：哈希

哈希算法是指任何可用于将任意大小的数据映射到固定长度的数据的算法。哈希算法主要用于数据去重、加密和数据一致性检验。数据去重和加密数据一致性检验的思路类似，就是对块数据产生一个短摘要，然后进行比对。短摘要如果相同，则表明数据相同。

加密的实现依赖于哈希算法的特性，通过哈希算法处理，可以很容易地将某些输入数据映射到给定的哈希值中，但是如果输入数据未知，则需要通过一致的哈希值重建输入数据，这会变得非常困难。很多 Web 服务通过哈希算法来对用户密码进行加密。这样即使密码服务器被攻击，也无法获得用户的密码。常用的哈希算法包括 MD5、SHA1、SHA2、SHA3（ISA-L 目前未支持）等。

ISA-L 通过使用多缓冲区哈希技术（Multi-Buffer Hashing），充分利用了 IA 架构和执行管道固有的并行性，在单核上同时计算多个哈希值。然而，获得最佳性能需要软件来保持所有的"通道"（Lanes）都是满的，这就需要一次提交多个块进行哈希计算，这样单次计算的时间成本就可以一次计算多个哈希值。

假设我们需要并行处理的数据段数量为 S，一个数据段的大小是 B，生成的摘要长度为 D。具体做法是用某个固定长度的数据填充缓冲区，使这个长度是 $B×S$ 的倍数。现在我们可以用 S 路并行的 SIMD 高效处理这个缓冲区的数据，产生 S 个摘要。我们把所有摘要看作一个新的数据段，其大小是 $S×D$，再对这个数据段进行新的哈希计算，直到生成长度为 D 的摘要为止。ISA-L 并行多路哈希示例如图 4-9 所示。

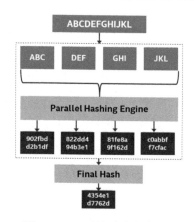

图 4-9　ISA-L 并行多路哈希示例

多缓冲区哈希技术依赖于 SIMD 指令集和相关寄存器，对于不同的 CPU 平台、不同长度的哈希值要求，其速度有一定差异。相比传统的哈希算法，多缓冲区哈希技术最多可以有 15 倍以上的性能提升。

除了多缓冲区哈希技术，函数交织技术也为应用提速起到了关键的作用。函数交织（Function Stitching）是一种用于优化两种算法组合的技术。这两种算法同时进行，完成不同的功能，使用不同的处理单元,将操作以最大化计算资源精密地组合在一起。函数交织主要有以下 3 种。

- 两个函数都使用通用指令完成：效果比较好的是 RC4-MD5 的交织。由于 RC4 和 MD5 算法都严格要求数据流的顺序，这就限制了指令级并行度（Instruction Level Parallelism，ILP）。把这两个函数交织在一起，可以最大限度地允许并行度。
- SSE 指令和通用指令交织：效果比较好的是 AES-SHA1 算法对。由于 SHA1 在 SHA-NI 推出之前使用的是标量通用指令，AES 则从 Westmere 微架构开始就可以使用 AES-NI 扩展指令集计算了，在执行时使用不同的系统资源，这在一定程度上隐藏了部分算法的延迟，因此性能得到了提高。
- 两个函数都使用 SSE 指令：这种方式存在的一个问题是寄存器的限制。

4.3.3 数据完整性：循环冗余校验码

CRC 是一种错误检测码，被广泛用于数字网络和存储设备中，其作用是检测原始数据在传输过程中的意外变化。数据块根据数据内容本身，通过一个多项式计算获得一个短的校验值。在数据接收端，会对这个数据块重新计算校验值，如果不匹配，则会对损坏的数据采取补救措施。

随着网络的爆炸式增长和人们对存储需求的急剧增加，CRC 生成已经成为计算中一个不能被忽视的开销。CRC 主要是为了避免通信信道上出现的错误而设计的，它对数据一致性提供了快速而合理的保证。但是，它并不适用于保护可能发生的人为故意更改数据的情况，如黑客攻击。

CRC 是通过使用二进制除法（无须进位，使用 XOR 而不是减法）对字节数据流做除法而获得的余数。被除数是信息数据流的二进制数表示。除数是长度为 $n+1$ 的预定义二进制数（即生成多项式，n 为 CRC 位数），通常由多项式系数表示。不同的生成多项式对应不同场景下的不同协议。

ISA-L CRC 的实现，如图 4-10 所示，其计算的过程如下。

- 预先计算几个常量（通过生成多项式），然后对每个数据缓冲区重复应用这些常量来计算每个缓冲区的最高位部分。这样可以不断缩减缓冲区的大小。
- 使用无进位乘法指令 PCLMULQDQ 对两个 64 位数做无进位乘法。
- 使用 CRC32 指令使 iSCSI 协议中 CRC 的计算速度显著提高。
- 提供 CRC 函数和对复制操作的交织（Function Stitching）。

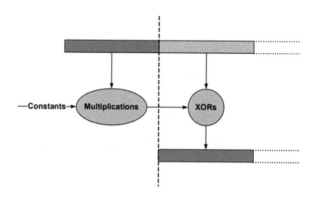

图 4-10　ISA-L CRC 的实现

4.3.4　数据压缩：IGZIP

IGZIP 是 ISA-L 提供的压缩库，它是基于 Deflate 标准与 zlib、gzip 兼容的高性能压缩库。在压缩和解压缩速度接近 LZ4 的情况下，IGZIP 能够和 zlib 保持近似的压缩比。例如，在对基因数据的压缩上，对比 zlib 最快压缩速度的等级，IGZIP 可以提供高达 3 倍的性能提升，并且能够保持与 zlib 几乎一样的压缩比。

Deflate 标准（RFC1951）是一个被广泛使用的无损数据压缩标准。它的压缩数据格式由一系列块构成，对应输入数据的块，每一块通过 LZ77 算法和霍夫曼编码进行压缩，LZ77 算法通过查找并替换重复的字符串来减小数据体积。一个压缩的块可以用静态或动态霍夫曼编码，静态表示它使用的是标准中的固定编码，动态霍夫曼编码则需要生成霍夫曼编码树。

性能的提升主要是通过对哈希、最长前缀匹配和霍夫曼编码流的优化实现的。通过对第一级数据缓存、数据结构尺寸、输入、输出数据流缓冲区的管理，实现了对字符串匹配更高效的管理。在对于未压缩数据的 CRC 计算中，通过使用 PCLMUL（无进位乘法）指令来提高吞吐量。优化还包括尽可能去除不可预测的分支，使单个循环的分支数量不超过一个。在牺牲了一小部分压缩率的情况下，实现了更大的速度提升。

基于 ISA-L 的 IntelDeflater 和 JavaDeflater 性能比较如图 4-11 所示。人类基因组含有约 30 亿个 DNA 碱基对，碱基对是以氢键相结合的两个含氮碱基，以胸腺嘧啶（T）、腺嘌呤（A）、胞嘧啶（C）和鸟嘌呤（G）4 种碱基排列成碱基序列。基因中含有大量冗余重复的信息，因此，基因数据是压缩的一个非常好的使用场景。基因分析工具 GATK 在使用了 IGZIP 后，可以看到在压缩后体积变化不大的情况下，减少了 50%左右的处理时间。

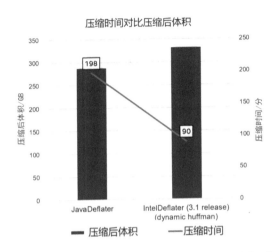

图 4-11　基于 ISA-L 的 IntelDeflater 和 JavaDeflater 性能比较

4.3.5　数据加密

ISA-L 在数据加密上的加速主要依赖英特尔 CPU 中的 AES-NI 指令集，所以目前 ISA-L 中的数据加密算法都是对称加密算法 AES，有 CBC、GCM 及 XTS 这算法的不同变体。由于在 GCM 算法中需要传递 GMAC 码做验证，ISA-L 的 GCM 函数同时基于无进位乘法指令 PCLMULQDQ 加入了对 GHASH 的优化，从而进一步加快了 GCM 的运行速度。

4.4　存储性能软件加速库（SPDK）

SPDK 是由英特尔发起的，用于加速 NVMe SSD 作为后端存储使用的应用软件加速库。这个软件库的核心是用户态、异步、轮询方式的 NVMe 驱动。相比内核的 NVMe 驱动，SPDK 可以大幅降低 NVMe command 的延迟，提高单 CPU 核的 IOps，形成一套高性价比的解决方案，如 SPDK 的 vhost 解决方案可以被应用到 HCI 中加速虚拟机的 NVMe I/O。

SPDK 每年发布 4 个版本。发布版本的格式采用年份加月份的方式：YY.MM（其中，MM 属于集合{1,4,7,11}），也就是说，每年一共发布的 4 个版本的时间分别在 1

月、4月、7月、11月，比如 SPDK 在 2018 年 1 月发布的版本是 18.01。这里有关 SPDK 的描述主要基于 SPDK 18.04 版本。

SPDK 最早的项目代号为 WaikikiBeach，全称是 DPDK For Storage，2015 年开源以后，改为 SPDK。SPDK 提供了一套环境抽象化库（位于 lib/env 目录下），主要用于管理 SPDK 存储应用所使用的 CPU、内存、PCIe 等设备资源。DPDK 作为 SPDK 默认的环境库，每次 SPDK 发布的新版本都会使用最新发布的 DPDK 的稳定版本，如 SPDK 18.04 会使用 DPDK 18.02 版本。

从目前来讲，SPDK 并不是一个通用的适配解决方案。把内核驱动放到用户态，导致需要在用户态实施一套基于用户态软件驱动的完整 I/O 栈。文件系统毫无疑问是其中一个重要的话题，显而易见内核的文件系统，如 ext4、Btrfs 等都不能直接使用了。虽然目前 SPDK 提供了非常简单的文件系统 blobfs/blostore，但是并不支持可移植操作系统接口，为此使用文件系统的应用需要将其直接迁移到 SPDK 的用户态"文件系统"上，同时需要做一些代码移植的工作，如不使用可移植操作系统接口，而采用类似 AIO 的异步读/写方式。

目前 SPDK 使用比较好的场景有以下几种。

- 提供块设备接口的后端存储应用，如 iSCSI Target、NVMe-oF Target。
- 对虚拟机中 I/O 的加速，主要是指在 Linux 系统下 QEMU/KVM 作为 Hypervisor 管理虚拟机的场景，使用 vhost 交互协议，实现基于共享内存通道的高效 vhost 用户态 Target。如 vhost SCSI/blk/NVMe Target，从而加速虚拟机中 virtio SCSI/blk 及 Kernel Native NVMe 协议的 I/O 驱动。其主要原理是减少了 VM 中断等事件的数目（如 interrupt、VM_EXIT），并且缩短了 host OS 中的 I/O 栈。
- SPDK 加速数据库存储引擎，通过实现 RocksDB 中的抽象文件类，SPDK 的 blobfs/blobstore 目前可以和 RocksDB 集成，用于加速在 NVMe SSD 上使用 RocksDB 引擎，其实质是 bypass kernel 文件系统，完全使用基于 SPDK 的用户态 I/O 栈。此外，参照 SPDK 对 RocksDB 的支持，亦可以用 SPDK 的 blobfs/blobstore 整合其他的数据库存储引擎。

4.4.1 SPDK NVMe 驱动

在 NVMe 之前，相对来说一个存在时间更长的接口标准是串行 ATA 高级主机控制器接口（Serial ATA Advanced Host Controller Interface，AHCI）。AHCI 是在英特尔领导下由多家公司联合研发的接口标准，它允许存储驱动程序启用高级串行 ATA 功能。相对于传统的 IDE 技术，AHCI 对传统硬盘性能提高带来了改善。但是随着新介质、新技术的发展，AHCI 对 Flash SSD 来说逐渐成为性能瓶颈，这个时候 NVMe 应运而生。

NVMe 或 NVMHCIS 最早由英特尔于 2007 年提出，并领衔成立了 NVMHCIS 工作组。该工作组成员包括三星、美光等公司，其目标是使将来的存储产品从 AHCI 中解放出来。今天的固态硬盘产品已经实现了用 NVMe 取代 AHCI 的目标，从而发挥出极高的性能优势。

性能的影响主要在于固态硬盘（包括 firmware）和软件的开销。从持续满足上层应用的高性能的角度看，有两种途径：一是开发更高性能的固态硬盘硬件设备；二是减少软件的开销。目前，这的确是两条在并行前进的道路。基于最新 3D XPoint 技术的 Intel Optane NVMe SSD 设备可以在延迟和吞吐量方面使得性能更上一层楼。软件的开销是 NVMe SSD 的性能瓶颈，如图 4-12 所示。

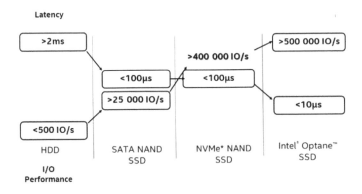

图 4-12　软件的开销是 NVMe SSD 的性能瓶颈

如此一来，急需提高软件处理的性能，以整体提高上层应用对设备的访问性能。SPDK 的出现就是为了改善和解决这个问题的，SPDK 的核心组件之一就是用户态 NVMe 驱动。

1. 用户态驱动

在讲解用户态驱动之前，我们先回顾一下应用程序是怎么和内核驱动进行交互的。当内核驱动模块在内核加载成功后，会被标识是块设备还是字符设备，同时定义相关的访问接口，包括管理接口、数据接口等。这些接口直接或间接和文件系统子系统结合，提供给用户态的程序，通过系统调用的方式发起控制和读/写操作。

用户态应用程序和内核驱动的交互离不开用户态和内核态的上下文切换，以及系统调用的开销。以 2GHz 的 CPU core 为例，系统调用 getpid 大概有 100ns 的开销，这部分开销还是比较可观的。不同的系统调用都会产生对应的开销。

用户态驱动出现的目的就是减少软件本身的开销，包括这里所说的上下文切换、系统调用等。在用户态，目前可以通过 UIO（Userspace I/O）或 VFIO（Virtual Function I/O）两种方式对硬件固态硬盘设备进行访问。

1）UIO

UIO 框架最早于 Linux 2.6.32 版本引入，其提供了在用户态实现设备驱动的可能性。要在用户态实现设备驱动，主要需要解决以下两个问题。

- 如何访问设备的内存：Linux 通过映射物理设备的内存到用户态来提供访问，但是这种方法会引入安全性和可靠性的问题。UIO 通过限制不相关的物理设备的映射改善了这个问题。由此基于 UIO 开发的用户态驱动不需要关心与内存映射相关的安全性和可靠性的问题。

- 如何处理设备产生的中断：中断本身需要在内核处理，因此针对这个限制，还需要一个小的内核模块通过最基本的中断服务程序来处理。这个中断服务程序可以只是向操作系统确认中断，或者关闭中断等最基础的操作，剩下的具体操作可以在用户态处理。UIO 架构如图 4-13 所示，用户态驱动和 UIO 内核模块通过/dev/uioX 设备来实现基本交互，同时通过 sysfs 来得到相关的设备、内存映射、内核驱动等信息。

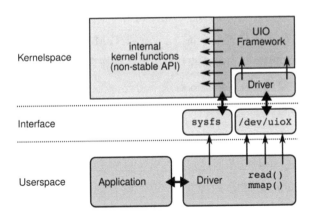

图 4-13　UIO 架构

2）VFIO

相对于 UIO，VFIO 不仅提供了 UIO 所能提供的两个最基础的功能，更多的是从安全角度考虑，把设备 I/O、中断、DMA 暴露到用户空间，从而可以在用户空间完成设备驱动的框架。这里的一个难点是如何将 DMA 以安全可控的方式暴露到用户空间，防止设备通过写内存的任意页来发动 DMA 攻击。

IOMMU（I/O Memory Management Unit）的引入对设备进行了限制，设备 I/O 地址需要经过 IOMMU 重映射为内存物理地址（见图 4-14）。那么恶意的或存在错误的设备就不能读/写没有被明确映射过的内存。操作系统以互斥的方式管理 MMU 和 IOMMU，这样物理设备将不能绕过或污染可配置的内存管理表项。

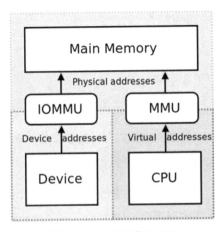

图 4-14　IOMMU 和 MMU

解决了通过安全可控的方式暴露 DMA 到用户空间这个问题后，用户基本上就可以实现使用用户态驱动操作硬件设备了。考虑到 NVMe SSD 是一个通用的 PCI 设备，VFIO 的 PCI 设备实现层（vfio-pci 模块）提供了和普通设备驱动类似的作用，可高效地穿过内核若干抽象层，在/dev/vfio 目录下为设备所在的 IOMMU group 生成相关文件，继而将设备暴露出来。

UIO 和 VFIO 两种方式各有优势，也在不断地完善和演进中。如果想要更安全可控地操作硬件设备，笔者推荐通过采用 VFIO 的方式来实现用户态驱动。SPDK 用户态驱动同时支持 UIO 和 VFIO 两种方式。

3）用户态 DMA

基于 UIO 和 VFIO，我们可以实现用户态的驱动，把一个硬件设备分配给一个进程，允许该进程来操作和读/写该设备。这在一定程度上提高了进程对设备的访问效率，不需要通过内核驱动来产生额外的内存复制，而是可以直接从用户态发起对设备的 DMA，用户态 DMA 和内核态 DMA 如图 4-15 所示，其中虚线代表设备通过 DMA 直接访问相应的内存页，实线代表 CPU 访问内存页的方式。

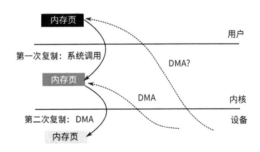

图 4-15　用户态 DMA 和内核态 DMA

但是这里需要考虑以下 3 个问题。

- 提供设备可以认知的内存地址（可以是物理地址，也可以是虚拟地址）。
- 物理内存必须在位（考虑到虚拟内存可能被操作系统交换出去，产生缺页）。
- CPU 对内存的更新必须对设备可见。

其中第 1 个和第 3 个问题得益于英特尔平台的技术演进，通过设备直接支持 IOMMU，同时和 CPU 之间实现缓存一致性（Cache-Coherent）来解决。这里的难点是第 2 个问题，从用户态进程来看，怎么保证在 DMA 的过程中物理内存是在位的。

现在 Linux 主流被认可的方法是人工把虚拟地址对应的物理内存 Pin 在位置上（意思是不会被换出）。这样，无论你用的是物理地址还是虚拟地址，只要完成了 Pin 的操作，这个地址就可以用于 DMA。前面提到 VFIO 能安全可控地暴露 DMA 操作到用户态进程，在本质上也是通过 Pin 操作来实现的。但是这里还是有少数特定场景下的潜在问题，虚拟地址对应的页可能会被重新映射，虽然没有换出物理页。目前来说 VFIO 提供的 DMA 操作在大部分情况下是可靠的。因此，对 SPDK 而言，在同时能和 UIO、VFIO 交互的情况下，这里还是推荐使用 VFIO，以确保有更好的安全性和可靠性。

4）大页（Hugepage）

前面提到了用户态驱动是如何通过 DMA 加速对设备进行读/写操作的，可以通过物理地址，也可以通过逻辑地址（等同于虚拟地址）。

虚拟地址映射到物理地址的工作主要是 TLB（Translation Lookaside Buffers）与 MMU 一起来完成的。以 4KB 的页大小为例，虚拟地址寻址时，首先在 TLB 中查找，如果没有找到，则需要通过 MMU 加载的页表基地址进行多次寻表来找到对应的物理地址。如果找不到，则产生缺页，这时会有相应的 handler 进行处理，来填充页表和更新 TLB。

总的来说，通过页表查询而导致缺页带来的 CPU 开销是非常大的，TLB 的出现能很好地解决性能问题。但是经常性的缺页是不可避免的，为此我们可以采取大页的方式。

通过使用 Hugepage 分配大页可以提高性能。因为页大小的增加，可以减少缺页异常。例如，2MB 大小的内容（假设是 2MB 对齐），如果是 4KB 大小的页粒度，则会产生 512 次缺页异常，但是使用 2MB 大小的页，只会产生一次缺页异常。页粒度的改变，使得 TLB 同样的空间可以保存更多虚存空间到物理空间的映射。尽可能地利用 TLB，少用 MMU，以减少寻址和缺页处理带来的开销，从而提高应用程序的整体性能。

大页还有一个优势是这些预先分配的内存基本上不会被换出，当进行 DMA 的时候，所对应的虚拟地址永远有相对应的物理页。结合 VFIO，可以显著并安全地提升用户态对设备的读/写操作效率。当然，大页也有缺点，比如它需要额外配置，需要应用程序事先预估使用多少内存，大页需要在进程启动之前实现启用和分配好内存。目前，在大部分场景下，系统配置的主内存越来越多，这个限制不会成为太大的障碍。

2. SPDK 用户态驱动

SPDK 用户态驱动基于前面的各种技术，除了 UIO 和 VFIO 的支持，以及 DMA 和大页的加速优化，SPDK 还引入了其他的优化技术来提高用户态驱动对设备的访问效率。Linux 内核 NVMe 驱动和 SPDK NVMe 驱动实现的区别如表 4-1 所示，有针对性地描述了 SPDK 提高设备访问的效率所采用的方法。

表 4-1 Linux 内核 NVMe 驱动和 SPDK NVMe 驱动实现的区别

功能比较	内核 NVMe 驱动	SPDK NVMe 驱动
工作模式	中断	异步轮询方式
I/O 路径是否需要同步	CPU 之间需要同步	CPU 之间以无锁方式运行
是否需要系统调用	需要	不需要，直接通过
I/O 内存页管理	DMA 内存页映射	大页，通过 hugetlbfs
块设备支持	通过内核通用块设备层	专门为 Flash 优化（此外 SPDK 也提供用户态块设备层）

1）异步轮询方式

UIO 和 VFIO 需要在内核实现最基本的中断功能来响应设备的中断请求。而 SPDK 更进一步，这些中断请求不需要通知到用户态来处理，在 UIO 和 VFIO 内核模块做最简化的处理就可以了。SPDK 用户态驱动对设备完成状态的检测，是通过异步轮询的方式来实现的，进而避免了对中断的依赖。采用这种处理方式的原因如下。

- 把内核态的中断抛到用户态进程来处理对大部分硬件是不合适的。
- 中断会引入软件处理的不确定性，同时不能避免上下文的切换。

SPDK 用户态驱动的操作基本上都是采用了异步轮询的方式，轮询到操作完成时会触发上层的回调函数，这样使得应用程序无须等待读或写操作的完成，就可以按需发送多个请求，再由回调函数处理。由此来提高应用的读/写性能。这样的方式从性能上来说是有很大帮助的，但是要发挥出这个特点，需要应用做出相应的修改来匹配优化的异步轮询操作。

对 NVMe SSD 设备的轮询是非常快速的。按照 NVMe 规范，只需要读取内存中的相应内容来检测队列是否有新的操作完成。英特尔的 DDIO 技术可以保证设备在更新以后，相应的内容是在 CPU 的缓存中的，以此实现高性能的设备访问。

2）无锁化

内核态的驱动为了实现通用的块设备驱动，同时和内核其他模块深度集成，需要一些隔离的方法，比如信号量、锁、临界区等来保证操作的唯一性。SPDK 用户态驱动从性能优化的角度看，一个重要的优化点就是在数据通道上去掉对锁的依赖。这里主要考虑以下问题。

- 读/写处理要在一个 CPU 核上完成，避免核间的缓存同步。
- 单核上的处理，对资源的分配是无锁化的。

针对第一个问题，可以通过线程亲和性的方法，来将某个处理线程绑定到某个特定的核上，同时通过轮询的方式占住该核的使用，避免操作系统调度其他的线程到该核上面。当应用程序接收到这个核上的读/写请求的时候，采用运行直到完成（Run To Completion）的方式，把这个读/写请求的整个生命周期都绑定在这个核上来完成。

这其中涉及第二个问题，在处理该核上的读/写请求时，需要分配相关的资源，如 Buffer。这些 Buffer 主要通过大页分配而来。DPDK 为 SPDK 提供了基础的内存管理，单核上的资源依赖于 DPDK 的内存管理，不仅提供了核上的专门资源，还提供了高效访问全局资源的数据结构，如 mempool、无锁队列、环等。

3）专门为 Flash 来优化

内核驱动的设计以通用性为主，考虑了不同的硬件设备实现一个通用的块设备驱动的问题。这样的设计有很好的兼容性和维护性，但是单从性能角度看，不一定能发挥出特定性能的优势。

SPDK 作为用户态驱动，就是专门针对高速 NVMe SSD 设备的。为了能让上层应用程序充分利用硬件设备的高性能（高带宽、低延时），SPDK 实现了一组 C 代码开发库，这些开发库的接口可以直接和应用程序结合起来。

通过 UIO 或 VFIO 把 PCI 设备的 BAR（Base Address Register）地址映射到应用进程的空间，这样 SPDK 用户态驱动就可以遵循 NVMe 的规范来初始化 NVMe SSD，创建出最基本的 I/O 发送和完成队列，最终实现对 NVMe SSD 设备的 I/O 读或写操作。

这样针对 Flash 进行定制化的优化，能够使得 SPDK 用户态驱动最大化地发挥出 NVMe SSD 的性能优势。如果确实需要块设备的访问，SPDK 也封装了自己的用户态块设备接口，用户一样可以通过逻辑区块地址来访问块设备。

3．SPDK NVMe 驱动性能

基于下面的测试环境，在 Intel P3700 NVMe SSD 设备上进行测试，内核驱动和 SPDK 驱动的单个 I/O 请求的提交和完成时间如图 4-16 所示，通过 4KB 的随机读测试，从延时角度看，SPDK 拥有可以达到内核驱动十倍的优势。测试代码如下：

```
System Configuration: 2x Intel® Xeon® E5-2695v4 (HT off), Intel® Speed
Step enabled, Intel® Turbo Boost Technology disabled, 8x 8GB DDR4 2133 MT/s,
1 DIMM per channel, CentOS* Linux* 7.2, Linux kernel 4.7.0-rc1, 1x Intel®
P3700 NVMe SSD (800GB), 4x per CPU socket, FW 8DV10102, I/O workload 4KB
random read, Queue Depth: 1 per SSD, Performance measured by Intel using
SPDK overhead tool, Linux kernel data using Linux AIO
```

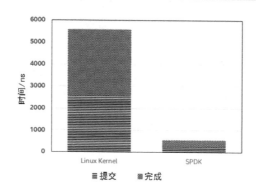

图 4-16　内核驱动和 SPDK 驱动的单个 I/O 请求的提交和完成时间

我们再来看下 Linux kernel 和 SPDK 的对比，SPDK 用户态驱动的这些技术能否更为高效地使用单 CPU 核。基于下面的测试环境，图 4-17 显示了单 CPU 核情况下 SPDK 和 Linux Kernel 的可扩展性测试结果，在单个 CPU 核上 E5-2695v4，通过 4KB 的随机读测试、128 的队列深度，SPDK 可以将 8 块 Intel P3700 NVMe SSD 设备的性能上限跑出来。如果要达到类似的高性能的话，内核驱动至少需要使用 8 个 CPU 核。测试代码如下：

```
System Configuration: 2x Intel® Xeon® E5-2695v4 (HT off), Intel® Speed
Step enabled, Intel® Turbo Boost Technology disabled, 8x 8GB DDR4 2133 MT/s,
1 DIMM per channel, CentOS* Linux* 7.2, Linux kernel 4.10.0, 8x Intel® P3700
NVMe SSD (800GB), 4x per CPU socket, FW 8DV101H0, I/O workload 4KB random
read, Queue Depth: 128 per SSD, Performance measured by Intel using SPDK
perf tool, Linux kernel data using Linux AIO
```

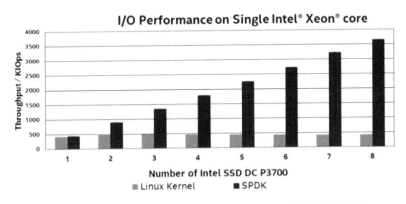

图 4-17　单 CPU 核情况下 SPDK 和 Linux Kernel 的可扩展性测试结果

总结下来，SPDK 用户态驱动是专门为 NVMe SSD 优化的，尤其是对高速 NVMe SSD，比如基于 3D XPoint 的 Intel Optane 设备，能够在单 CPU 核上管理多个 NVMe SSD 设备，实现高吞吐量、低延时、多设备、高效 CPU 使用的特点。

4．SPDK NVMe 驱动新特性

SPDK 会随着 NVMe 规范的丰富不断引入新的特性到用户态驱动里面，如图 4-18 所示。

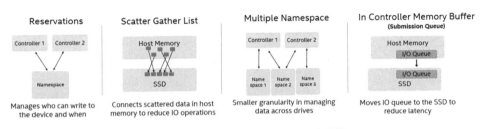

图 4-18　SPDK 用户态驱动目前支持的新特性

这些新特性的支持可以丰富 SPDK 用户态驱动的使用场景。

- Reservations：可以很好地支持双控制器的 NVMe SSD（如 Intel D3700），在需要高可靠性的场景下，达到控制器的备份冗余。
- Scatter Gather List（SGL）：可以更灵活地分配内存，减少 I/O 操作，提供高效的读/写操作。
- Multiple Namespace：可以暴露给上层应用多个逻辑空间，做到在同一物理设备上的共享和隔离。
- In Controller Memory Buffer（CMB）：可以把 I/O 的发送和完成队列放到固态硬盘设备上，同时相应的 Buffer 也从固态硬盘设备上来分配，一方面可以减少延时，另一方面使得两个 NVMe SSD 设备间的 DMA 成为可能。

SPDK 作为高效用户态驱动的存在，除了对性能进行考量，也会从各种 NVMe 规范的特性的支持角度来丰富和加强 SPDK 对不同应用和不同物理设备需求的支持和集成。

5. SPDK 用户态驱动多进程的支持

前面提到 SPDK 用户态驱动会暴露对应的 API 给应用程序来控制和操作硬件设备。此时内核 NVMe 驱动已经不会对设备做任何的操作，所以类似于/dev/nvme0 和/dev/nvme0n1 的设备不会存在。这样带来一个问题，如果多个应用程序都需要访问同一个硬件设备的话，那么 SPDK 用户态驱动该如何来支持。典型的场景有以下两种。

- NVMe SSD 本身容量足够大，不同的应用程序可以共享该设备。
- 系统中还有相关的管理工具，如 nvme-cli 工具（用于监控和配置管理 NVMe 设备），用来同时访问相应的 NVMe SSD。

图 4-19 所示为一个常见的多应用程序共同访问 NVMe SSD 的案例。

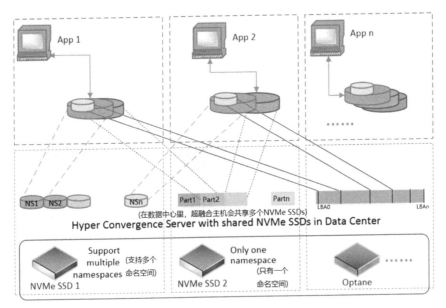

图 4-19 多应用程序共同访问 NVMe SSD

这里 NVMe SSD 可以通过不同的 Namespace，或者在同一个 Namespace 中划分出不同的空间分配给不同的应用程序来进行数据存储。Optane 作为性能极高的设备，可以划分不同的空间给不同的应用作为数据缓存。基于 DPDK 共享设备的底层支持，SPDK 用户态驱动也解决了应用之间共享同一个硬件设备的问题。

1) 共享内存

为了实现多个进程对同一设备的访问，这里最基础的技术就是允许内存资源能够在多个进程间共享。当内存资源可以在多个进程间共享了，那么 IPC（Inter Process Communication）就会变得容易很多。

在初始化这些共享资源之前，我们给相关的进程做了区分，可以显示指定某个进程为主进程（Master Process），或者系统自动判断第一个进程为主进程。当主进程启动的时候，把相关的资源分配好，同时初始化完成需要共享的资源。当配置副进程（Slave Process）的应用启动时，无须再去分配内存资源，只需要通过共同的标识符来匹配主进程，把相关的内存资源配置到副进程上即可。DPDK 中主进程和副进程共享内存的模式如图 4-20 所示。

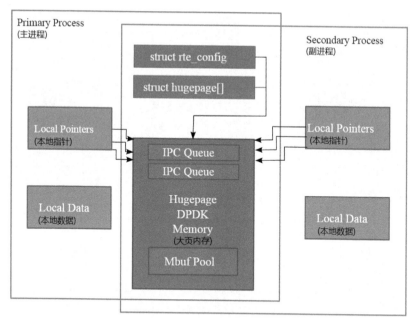

图 4-20　DPDK 中主进程和副进程共享内存的模式

2）共享 NVMe SSD

前面提到 SPDK 实现高性能的一个技术是无锁，那么在引入共享内存的机制后，对数据通道会带来什么影响？这里需要讨论一下在多进程共享同一个 NVMe SSD 硬件的情况下，哪些资源是需要协同操作的，哪些资源即便是多进程相互可见，也是可以在逻辑上单独给某个进程使用的。

为了实现数据通道上的无锁化以保证高性能，我们更关注的是数据通道上的隔离。SPDK 在单 CPU 核的情况下，可以很容易地具备低延时、高带宽的特性，这些性能指标只需要依赖少数甚至单个 I/O 队列就可以达到。因此这里的 I/O 队列是需要让某个进程从逻辑上单独使用的，即便整个 NVMe SSD 是对多个进程共享可见的。SPDK 的用户态驱动对单独 I/O 队列是无锁化处理的，因此从性能考虑，只需要应用程序分配自己的 I/O 队列就可以达到较高的性能。

另外，由于 NVMe SSD 本身只有一个管理队列，因此当多个应用程序需要对设备发起相应的管理操作时，这个管理队列需要通过互斥的机制来保证操作的顺序性。相对来说，在控制通道上引入互斥机制对每个进程影响不会很大。同时，为了能够记录和回调每个应用对设备发起的管理操作，这里引入了逻辑上每个进程独有的管理队列的完成队列来完成对设备的控制。图 4-21 描述了多个进程对单个设备操作的时候，哪些是共享的，哪些是可以单独独享的。

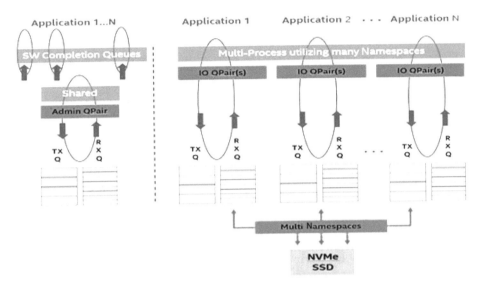

图 4-21 多个进程访问同一个 NVMe SSD 的命名空间

3）管理软件完成队列

如前所述，NVMe SSD 只有一个管理队列，对应一个发送队列和一个完成队列。这个管理队列是共享给所有进程的，比如每个进程都需要通过这个管理队列来创建逻辑上独享的 I/O 队列。这里除了通过互斥的机制来串行多个进程的需求，还需要记录请求操作和进程的对应关系，这样才能避免出现一种场景：进程 A 发送的创建 I/O 队列的请求由进程 B 来处理回调函数。

由此 SPDK 引入了针对每个进程的单独数据结构，来记录每个进程独享的资源，比如这里需要的软件模拟的完成队列。多个软件模拟的完成队列都对应到同一个管理完成队列（Admin Completion Queue）。为了区分哪一个操作属于哪一个进程，这里通过 PID（Process Identifier）来标识每个进程。当任何一个进程去异步轮询管理队列时，会把所有硬件设备完成的操作取回来，同时根据请求的 PID 标志，将这些请求插入到对应进程的软件完成队列。之后该进程会处理对应的软件完成队列来回调用户的操作，多进程模式下 Admin 管理队列的处理如图 4-22 所示。

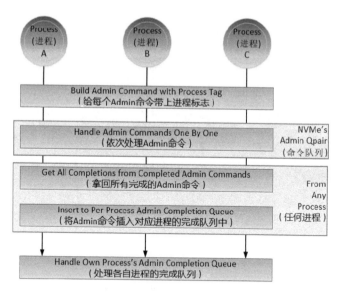

图 4-22　多进程模式下 Admin 管理队列的处理

4）NVMe SSD 共享管理流程

最后我们具体看一下在多进程情况下，主进程和副进程需要做些什么工作来实现多个应用对同一个设备的共享。

主进程在初始化的时候，会首先分配一个带名字且共享的资源，这样副进程可以通过名字来获得这个共享的资源。这里需要提到的是，任何需要共享的资源都应该放在某个带名字的共享资源下（见图 4-23 左侧的步骤 1）。当主进程完成了共享资源的分配后，将初始化用来同步进程的互斥机制（见图 4-23 左侧的步骤 2），然后初始化所有的硬件设备，完成设备的启动（见图 4-23 左侧的步骤 3-4）。如果当前进程需要分配 I/O 队列的话，在设备正常启动后可以分配逻辑上独享的 I/O 队列来进行设备的操作（见图 4-23 左侧的步骤 5）。

副进程在启动的时候，首先需要做的是去查找这个带名字的共享资源（见图 4-23 右侧的步骤 1），然后通过共享内存的机制访问该共享资源下所有由主进程分配和初始化的资源。同时通过 PID 的方式创建特定的数据结构来保存属于当前副进程的资源（见图 4-23 右侧的步骤）。因为设备已经由主进程完成了正常启动，所以副进程可以直接向该设备发送管理请求来创建 I/O 队列（见图 4-23 右侧的步骤 3）。

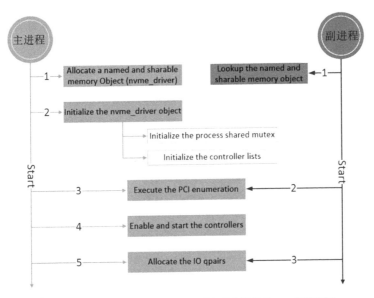

图 4-23　NVMe 驱动中主进程与副进程共享设备的 I/O 处理流程

SPDK 用户态驱动提供了对多进程访问的支持后，有几个典型的使用场景。

- 主进程完成对设备的管理和读/写操作，副进程来监控设备，读取设备使用信息。
- 主进程只负责资源的初始化和设备的初始化工作，多个副进程来操作设备，区分设备的管理通道和数据通道。
- 当主进程和副进程不进行区分时，都会对设备进行管理和读/写操作。

需要注意的是，在使用 SPDK 提供的该功能的时候，或者显示指定主进程，或者让系统来默认指定主进程，不可以出现都是显示指定副进程的场景。同时考虑到任何一个进程都有可能出现异步退出的场景，所以需要引入相关的锁机制和资源清理机制来保证资源的正常释放，以及后续进程的正常启动。

4.4.2　SPDK 应用框架

仅仅提供用户态 NVMe 驱动的一些操作函数是不够的，如果在某些应用场景中使用不当，不仅不能发挥出用户态 NVMe 驱动的高性能的作用，甚至会导致程序出现错误。

虽然 NVMe 的底层函数有一些说明，但为了更好地发挥出底层 NVMe 的性能，SPDK 提供了一套编程框架（Application Framework）如图 4-24 所示，用于指导软件开发人员基于 SPDK 的用户态 NVMe 驱动及用户态块设备层构造高效的存储应用。用户可以有以下两种选择。

- 直接使用 SPDK 应用编程框架实现应用的逻辑。
- 利用 SPDK 编程框架的思想，改造已有应用的编程逻辑，以更好地适配 SPDK 的用户态 NVMe 驱动。

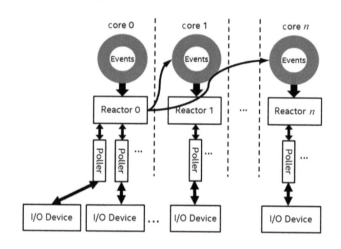

图 4-24　SPDK 编程框架

总的来说，SPDK 的应用框架可以分为：① 对 CPU core 和线程的管理；② 线程间的高效通信；③ I/O 的处理模型；④ 数据路径的无锁化机制。

1）对 CPU core 和线程的管理

SPDK 的原则是使用最少的 CPU 核和线程来完成最多的任务。为此 SPDK 在初始化程序的时候限定使用绑定 CPU 的哪些核。可以在配置文件或命名行中配置，如在命令行中使用 "-c 0x5"，这是指使用 core 0 和 core 2 来启动程序。

通过 CPU 核绑定函数的亲和性，可以限制对 CPU 的使用，并且在每个核上运行一个 thread，这个 thread 在 SPDK 中叫作 Reactor。目前 SPDK 的环境库默认使用了 DPDK 的 EAL 库来进行管理。总的来说，这个 Reactor thread 执行一个函数 _spdk_reactor_run，这个函数的主体包含一个 "while(1){}"，直到这个 Reactor 的 state 被改变。当然，为了提高效率，这个循环中也会有一些相应的机制让出 CPU 资源，如 sleep，这样的机制在很多时候会导致 CPU 使用 100%的情况，类似于 DPDK。

也就是说，一个使用 SPDK 编程框架的应用，假设使用了两个 CPU core，每个 core 上就会启动一个 Reactor thread，那么用户怎么执行自己的函数呢？为了解决这个问题，SPDK 提供了一个 Poller 机制。所谓 Poller，其实就是用户定义函数的封装。SPDK 提供的 Poller 分为两种：基于定时器的 Poller 和基于非定时器的 Poller。SPDK 的 Reactor thread 对应的数据结构由相应的列表来维护 Poller 的机制，比如一个链表维护定时器的 Poller，另一个链表维护非定时器的 Poller，并且提供 Poller 的注册及销毁函数。在 Reactor 的 while 循环中，会不停地检查这些 Poller 的状态，并且进行相应的调用，这样用户的函数就可以进行相应的执行了。由于单个 CPU 核上，只有一个 Reactor thread，所以同一个 Reactor thread 中不需要一些锁的机制来保护资源。当然位于不同 CPU 核上的 thread 还是有通信的必要的。为此，SPDK 封装了线程间异步传递消息（Async Messaging Passing）的功能。

2）线程间的高效通信

SPDK 放弃使用传统的、低效的加锁方式来进行线程间的通信。为了使同一个 thread 只执行自己所管理的资源，SPDK 提供了事件调用（Event）的机制。这个机制的本质是每个 Reactor 对应的数据结构维护了一个 Event 事件的环，这个环是多生产者和单消费者（Multiple Producer Single Consumer，MPSC）的模型，意思是每个 Reactor thread 可以接收来自任何其他 Reactor thread（包括当前的 Reactor thread）的事件消息进行处理。

目前 SPDK 中这个 Event 环的默认实现依赖于 DPDK 的机制，这个环应该有线性的锁的机制，但是相比较于线程间采用锁的机制进行同步，要高效得多。毫无疑问的是，这个 Event 环其实也在 Reactor 的函数 _spdk_reactor_run 中进行处理。每个 Event 事件的数据结构包括了需要执行的函数和相应的参数，以及要执行的 core。

简单来说，一个 Reactor A 向另外一个 Reactor B 通信，其实就是需要 Reactor B 执行函数 F(X)，X 是相应的参数。基于这样的机制，SPDK 就实现了一套比较高效的线程间通信的机制，具体例子可以参照 SPDK NVMe-oF Target 内部的一些实现，主要代码位于 lib/nvmf 目录下。

3）I/O 的处理模型及数据路径的无锁化机制

SPDK 主要的 I/O 处理模型是运行直到完成。如前所述，使用 SPDK 应用框架，一个 CPU core 只拥有一个 thread，这个 thread 可以执行很多 Poller（包括定时器和非定时器）。运行直到完成的原则是让一个线程最好执行完所有的任务。

显而易见，SPDK 的编程框架满足了这个需要。如果不使用 SPDK 应用编程框架，则需要编程者自己注意这个事项。比如使用 SPDK 用户态 NVMe 驱动访问相应的 I/O QPair 进行读/写操作，SPDK 提供了异步读/写的函数 spdk_nvme_ns_cmd_read，以及检查是否完成的函数 spdk_nvme_qpair_process_completions，这些函数的调用应当由一个线程去完成，而不应该跨线程去处理。

4.4.3　SPDK 用户态块设备层

通过回顾内核态的通用块层来详细介绍 SPDK 通用块层，包括通用块层的架构、核心数据结构、数据流方面的考量等。最后描述基于通用块层之上的两个特性：一是逻辑卷的支持，基于通用块设备的 Blobstore 和各种逻辑卷的特性，精简配置（Thin-Provisioned）、快照和克隆等；二是对流量控制的支持，结合 SPDK 通用块层的优化特性来支持多应用对同一通用块设备的共享。

1. 内核通用块层

Linux 操作系统的设计总体上是需要满足应用程序的普遍需求的，因此在设计模块的时候，考虑更多的是模块的通用性。针对内核块设备驱动而言，每个不同的块设备都会有自己特定的驱动，与其让上层模块和每一个设备驱动来直接交互，不如引入一个通用的块层。这样设计的好处在于：一是容易引入新的硬件，只需要新硬件对应的设备驱动能接入通用的块层即可；二是上层应用只需要设计怎么和通用块层来交互，而不需要知道具体硬件的特性。

当然，如果要特别地发挥某个硬件的特性，上层应用直接和设备驱动交互是值得推荐的方式。通用块层的引入除了可以提供上面两个优点，还可以支持更多丰富的功能，如下所示。

- 软件 I/O 请求队列：更多的 I/O 请求可以在通用块层暂时保存，尤其是某些硬件本身不支持很高的 I/O 请求并发量。
- 逻辑卷管理：包括对一个硬件设备的分区化，多个硬件的整体化逻辑设备，比如支持不同的磁盘阵列级别和纠删码的逻辑卷。又如快照、克隆等更高级的功能。

- 硬件设备的插拔：包括在系统运行过程中的热插拔。
- I/O 请求的优化：比如小 I/O 的合并，不同的 I/O 调度策略。
- 缓存机制：读缓存，不同的写缓存策略。
- 更多的软件功能：基于物理设备和逻辑设备。

由此可见，通用块层的重要性，除了对上层应用和底层硬件起承上启下的作用，更多的是提供软件上的丰富功能来支撑上层应用的不同场景。

2．SPDK 用户态通用块层

如前所述，上层应用是通过 SPDK 提供的 API 来直接操作 NVMe SSD 硬件设备的。这是一个典型的让上层应用加速使用 NVMe SSD 的场景。但是除了这个场景，上层应用还有更多丰富的场景，如后端管理多种不同的硬件设备，除了 NVMe SSD，还可以是慢速的机械磁盘、SATA SSD、SAS SSD，甚至远端挂载的设备。又如需要支持设备的热插拔、通过逻辑卷共享一个高速设备等存储服务。复杂的存储应用需要结合不同的后端设备，以及支持不同的存储软件服务。值得一提的是，有些上层应用程序还需要文件系统的支持，在内核态的情况下，文件系统也是建立在通用块层之上的。类似的文件系统的需求在 SPDK 用户态驱动中也需要提供相应的支持。

由此可见，在结合 SPDK 用户态驱动时，也需要 SPDK 提供类似的用户态通用块层来支持复杂和高性能的存储解决方案。另外,在考虑设计用户态通用块层的时候，也要考虑它的可扩展性，比如是否能很容易地扩展来支持新的硬件设备，这个通用块层的设计是不是高性能的，是否可以最小限度地带来软件上的开销，以充分发挥后端设备的高性能。

SPDK 从 2013 年实现用户态的 NVMe 驱动到现在经历了多年的技术演进和持续开发，已经形成了相对完整的用户态存储解决方案。这里主要分为 3 层，如图 4-25 所示。

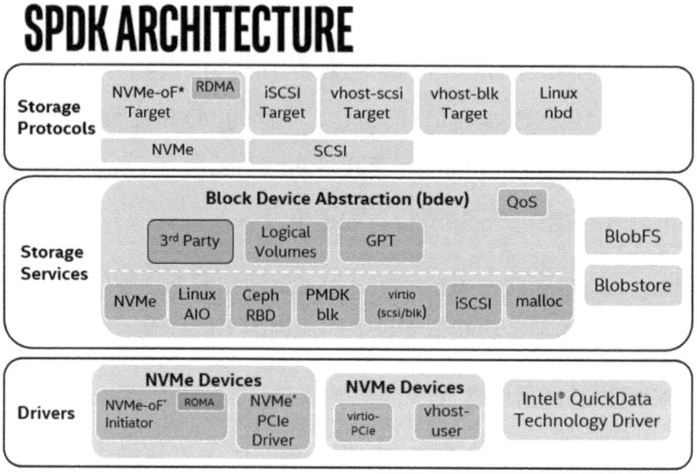

图 4-25　SPDK 架构

SPDK 架构解析如下。

- 最下层为驱动层，管理物理和虚拟设备，还管理本地和远端设备。
- 中间层为通用块层，实现对不同后端设备的支持，提供对上层的统一接口，包括逻辑卷的支持、流量控制的支持等存储服务。这一层也提供了对 Blob（Binary Larger Object）及简单用户态文件系统 BlobFS 的支持。
- 最上层为协议层，包括 NVMe 协议、SCSI 协议等，可以更好地和上层应用相结合。

如前所述，SPDK 应用框架采用的优化思想，在 SPDK 通用块层也是类似的实现。包括从内存资源分配上、I/O 资源池、大小 Buffer 资源池等，既要考虑全局总的分配数量，也要考虑每个 CPU 核独享的资源。这样在单线程、单核的情况下，可以实现资源的快速存取，也要考虑不要给单核分配过多的资源而造成资源浪费。

每个核上，SPDK 实现了单线程的高性能使用。线程的数量和核的数量对应关系是 1∶1 的匹配，所有单核上的操作由一个线程来完成，这样可以很好地实现单核上的无锁化。同时采用运行直到完成的 I/O 处理方式，保证了一个 I/O 的资源分配和核心操作在同一个核上完成，避免了额外的核间同步的问题。

为了达到这个目的，在通用块层引入了逻辑上的 I/O Channel 概念来屏蔽下层的具体实现。目前来说，I/O Channel 和 Thread 的对应关系也是 1∶1 的匹配。这样总的匹配如下：

```
I/O Channel : Thread : Core = 1 : 1 : 1
```

I/O Channel 是上层模块访问通用块层的 I/O 通道，因此当我们把 I/O Channel 和块设备暴露给上层模块后，可以很容易地对通用块层进行读/写等各种操作。基于 I/O Channel，为了方便操作通用块设备，给每个 I/O Channel 分配了相应的 Bdev Channel 来保存块设备的一些上下文，比如 I/O 操作的相关信息。Bdev Channel 和 I/O Channel 的对应关系也是 1：1 匹配，如图 4-26 所示。

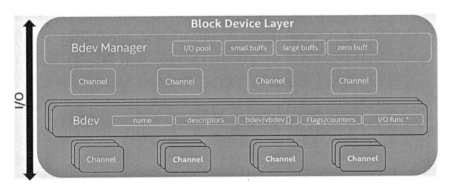

图 4-26　SPDK 通用块设备层

SPDK Bdev 设计主要考虑以下几个维度：一是，抽象出来的通用设备需要数据结构来维护；二是，操作通用设备的函数指针表，提供给后端具体硬件来实现；三是，I/O 数据结构用来打通上层协议模块和下层驱动模块。下面我们具体来看一下这些核心的数据结构。

- 通用块设备的数据结构：需要包括标识符如名字、UUID、对应的后端硬件名字等；块设备的属性如大小、最小单块大小、对齐要求等；操作该设备的方法如注册和销毁等；该设备的状态，如重置、记录相关功能的数据结构等。具体可以参考 SPDK 源码中的 struct spdk_bdev 结构体。
- 操作通用设备的函数指针表：定义通用的操作设备的方法。包括如何拿到后端具体设备相应的 I/O Channel、后端设备如何处理 I/O（Read、Write、Unmap 等）、支持的 I/O 类型、销毁后端具体块设备等操作。每一类具体的后端设备都需要实现这张函数指针表，使得通用块设备可以屏蔽这些实现的细节，只需要调用对应的操作方法就可以了。具体可以参考 SPDK 源码中的 struct

spdk_bdev_fn_table 结构体。

- 块设备 I/O 数据结构：类似于内核驱动中的 bio 数据结构，同样需要一个 I/O 块数据结构来具体操作块设备和后端对应的具体设备。具体的 I/O 读和写的信息都会在这个数据结构中被保存，以及涉及的 Buffer、Bdev Channel 等相关资源，后期需要结合高级的存储特性像逻辑卷、流量控制等都需要在 I/O 数据结构这里有相关的标识符和额外的属性。具体可以参考 SPDK 源码中的 struct spdk_bdev_io 结构体。

这些核心的数据结构，提供了最基本的功能上的特性来支持不同的后端设备，比如通过 SPDK 用户态 NVMe 驱动来操作 NVMe SSD；通过 Linux AIO 来操作除 NVMe SSD 外的其他慢速存储设备比如 HDD、SATA SSD、SAS SSD 等；通过 PMDK（Persistent Memory Development Kit）来操作英特尔的 Persistent Memory 设备；通过 Ceph RBD（Reliable Block Device）来操作远端 Ceph OSD 设备；通过 GPT（GUID Partition Table）在同一设备上创建逻辑分区；等等。

同时这些数据结构定义了清楚的使用方法。例如，函数指针表来支持新后端设备的引入，可以是某种本地新的硬件设备，也可以是某种远端分布式存储暴露出来的虚拟设备。在可扩展性上除了一定需要支持的高速 NVMe SSD 设备，还提供了对传统设备及新设备的支持。

在设计通用块层的数据流的时候，需要考虑后端不同设备的特性，比如某些设备可以支持很高的并发量，某些设备无法支持单个 I/O 的终止操作（Abort），对数据流上的考虑大致包括以下内容。

- 引入 I/O 队列来缓存从上层模块接收到的 I/O 请求，而不是直接传递给下层。这样不同的后端设备都可以按照不同的速率来完成这些 I/O 请求。同时基于这个 I/O 队列还能起到一些额外的作用，比如限速流控、不同优先级处理、I/O 分发等。当后端设备遇到一些异常情况时，比如当 Buffer 资源不够时，这个 I/O 队列也可以重新把这些发下去的 I/O 请求再次进入队列做第二次读/写尝试。
- 引入通用的异常恢复机制。比如某个 I/O 请求可能在下层具体设备停留过久导致的超时问题；比如设备遇到严重问题导致无法响应而需要设备重置；比如设备的热插拔导致的 I/O 请求的出错处理。与其让每一个下层具体设备都来实现这些异常恢复机制，不如在通用块层就来进行处理。

能够让通用块层起到承接上层应用的读/写请求，高性能地利用下层设备的读/写性能，在实现高性能、可扩展性的同时，还需要考虑各种异常情况、各种存储特性的需求。这些都是在实现数据流时需要解决的问题。

3．通用块层的管理

管理通用块层涉及两方面问题，一方面是，对上层模块、对具体应用是如何配置的，怎么样才能让应用实施到某个通用块设备。这里有两种方法，一种是通过配置文件，另一种是通过远程过程调用（RPC）的方法在运行过程中动态地创建和删除新的块设备。

当我们引入更多的存储特性在通用块层的时候，我们可以把块设备分为两种：支持直接操作后端硬件的块设备，可以称之为基础块设备（Base Bdev）；构建在基础块设备之上的设备，比如逻辑卷、加密、压缩块设备，称之为虚拟块设备（Virtual Bdev）。

有层次地来管理这些基础块设备和虚拟块设备是管理通用块层另一方面需要考虑的问题。需要注意的是，虚拟块设备和基础块设备从本质上来说都是块设备，具有相同的特性和功能。区别在于基础块设备可以通过指针指向虚拟块设备，然后虚拟块设备也可以通过指针指向基础块设备。这些对应的指针存放在 struct spdk_bdev 数据结构上。

这里还需要考虑的一个问题是当一个块设备动态创建后，需要做些什么，怎么和已经存在的块设备进行交互，比如提到的基础块设备和虚拟块设备之间的相互关系。这里主要是由 struct spdk_bdev_module 数据结构来支持的，该数据结构定义了下面几个重要的函数指针，需要具体的设备模块来实现。

- module_init()，当 SPDK 应用启动的时候，初始化某个具体块设备模块，如 NVMe。
- module_fini()，当 SPDK 应用退出的时候，销毁某个具体块设备模块，如分配的各种资源。
- examine()，当某个块设备，如基础块设备创建出来后对应的其他设备，尤其是虚拟块设备可以被通知做出相应的操作，比如创建出对应的虚拟块设备和基础块设备。

4. 逻辑卷

类似于内核的逻辑卷管理，SPDK 在用户态也实现了基于通用块设备的逻辑卷管理。

1）内核 LVM

大多数内核 LVM 都有着相同的基本设计，如图 4-27 所示。它们由物理卷入手，可以是硬盘、硬盘分区，或者是外部存储设备的 LUN。LVM 将每一个物理卷都视作是由一系列称为物理区段（Physical Extent，PE）的块组成的。

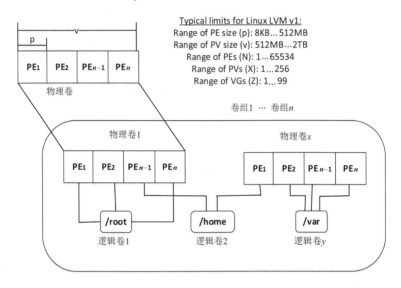

图 4-27　内核 LVM

通常，物理卷只是简单地一对一映射到逻辑区域（Logical Extent，LE）中。通过镜像，多个物理区段映射到单个逻辑区域。物理区段从物理卷组（Physical Volume Group，PVG）中抽取，这是一组相同大小的物理卷，其作用类似于 RAID1 阵列中的硬盘。系统将逻辑区域集中到一个卷组中。合并后的逻辑区域可以被连接到称为逻辑卷（简称为 LV）的虚拟磁盘分区中。系统可以使用 LV 作为原始块设备，就像磁盘分区一样，在其上创建可安装的文件系统，或者使用它们作为块存储空间。

2）Blobstore

Blobstore 是支撑 SPDK 逻辑卷的核心技术。Blobstore 本质上是一个 Block 的分配管理。如果后端的具体设备具有数据持久性的话，如 NVMe SSD，那么 Block 分配的这些信息，或者元数据可以在断电的情况下被保留下来，等下次系统正常启动时，对应的 Block 的分配管理依旧有效。

这个 Block 的分配管理可为上层模块提供更高层次的存储服务，比如这里提到的逻辑卷管理，以及下面将要介绍的文件系统。这些基于 Blobstore 的更高层次的存储服务，可以为本地的数据库，或者 Key/Value 仓库（RocksDB）提供底层的支持。

基于 Blobstore 的逻辑卷也好，文件系统也好，更多是从用户态的角度来支持最基础的要求的，还要提供高性能、可扩展性的支持。因此这里对用户态的考虑并不是最终设计成和传统通用文件系统一样的模式。另外，目前的考虑是不去支持复杂的可移植操作系统接口语义。

因此，为了避免和传统通用文件系统相混淆，这里我们使用 Blob（Binary Large Object）术语，而不是用文件或对象这些在通用文件系统的常用术语。Blobstore 的设计初衷和核心思想是要自上而下地实现相同的优化思想——异步与并行，对多个 Blob 采用的是无锁的、异步并行的读/写操作。需要指出的是，目前的设计里面没有支持缓存，读/写的操作都会直接和后端的具体设备交互。在后续的持续优化中，也有可能引入缓存来提供更好的读/写性能。

通常来说 Blob 设计的大小是可以配置的，远比块设备的最小单元（扇区大小）大得多，可以从几百 KB 到几 MB。在兼顾管理这些 Blob 开销的同时，越小的 Blob 需要越多的元数据来维护，也要考虑性能问题。同时，特别针对 NAND NVMe SSD 硬件设备，Blob 的大小可以是 NAND NVMe SSD 最小擦除单位（块大小）的整数倍。这样可以支持快速的随机读/写性能，同时避免了进行后端 NAND 管理的垃圾回收工作。

类似于大部分的内核逻辑卷管理，需要不同的管理粒度和逻辑结构在块设备上有效地创建出可以动态划分的空间。SPDK Blobstore 也定义了类似的层次结构，需要注意的是这些都是逻辑上的概念，所以如果需要考虑 Blobstore 在断电的情况下恢复的问题，这些相关的配置信息要么是在本身设计的时候固定的，要么是通过配置在非易失后端设备的特定位置上固定下来的。

- 逻辑块（Logical Block）：一般就是指后端具体设备本身的扇区大小，比如常见的 512B 或 4KiB 大小，整体空间可以相应地划分成逻辑块 0~N。

- 页：一个页的大小定义成逻辑块的整数倍，在创建 Blobstore 时固定下来，后续无法再进行修改。为了管理方便，比如快速映射到某个具体的逻辑块，往往一个页是由物理上连续的逻辑块组成的。同样地，页也会有相应的索引，从 0~N 来指定。

如果考虑单个页的原子操作的话，一个简单的方法是按照后端的具体硬件支持的原子大小来设定页的大小。比如说大部分 NVMe SSD 支持 4KiB 大小的原子操作，那么这个页可以是 4KiB，这样，如果逻辑块是 512B 的话，那么页的大小就是 8 个连续逻辑块。当然，如果要在 Blobstore 这个层面上实现其他大小的原子操作，那么从 Blobstore 设计上来说需要更多的软件方法来实现。目前，为了考虑易用、易维护性，原子的操作主要是依赖于后端设备能支持的粒度。

- Cluster：类似于页的实现，一个 Cluster 的大小是多个固定的页的大小，也是在 Blobstore 创建的时候确定下来的。组成单个 Cluster 的多个页是连续的，页就是物理上连续的逻辑块。这些操作都是为了能够通过算数的方法来找到对应的逻辑块的位置，最终实现对后端具体块设备的读/写操作，完全是从性能角度考虑的。类似于页，Cluster 也是从 0 开始的索引。Cluster 不考虑原子性，因此 Cluster 可以定义的相对来说比较大，如 1MiB 的大小。如果页是 4KiB 的话，对应 256 个连续的页。

- Blob：一个 Blob 是一个有序的队列，存放了 Cluster 的相关信息。Blob 物理上是不连续的，无法通过索引来读/写某个 Cluster，而是需要队列的查找来操作某个特定的 Cluster。这样的设计在性能和管理上带来了一定的复杂性，比如这些信息需要固定下来，在系统遇到故障时，还能重新恢复和原来一样的信息。但是从提供更多高级的存储服务的角度看，这样的设计可以很容易地实现快照、克隆等功能。

在 SPDK Blobstore 的设计中，Blob 是对上层模块可见、可操作的对象，隐藏了 Cluster、页、逻辑块的具体实现。每个 Blob 都有唯一的标识符提供给上层模块进行操作。通过具体的起始地址、偏移量和长度，可以如前面所说的，很容易地算出具体的哪个页、哪个逻辑块来读/写具体的后端设备。应用程序也可以把 Blob 的相关信息、元数据通过成对的键/值（Key/Value）来保存下来。

- Blobstore：如果 SPDK 通用设备的空间被初始化成通过 Blob 接口来访问，而不是通过固有的块接口来操作,那么这个通用块设备就被称为一个 Blobstore（Blob 的存储池）。Blobstore 本身除了那些可以给到上层应用访问的 Blob,还有相应的私有的元数据空间来固化这些信息,因此 Blobstore 会管理整个通用块设备。Blobstore allocator 示例如图 4-28 所示。

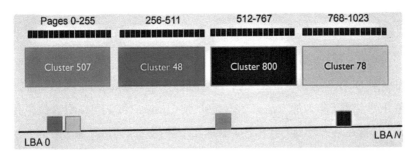

图 4-28　Blobstore allocator 示例

3）SPDK 用户态逻辑卷

SPDK 用户态逻辑卷基于 Blobstore 和 Blob。每个逻辑卷是多个 Blob 的组合,它有自己唯一的 UUID 和其他属性,如别名。

对上层模块而言,这里我们引入一个类似的概念,逻辑卷块设备。对逻辑卷块设备的操作会转换成对 SPDK Blob 的操作,最终还是依照之前 Blob 的层次结构,转换成对 Cluster、页和设备逻辑块的操作。这里 Cluster 的大小,如之前所说的,在不考虑原子操作的情况下,可以动态地配置它的大小。

基于逻辑卷的功能,可以通过对 Blob 的不同处理来实现更高级别的存储服务,比如如果这个 Blob 中的 Cluster 是在上层模块写入时才分配的,那么这种特性就是常见的精简配置,可以达到空间的高效使用。相反地,逻辑卷在创建的时候就把 Blob 的物理空间分配出来的特性,可以称之为密集配置。这样的操作可以保证写性能的稳定性,没有额外分配 Cluster 而引入的性能开销。

图 4-29 说明了密集配置和精简配置的不同用法。密集配置（传统配置）,总是把空间先分配出来,即便这些空间后续永远不会被用到。而精简配置会看到可用的空间,但是只在真实写入的时候才分配空间。在虚拟化的场景下,更多地会使用到精简配置来提供更多的用户可见的空间。

图 4-29　密集配置和精简配置的不同用法

前面提到 Blob 包含了 Cluster 的有序队列，这些 Cluster 可以在精简配置的情况下被动态分配。基于类似的方法来动态地管理 Cluster，我们可以引入快照和克隆功能。快照，是指在某一时刻的数据集，就如按下快门后，定格在那个瞬间的景象。后续对 Blob 上的读操作，总是可以拿回来那份数据，但是对 Blob 上的写操作，不会覆盖原先的数据，而是会分配新的 Cluster 保存下来。这就要求逻辑卷需要额外的属性来存储这些快照信息。

使用快照可以很快地生成某个时刻的数据集，尤其是对上层应用是读密集型的场景，可以按需要生成多个快照给应用，同时能保证稳定的读性能。但是快照需要考虑一个潜在的数据可靠性的限制，因为多个快照都是指向同一个 Cluster 的，如果这个 Cluster 出现数据问题的话，则会导致所有引用这个 Cluster 的快照都出现问题。

因此我们引入克隆这个特性，顾名思义把某个时间点的数据集复制一份，而且是分配同等大小空间的数据集。这个过程需要花费时间，并且依赖于需要做克隆的数据集的大小，但是一旦克隆完成，将会提供更高的性能，比如新的读操作可以直接在克隆上完成。同时可以提供更好的可靠性，即使原先的数据出现问题，克隆的数据还是有效的。从实现来说，在复制某一时刻的数据集时，是通过先在那个时刻做一个快照，将那个时刻的数据集固定下来，后续的读和写都可以基于相同时刻的快照。

这两种不同的特性，对空间、性能、可靠性的需求不同，上层应用可以按需来启用。从实现角度来看，有些 Cluster 上是没有任何写数据的，在启动克隆这个特性的时候，对这类特性的 Cluster，我们可以进行标识，比如空 Cluster 可以是一个全零数据的特殊 Cluster，在需要读取这个 Cluster 的时候，直接返回全零的数据。Blobstore 中对克隆的读/写操作如图 4-30 所示。大概可以看出，全零 Cluster 与快照对克隆读/写起到底层支撑的作用。

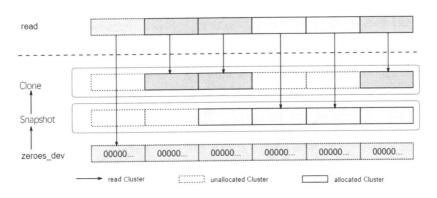

图 4-30 Blobstore 中对克隆的读/写操作

从图 4-30 可以看出，对克隆的支持在没有分配的 Cluster 的时候，可以直接对应全零的 Cluster（全零设备的一部分）；对已经复制过来的 Cluster，可以直接读克隆对应的 Cluster，即便某个 Cluster 已经发生了改变；对尚未复制过来但是含有数据的 Cluster，直接读取对应同一时刻的快照的 Cluster。克隆的写操作相对来说更复杂，也是需要依赖全零 Cluster 和快照上的 Cluster 的。

需要强调的是，对克隆和快照可以引入更复杂的写操作和同步逻辑，比如是否克隆、快照可写，写完的数据可以覆盖还是引入新的空间分配。快照、克隆和当前的数据集之间是否可以相互转换，比如把某个快照或克隆设置成当前有效的数据。这些特性和需求的支持，也是 SPDK 用户态逻辑卷可以支持的方向。

5. 基于通用块的流量控制

流量控制是高级存储特性中一种常用的实现，在内核通用块层也有类似的实现，流量控制的需求主要来自以下两方面。

- 多个应用需要共享一个设备，不希望出现的场景是某个应用长时间通过高 I/O 压力占用该设备，而影响其他应用对设备的使用。
- 给某些应用指定预留某些带宽，这类应用往往有高于其他应用的优先级。

SPDK 的流量控制，是基于通用块层来实现的，这样设计的好处如下所示。

- 可以是任何一个通用块设备，前面我们介绍了基础块设备、虚拟块设备、逻辑卷等，只要是块设备，流量控制都可以在上面启用。这样的设计可以很好地结合 SPDK 通用块层的特性。

- 和上层各种协议无关，无论是本地的传输协议，还是跨网络的传输协议，都可以很好地支持。这些上层模块需要关心的是，各种协议的设备和通用块设备是如何对应的。比如在 iSCSI 的场景中，暴露出来的 LUN 是怎么和 SPDK 通用块设备对应的。这样，当 LUN 的用户需要启用流量控制的时候，对相应的通用块设备设置流量控制就可以了。

- 和后端具体设备无关，无论是本地的高速 NVMe SSD、低速的硬盘驱动器，还是某个远端的块设备,这些具体的硬件已经由 SPDK 通用块层隐藏起来了。但是需要注意的是，流量控制本身是不会提高硬件的自身能力的上限的，需要给出合理的流量控制的目标。

前面已经介绍了 SPDK 通用设备层的各种特性：无锁化、异步、并发等。基于 SPDK 通用块层实现的流量控制，也是很自然地结合了这些特性来实现可扩展和准确控制的目标。如图 4-31 所示是一个简单的架构图，概括了 SPDK 流量控制的主要操作。

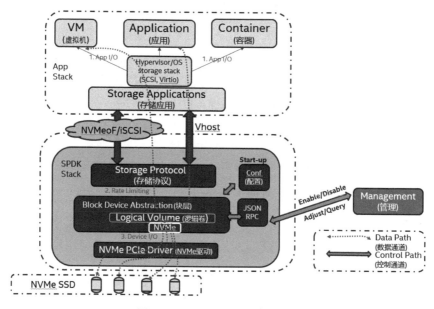

图 4-31 SPDK Bdev 中的流量控制

前面我们详细描述了通用块层的一些主要结构，包括通用块设备结构、I/O 请求结构、I/O Channel 结构、每个 Channel 的上下文块设备通道结构等，也具体描述了通用块层的线程模型。这里涉及流量控制的主要操作流程，就是结合这些重要数据结构和线程模型来实现资源上的管理和 I/O 请求上的管理的。

图 4-32 简单描述了流量控制需要的额外资源上的管理。简单描述如下所示。

- 当流量控制功能启用后，静态配置文件或 RPC 动态配置文件，需要分配特定的资源和指定特定的线程。这个线程只是逻辑上的概念，本质上是 SPDK 应用框架分配的单核上唯一的那个线程。
- 在执行流量控制的线程上，启动一个周期性操作的 Poller，或者一个任务来周期性地做些工作。在 SPDK 的实现中，为了简化这个控制的操作，将 1s 要达到的流量目标，比如 IOps 和带宽，对应到更小粒度的目标，比如 1ms，或者 500μs，所以这个周期性的任务就是每个这样的小周期来处理允许的 I/O 流量。
- 有了流量控制的线程和相应的周期性的任务，其他接受上层模块 I/O 请求的 I/O Channel 可以通过事件的形式来异步无锁化地通知到流量控制的线程。
- 当对上层分配的 I/O Channel 需要关闭时，需要将该 Channel 上所有尚未处理的 I/O 请求处理掉，释放掉相应的 I/O 请求资源。
- 当上层应用关闭掉所有 I/O Channel，或者 RPC 动态停用流量控制后，所有未处理的 I/O 请求会被及时处理，完成后释放相应的流量控制分配的资源。

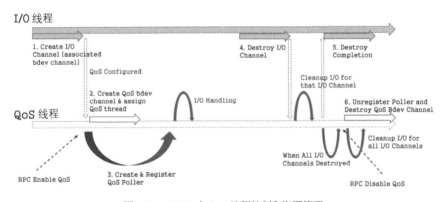

图 4-32　SPDK 中 QoS 流程控制和资源管理

相对于资源管理，I/O 请求的管理就相对简单很多，如图 4-33 所示。如前所述，I/O 在不同的线程间的传递是通过消息、事件来驱动的，这样避免了线程间的同步问题。另外需要提到的是，SPDK 的 I/O 的操作是单核运行直到完成的模式，I/O 从哪个 I/O Channel 或者哪个 I/O 线程接收到，最终还是需要从同一个线程回调上层模块的。对上层模块而言，具体流量控制的操作对它来说是透明的，只需要关心 I/O 从哪里回调回来即可。

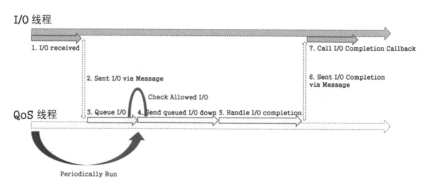

图 4-33 流量控制中 I/O 请求的处理

SPDK 基于通用块层的流量控制提供了很好的扩展性。在算法层面上的实现简单明确，如果需要引入更高级的流量控制算法，可以很容易地替换默认的算法，也可以支持其他更多种类的流量控制，比如读/写分开的 IOps、带宽限速；比如读/写不同优先级的区别控制；等等。SPDK 通用块层和 SPDK 应用框架为这一存储服务提供了很好的技术保障和可扩展性。

4.4.4　SPDK vhost target

这里我们主要介绍用 SPDK vhost target 来加速虚拟机中的 I/O，在介绍这个加速方案之前，我们先看看主流的 I/O 设备虚拟化的方案。

- 纯软件模拟：完全利用软件模拟出一些设备给虚拟机使用，主要的工作可以在 Simics、Bochs、纯 QEMU 解决方案中看到。
- 半虚拟（Para-Virtualization）：主要是一种 frontend-backend 的模型，在虚拟机中的 Guest OS 中使用 frontend 的驱动，Hypervisor 中暴露出 backend 接口。这种解决方案需要修改 Guest OS，或者提供半虚拟化的前端驱动。
- 硬件虚拟化：主流的方案有 SR-IOV、VT-D 等，可以把整个设备直接分配给一个虚拟机，或者如果设备支持 SR-IOV，就可以把设备的 VF（Virtual Function）分配给虚拟机。

对于以上 3 种虚拟化的解决方案，我们会把重点放在 virtio 解决方案，即半虚拟化上，因为 SPDK 的 vhost-scsi/blk 可以用来加速 QEMU 中半虚拟化的 virtio-scsi/blk。

另外针对 QEMU 中 NVMe 的虚拟化方案，我们也给出了 vhost-NVMe 的加速方案。虽然 SPDK vhost-scsi/blk 主要是用来加速 virtio 协议的，SPDK vhost-NVMe 用于加速虚拟机中的 NVMe 协议的，但是这 3 种加速方案其实可以有机地整合为一个整体的 vhost target 加速方案。

1. virtio

virtio 是 I/O 虚拟化中一种非常优秀的半虚拟化方案，需要在 Guest 的操作系统中运行 virtio 设备的驱动程序，通过 virtio 设备和后端的 Hypervisor 或用于加速的 vhost 进行交互。

在 QEMU 中，virtio 设备是 QEMU 为 Guest 操作系统模拟的 PCI 设备，这个设备可以是传统的 PCI 设备或 PCIe 设备，遵循 PCI-SIG 定义的 PCI 规范，可以具有配置空间、中断配置等功能。目前 virtio 协议由 OASIS（Advanced Open Standards for the Information Society）virtio 工作组负责维护，用户可以提交对 virtio 协议的提案到该工作组进行讨论。PCI 设备包括厂商 ID 和设备 ID，virtio 向 PCI-SIG 注册了 PCI 厂商 ID 0x1AF4 和设备 ID，其中不同的设备 ID 代表不同的设备类型，如面向存储的 virtio-blk 和 virtio-scsi 设备 ID 分别为 0x1001 和 0x1004。

virtio 在 QEMU 中的总体实现可以分成 3 层（见图 4-34）：前端是设备层，位于 Guest 操作系统内部；中间是虚拟队列传输层，Guest 和 QEMU 都包含该层，数据传输及命令下发完成都是通过该层实现的；第 3 层是 virtio 后端设备，用于具体落实来自 Guest 端发送的请求。

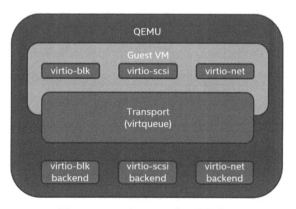

图 4-34　virtio 在 QEMU 中的总体实现

2. vhost 加速

如前所述，virtio 后端设备用于具体响应 Guest 的命令请求。例如，对 virtio-scsi 设备来讲，该 virtio 后端负责 SCSI 命令的响应，QEMU 负责模拟该 PCI 设备，把该 SCSI 命令响应的模块在 QEMU 进程之外实现的方案称为 vhost。这里同样分为两种实现方式，在 Linux 内核中实现的叫作 vhost-kernel，而在用户态实现的叫作 vhost-user。

以 virtio-scsi 为例，目前主要有 3 种 virtio-scsi 后端的解决方案。

1）QEMU virtio-scsi

这个方案是 virtio-scsi 最早的实现，如图 4-35 所示，Guest 和 QEMU 之间通过 virtqueue 进行数据交换，当 Guest 提交新的 SCSI 命令到 virtqueue 时，根据 virtio PCI 设备定义，Guest 会把该队列的 ID 写入 PCI 配置空间中，通知 PCI 设备有新的 SCSI 请求已经就绪；之后 QEMU 会得到通知，基于 Guest 填写的队列 ID 到指定的 virtqueue 获取最新的 SCSI 请求；最后发送到该模拟 PCI 设备的后端，这里后端可以是宿主机系统上的一个文件或块设备分区。当 SCSI 命令在后端的文件或块设备执行完成并返回给 virtio-scsi backend 模块后，QEMU 会向该 PCI 设备发送中断通知，从而 Guest 基于该中断完成整个 SCSI 命令流程。

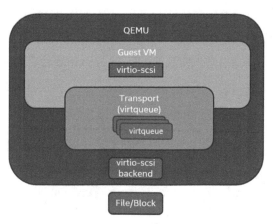

图 4-35　QEMU virtio-scsi 解决方案

这个方案存在如下两个严重影响性能的因素。

- 当 Guest 提交新的 SCSI 请求到 virtqueue 队列时，需要告知 QEMU 哪个队列含有最新的 SCSI 命令。

- 在实际处理具体的 SCSI 读/写命令时（在 hostOS 中），存在用户态到内核态的数据副本。

数据副本影响性能，我们比较好理解，因为存储设备中的数据块相对于网络来说都是大包，但是为什么说 Guest 提交新的 SCSI 请求时也严重影响性能呢？根据 virtio 协议，Guest 提交请求到 virtqueue 时需要把该队列的 ID 写入 PCI 配置空间，所以每个新的命令请求都会写入一次 PCI 的配置空间。在 X86 虚拟化环境下，Guest 中对 PCI 空间的读/写是特权指令，需要更高级别的权限，因此会触发 VMM 的 Trap，从而导致 VM_EXIT 事件，CPU 需要切换上下文到 QEMU 进程去处理该事件，在虚拟化环境下，VM_EXIT 对性能有重大影响，而且对系统能够支持 VM 的密度等方面也有影响，所以下面介绍的方案都是基于对这两点的优化来进行的。

2）Kernel vhost-scsi

这个方案是 QEMU virtio-scsi 的后续演进，基于 LIO 在内核空间实现为虚拟机服务的 SCSI 设备。实际上 vhost-kernel 方案并没有完全模拟一个 PCI 设备，QEMU 仍然负责对该 PCI 设备的模拟，只是把来自 virtqueue 的数据处理逻辑拿到内核空间了。

为了实现在内核空间处理 virtqueue 上的数据，QEMU 需要告知内核 vhost-scsi 模块关于 virtqueue 的内存信息及 Guest 的内存映射，这样其实省去了 Guest 到 QEMU 用户态空间，再到宿主机内核空间多次数据复制。但是由于内核的 vhost-scsi 模块并不知道什么时候在哪个队列存在新的请求，所以当 Guest 生成新的请求到 virtqueue 队列，再更新完 PCI 配置空间后，由 QEMU 负责通知 vhost-kernel 启动内核线程去处理新的队列请求。这里我们可以看到 Kernel vhost-scsi 方案相比 QEMU virtio-scsi 方案在具体的 SCSI 命令处理时减少了数据的内存复制过程，从而提高了性能。

3）SPDK vhost-user-scsi

这个方案是基于 Kernel vhost-scsi 的进一步改进，如图 4-36 所示，虽然 Kernel vhost-scsi 方案在数据处理时已经没有数据的复制过程，但是当 Guest 有新的请求时，仍然需要 QEMU 通过系统调用通知内核工作线程，这里存在两方面的开销：Guest 内核需要更新 PCI 配置空间，QEMU 需要捕获 Guest 的 VMM 自陷，然后通知 Kernel vhost-scsi 工作线程。

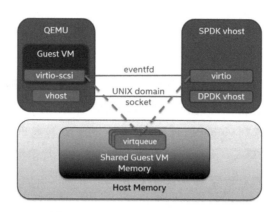

图 4-36　SPDK vhost-user-scsi 加速方案

SPDK vhost-user-scsi 方案消除了这两方面的影响，后端的 I/O 处理线程在轮询所有的 virtqueue，因此不需要 Guest 在添加新的请求到 virtqueue 后更新 PCI 的配置空间。SPDK vhost-user-scsi 的后端 I/O 处理模块轮询机制加上零拷贝技术基本解决了前面我们提到的阻碍 QEMU virtio-scsi 性能提升的两个关键点。

3. SPDK vhost-scsi 加速

使用 SPDK vhost-scsi 启动一个 VM 实例的命令如下：

```
-object memory-backend-file,id=mem0,size=4G,mem-path=/dev/hugepages,
share=on -chardev socket,id=char0,path=/path/vhost.0
```

这里其实引入了 vhost-user 技术里面的两个关键技术实现：指定 mem-path 意味着 QEMU 会在 Guest OS 的内存中创建一个文件，share=on 选项允许其他进程访问这个文件，也就意味着能访问 Guest OS 内存，达到共享内存的目的。字符设备 /path/vhost.0 是指定的 socket 文件，用来建立 QEMU 和后端的 Slave target，即 SPDK vhost target 之间的通信连接。

QEMU Guest 和 SPDK vhost target 是两个独立的进程，vhost-user 方案一个核心的实现就是队列在 Guest 和 SPDK vhost target 之间是共享的，那么接下来我们就看一下 vhost 是如何实现这个内存共享的，以及 Guest 物理地址到主机的虚拟地址是如何转换的。

在 vhost-kernel 方案中，QEMU 使用 ioctl 系统调用和内核的 vhost-scsi 模块建立联系，从而把 QEMU 中模拟的 SCSI 设备部分传递到了内核态，即内核态对该 SCSI 设备不是完全模拟的，仅仅负责对 virtqueue 进行处理，因此这个 ioctl 的消息主要负责 3 部分的内容传递：Guest 内存映射；Guest Kick Event、vhost-kernel 驱动用来接收 Guest 的消息，当接收到该消息后即可启动工作线程；IRQ Event 用于通知 Guest 的 I/O 完成情况。同样地，当把内核对 virtqueue 处理的这个模块迁移到用户态时，以上 3 个主要部分的内容传递就变成了 UNIX Domain socket 文件了，消息格式及内容和 Kernel 的 ioctl 相比有许多相似和重复的地方。

4．SPDK vhost-NVMe 加速

经过上面的描述读者对 virtio 及 vhost 应该有了一定的了解，下面我们看一下 NVMe 的虚拟化是如何实现的。

我们首先看一下 virtio 和 NVMe 协议的一个对比情况，virtio 和 NVMe 协议在设计时都采用了相同的环型结构，virtio 使用 avaiable 和 used ring 作为请求和响应，而 NVMe 使用提交队列和完成队列作为请求和响应。NVMe 读/写的具体流程如图 4-37 所示。

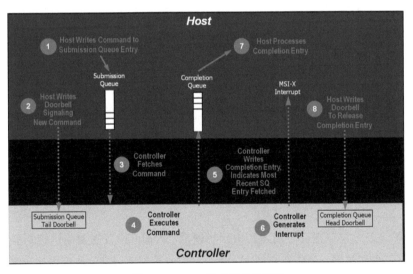

图 4-37　NVMe 读/写的具体流程

QEMU 中很早就添加了对 NVMe 设备的模拟，和 QEMU virtio-scsi 类似，使用任意的文件来实现具体的 NVMe I/O 命令，和之前的 QEMU virtio-scsi 方案相比，QEMU NVMe 存在相同的性能瓶颈，在图 4-37 的步骤 2 和步骤 8，Guest 都要写 NVMe PCI 配置空间寄存器，因此会存在 VMM Trap 自陷问题，由于后端主机使用文件来承载 I/O 命令，同样存在用户态到内核态数据副本的问题。如果要提升性能，那么同样需要解决这两个关键瓶颈。

针对 Guest 提交命令和完成命令时的写 PCI 寄存器问题，NVMe 1.3 的协议给出了解决方案，即 shadow doorbell。

NVMe 1.3 强化了对虚拟化的支持，NVMe 本身就是非常好的半虚拟化协议接口，针对模拟的控制器增加了对 shadow doorbell 的支持，如果存在一个 NVMe 控制器是软件模拟的，那么这个控制器可以告诉 Guest 这是一个模拟的控制器，将 NVMe 控制器 Identify 命令字段 Optional Admin Command Support bit 8 设置成 1，Guest 读取到该 bit 后会针对该模拟控制器为其设置除正常的 PCI doorbell 以外的 shadow doorbell，当有命令下发到控制器的提交队列时，NVMe 驱动会首先更新 shadow doorbell，基于从后端模拟设备获取到的反馈，来决定是否更新 PCI 的 doorbell，也就是说 Guest 是否更新 PCI doorbell 是由模拟设备后端来决定的。

那么我们来看下这个机制是如何工作的。首先协议新增了一个管理命令 Doorbell Buffer Config，该命令使用两个独立的 4KiB 连续内存页面镜像控制器的 doorbell 寄存器。最大可以支持 1024 个队列，其中预留 1 个给管理命令队列，最大可以支持 1023 个 I/O 队列。

针对上面提到的另外一个性能瓶颈——内存副本，这里采用和 vhost-user-scsi 类似的方案。针对虚拟化场景，由于我们的后端存在高性能的物理 NVMe 控制器及 SPDK 本身的用户态 NVMe 驱动，因此对 VM 中下发的 I/O 命令，我们通过内存地址转换（Guest 物理地址到主机虚拟地址）即可实现 VM 到 NVMe 设备端到端的数据零拷贝实现。

实现这个方案存在一个前提，由于物理的 NVMe 设备需要使用控制器内部的 DMA 引擎搬移数据，要求所有的 I/O 命令对应的数据区域都是物理内存连续的，因此这里我们需要使用 Linux 内核提供的 hugetlbfs 机制提供连续的物理内存页面。

4.4.5 SPDK iSCSI Target

SPDK iSCSI Target 从 2013 年开始被开发，最初的框架基于 Linux SCSI TGT，但是随着整个项目的进展，为了更好地发挥快速存储设备的性能，进而基于 SPDK 应用框架进行实现，以 AIO、无锁化 I/O 数据路径等为设计原则，和原来的 Linux SCSI TGT

有很大的区别。

SPDK iSCSI Target 的设计和实现利用了 SPDK 库的以下模块：应用框架、网络、iSCSI、SCSI、JSON-RPC、块设备和 SPDK 的设备驱动程序。对于 iSCSI Target 而言，它使用应用框架启动，并解析相关配置文件以初始化，也能接收和处理 JSON-RPC 请求，然后构建不同的子系统，如 iSCSI、SCSI、块设备等子系统。对于 I/O 的处理，在网络接收到 iSCSI 的 PDU 包后，依次在 iSCSI、SCSI、块设备层处理请求，最后由设备驱动程序处理。当 I/O 返回时，iSCSI Target 程序将以相反的顺序处理，即块设备、SCSI、iSCSI、网络层。我们采用运行直到完成的模型，从而达到采用无锁化和异步处理 I/O 的方式的目的。

1．SPDK iSCSI Target 加速设计和实现

与其他常见的 iSCSI Target 实现（LIO、Linux SCSI TGT）相比，SPDK iSCSI Target 使用以下几种方法来提高 CPU 单核的性能。

1）模块化设计

针对不同的功能模块，SPDK 创建了多个子系统目录。对于 SPDK iSCSI Target，SPDK 创建了 iSCSI 模块，路径为 spdk/lib/event/subsystem/iscsi 和 spdk/lib/iscsi，该模块定义了所有和 iSCSI 相关的函数和数据结构。在 SPDK iSCSI Target 运行之前，iSCSI 子系统先会被初始化。

在这个过程中，SPDK 首先会设置一些 iSCSI 参数的默认值（如最大连接数等），然后会从配置文件中读取一些全局配置，包括节点名前缀、最大连接数、最大队列深度、ErrorRecoveryLevel 等级、NOPInterval 等，配置文件没有定义的参数会采用默认值。特别要提到的是，每个 CPU 核上的最大连接数会在这个阶段设置，该参数对性能的影响较大。

然后，SPDK 会初始化内存池，包括 PDU 池、会话池和任务池。PDU 池又包括通用 PDU、ImmediateData 和 DataOut 3 种。会话池会根据最大连接数创建。任务池会创建 iSCSI 任务池。内存池的创建方法主要是调用 DPDK rte_mempool_create 函数从大页中申请内存，这样做的优点是申请快、使用方便。接下来 SPDK 会初始化 connection，这一步主要是设置共享内存，以及设置一个保存每个 core 上的 connection 数量的数组。

以上初始化结束后，SPDK 就会初始化将要提到的两个 polling group，还会解析 portal group、Initiator group 和 Target node。

2）每个 CPU 核处理一组 iSCSI 的连接

根据 SPDK 应用框架，每个 CPU 上启动一个 Reactor 不断地去执行两组 Poller，一组基于 timer 的 Poller 的列表和一组普通 Poller 列表。为此 SPDK 的 iSCSI Target 在每个 core 的 Reactor 上都创建了一个 polling group，用于处理这个组里面的所有 iSCSI 连接。对应于每个 polling group，会有两组 Poller，它们分别执行 spdk_iscsi_poll_group_poll 和 spdk_iscsi_poll_group_handle_nop。

在解析完 portal group 配置之后，SPDK iSCSI Target 就会在每个 portal group 中监听 socket 请求，并注册一个 Poller 专门用于网络事件监听。如果有 socket 请求，就会得到一个 FD（File Descriptor），然后这个 FD 会加入 epoll 的监听，并且创建 iSCSI connection。

在创建 connection 的时候，会初始化一些与 iSCSI 相关的参数，包括以下内容：NOPINTERVAL（默认是 30s，最大是 60s），支持的 session 数目（默认是 128 个，最大是 1024 个），每个 session 最大连接数（默认是 2 个），每个逻辑 core 最大连接数（默认是 4 个），ErrorRecoveryLevel（默认是 0）。特别要提到的是，SPDK iSCSI Target 会设置接收和发送缓冲大小，这个缓冲用于暂时保存 iSCSI 命令。同时 SPDK 会初始化几个链表，用于保存和 PDU 相关的数据，包括 read/write 和 SNACK PDU 列表，R2T 任务列表等。在初始化完成之后，SPDK 就会把这个 connection 加入 polling group 里，开始执行任务。

- spdk_iscsi_poll_group_poll 主要用于处理 socket 连接上的请求。通过 epoll 监听所有 FD 上定义的事件。目前我们定义的事件是 datain，对应的 dataptr 指向了这个 FD 对应的 iSCSI conneciton。这个 Poller 在相应的 Reactor 上会不间断地执行，检查网络事件是否有数据进来。每次循环 Poller 可以最多处理 32 个事件，如果有数据进来，则触发每个 iSCSI connection 的回调函数 spdk_iscsi_conn_sock_cb，然后读出每个 connection。

- 执行 spdk_iscsi_poll_group_handle_nop 的 Poller 是一个定时器 Poller。每隔一秒，这个 Poller 就会被触发执行这个函数，然后我们设置一个循环来检查每个

iSCSI 连接上的 NOP-Out 请求。如果发现有 NOP-Out 没有被处理，而且时间超过了 iSCSI timeout 设置的超时时间，SPDK iSCSI Target 就会把这个 connection 状态设置为 exiting。如果没有超时，iSCSI Target 就会发送 NOP-In 给 iSCSI 客户端。

3）基于简单的负载平衡算法

当 iSCSI Target 使用多个 CPU 核启动的时候，根据 SPDK 的应用程序框架，会有多个 Reactor，每个 Reactor 上都会有 Poller。因为监听网络事件的 acceptor 默认运行在一个 Reactor 的 Poller 上，所以每个新进入的 iSCSI 连接都会在 acceptor 所在的 Reactor 上运行。如此一来，就会导致所有的 CPU core 处理的 iSCSI 连接不均衡。

为此我们设计了一个算法。因为 iSCSI 的连接有状态的变化，所以当连接从 login 状态转化为 FFPlogin 状态 FFP（Full Feature Phase）的时候，我们会对 iSCSI 连接进行迁移，也就是从一个 Reactor 上执行转入另一个 Reactor。没有进入 FFP 的 iSCSI 连接不用进行迁移，因为这些 iSCSI 连接很快会断掉，而且不涉及对后端 I/O 数据的处理，为此不需要进行迁移。我们会设计一个简单的算法来计算每个 Reactor 上的 iSCSI connection 连接数目，然后根据对应的连接的会话等信息，选择一个新的 Reactor。迁移的过程相对来讲还是比较复杂的，我们首先会将这个 iSCSI 连接从当前的 polling group 中去除（包括有关网络事件的监听），然后加入另外 Reactor 的 polling group 中（通过 SPDK 应用框架提供的线程间通信机制）。

4）零拷贝支持

对于 iSCSI 读取命令，我们利用零拷贝方法，这意味着缓冲区在 SPDK Bdev 层中进行分配，并且在将 iSCSI datain 响应 pdus 发送到 iSCSI 启动器后，此缓冲区将被释放。在所有 iSCSI 读取处理过程中，不存在从存储模块到网络模块的数据复制。

5）iSCSI 数据包处理优化

SPDK 对读和写的数据包处理都有 64KB 的限制。当处理读请求大于 64KB 的时候，SPDK 就会创建 DATAIN 任务队列，同时会设置 DATAIN 任务数的最大值为 64KB。SPDK 创建的每个 DATAIN 任务大小都是 64KB。针对写命令，SPDK 定义了 MaxBustLength 为 64KB 乘以 connection 的 DATAOUT 缓冲数。所以在发送 R2T 时，在 R2T 中设置的可以接收的数据大小为 MaxBustLength 和剩余待传输数据中的最小值，以保证对方发过来的数据包符合协议的需求。

6）TCP/IP 协议栈优化

SPDK 库对 TCP/IP 的网络处理进行了相应的 API 封装，这样就可以整合不同的 TCP/IP 协议栈。目前 SPDK 库既可以使用内核的 TCP/IP 协议栈，也可以使用用户态的 TCP/IP 协议栈进行矢量包处理（Vector Packet Processing，VPP）。

VPP 是思科 VPP 技术的开源版本，一个高性能包处理栈，完全运行于用户态。作为一个可扩展的平台框架，VPP 能够提供随时可用的产品级的交换机或路由器功能。

SPDK 主要使用了 VPP 的 socket 处理，包括 socket 的创建、监听、连接、接收和关闭。SPDK 也会调用 VPP 的 epoll API 来创建 socket group。在配置 SPDK 的时候指定 VPP 的目录路径，就可以使用 VPP。所以对 SPDK 的 iSCSI Target 来讲，网络的优化可以选择 VPP 提供的用户态 TCP/IP 协议栈，然后使用 DPDK 提供的 PMD 网卡，就可以实现从网络到后端数据处理的完全零拷贝解决方案。

2. 在 Linux 环境下配置 SPDK iSCSI Target 示例

这里我们简单地介绍用配置文件配置一个可用于本机 loop 模式运行的 iSCSI Target 示例。

- 在本机一个 shell 中，执行以下命令来运行 iscsi_tgt：

```
$ ./scripts/setup.sh
$ ./app/iscsi_tgt/iscsi_tgt -c iscsi.conf
```

iscsi.conf 配置文件中的参数及 section 对应的介绍可以在 /spdk/etc/spdk/iscsi.conf.in 里面找到，其配置文件的内容如下：

```
[Global]
  #ReactorMask 0xFFFF
[iSCSI]
  NodeBase "iqn.2016-06.io.spdk"
  AuthFile /usr/local/etc/spdk/auth.conf
  MinConnectionsPerCore 4
  Timeout 30
  DiscoveryAuthMethod Auto
  DefaultTime2Wait 2
```

```
  DefaultTime2Retain 60
  ImmediateData Yes
  ErrorRecoveryLevel 0
[PortalGroup1]
  Portal DA1 127.0.0.1:3260
[InitiatorGroup1]
  InitiatorName ANY
  Netmask 127.0.0.1/24
[Nvme]
  RetryCount 4
  Timeout 0
  ActionOnTimeout None
  AdminPollRate 100000
  HotplugEnable No
  HotplugPollRate 0
[Malloc]
  NumberOfLuns 3
  LunSizeInMB 128
  BlockSize 4096
[Ioat]
  Disable Yes
  Whitelist 00:04.0
  Whitelist 00:04.1
[Split]
   Split Malloc1 2
   Split Malloc2 8 1
[TargetNode1]
  TargetName disk1
  TargetAlias "Data Disk1"
  Mapping PortalGroup1 InitiatorGroup1
  AuthMethod Auto
  AuthGroup AuthGroup1
  UseDigest Auto
 LUN0 Malloc0
  QueueDepth 128
```

- 在本机另一个 shell 中，执行以下命令：

```
// 找到 Target
$ iscsiadm -m discovery -t st -p 127.0.0.1
```

```
// 登录到 Target 端
$ iscsiadm -m node -T iqn.2016-06.io.spdk:disk1 -p 127.0.0.1 --login
// 列出 iSCSI 设备
$ lsblk
```

执行结果如下，sdc 即为刚才找到的 Target 端设备：

```
NAME    MAJ:MIN RM    SIZE RO TYPE MOUNTPOINT
sda       8:0    0  447.1G  0 disk
├─sda1    8:1    0     10G  0 part /boot/efi
├─sda2    8:2    0      4G  0 part [SWAP]
└─sda3    8:3    0    433G  0 part /
sdb       8:16   0   93.2G  0 disk
sdc       8:32   0    128M  0 disk
```

配置 fio 文件，名为 jobfile 的配置文件内容如下：

```
[global]
thread=1
rw=randrw
runtime=10
time_based=1
ioengine=libaio
direct=1
bs=4096
invalidate=1
iodepth=1
norandommap=1


#Thick provisioning
[job0]
filename=/dev/sdc
```

执行 fio 命令进行读/写操作并测试性能指标，内容如下：

```
$ fio jobfile
```

执行 iscsiadm 命令退出，内容如下：

```
$ iscsiadm -m node -T iqn.2016-06.io.spdk:Target1 -p 127.0.0.1--logout
```

4.4.6 SPDK NVMe-oF Target

NVMe 协议制定了本机高速访问 PCIe SSD 的规范，相对于 SATA、SAS、AHCI 等协议，NVMe 协议在带宽、延迟、IOps 等方面占据了极大的优势，但是在价格上目前相对来讲还是比较贵的。不过不可否认的是，配置 PCIe SSD 的服务器已经在各种应用场景中出现，并成为业界的一种趋势。

此外为了把本地高速访问的优势暴露给远端应用，诞生了 NVMe-oF 协议。NVMe-oF Target 是 NVMe 协议在不同传输网络（transport）上面的延伸。NVMe-oF 协议中的 transport 可以多种多样，如以太网、光纤通道、Infiniband 等。当前比较流行的 transport 实现是基于 RDMA 的 Ethernet transport、Linux Kernel 和 SPDK 的 NVMe-oF Target 等，另外对于光纤通道的 transport，NetApp 基于 SPDK NVMe-oF Target 的代码，实现了基于光纤通道的 transport。

NVMe-oF Target 严格来讲不是必需品，在没有该软件的时候，我们可以使用 iSCSI Target 或其他解决方案来替换。由于 iSCSI Target 比较成熟和流行，我们有必要把 NVMe-oF Target 与 iSCSI Target 进行对比，如表 4-2 所示。

表 4-2 在以太网上比较 NVMe-oF Target 和 iSCSI Target

	NVMe-oF Target	iSCSI Target
对以太网传输设备的要求	网卡需要有 RDMA 支持（目前需要，因为还没有支持基于 TCP/IP 的 transport）	网卡可以有 RDMA 支持，也可以没有。如果有，iSCSI 协议可以使用 iSER
主要适配的后端存储	PCIe SSD（提供高速访问）	任何块设备
协议比较	NVMe 协议在以太网传输网络上的扩展	SCSI 协议在以太网传输网络上的扩展

从表 4-2 中我们可以获得如下信息。

- 目前 NVMe-oF Target 在以太网上的实现，需要有支持 RDMA 功能的网卡，如支持 RoCE 或 iWARP。相比较而言，iSCSI Target 更加通用，有没有 RDMA 功能支持关系不是太大。
- 标准的 NVMe-oF Target 主要是为了导出 PCIe SSD（并不是说不能导出其他块设备），iSCSI Target 则可以导出任意的块设备。从这一方面来讲，iSCSI Target 的设计目的无疑更加通用。

- NVMe-oF Target 是 NVMe 协议在网络上的扩展，毫无疑问的是如果访问远端的 NVMe 盘，使用 NVMe-oF 协议更加轻量级，直接是 NVMe-oF→NVMe 协议到盘，相反如果使用 iSCSI Target，则需要 iSCSI→SCSI→NVMe 协议到盘。显然在搭载了 RNIC + PCIe SSD 的情况下，NVMe-oF 能发挥更大的优势。

总体而言 iSCSI Target 更加通用，NVMe-oF Target 的设计初衷是考虑性能问题。当然在兼容性和通用性方面，NVMe-oF Target 也在持续进步。

- 兼容已有的网卡：NVMe-oF 新的规范中已经加入了基于 TCP/IP 的支持，这样 NVMe-oF 就可以运行在没有 RDMA 支持的网卡上了。已有的网卡就可以兼容支持 iSCSI 及 NVMe-oF 协议，意味着当用户从 iSCSI 迁移到 NVMe-oF 上时，可以继续使用旧设备。当然从性能方面来讲，必然没有 RDMA 网卡支持有优势。

- 后端存储虚拟化：NVMe-oF 协议一样可以导出非 PCIe SSD，使得整个方案兼容。比如 SPDK 的 NVMe-oF Target 提供了后端存储的简单抽象，可以虚拟出相应的 NVMe 盘。在 SPDK 中可以用 malloc 的块设备或基于 libaio 的块设备来模拟出 NVMe 盘，把 NVMe 协议导入 SPDK 通用块设备的语义中。当然远端看到的依然是 NVMe 盘，这只是协议上的兼容，性能上自然不能和真实的相匹配，但是这解决了通用性的问题。

如此 NVMe-oF 协议可以做到与 iSCSI 一样的通用性。当然在长时间内，NVMe-oF 和 iSCSI 还是长期并存的局面。iSCSI 目前已经非常成熟，而 NVMe-oF 则刚刚开始发展，需要不断地完善，并且借鉴 iSCSI 协议的一些功能，以支持更多的功能。

SPDK 在 2016 年 7 月发布了第一款 NVMe-oF Target 的代码，遵循了 NVMe over fabrics 相关的规范。SPDK 的 NVMe-oF Target 实现要早于 Linux Kernel NVMe-oF Target 的正式发布。当然在新 Linux 发行版都自带 NVMe-oF Target 的时候，大家就会有一个疑问，我们为什么要使用 SPDK 的 NVMe-oF Target。

SPDK 的 NVMe-oF Target 和内核相比，在单核的性能（Performance/per CPU core）上有绝对的优势。

- SPDK 的 NVMe-oF Target 可以直接使用 SPDK NVMe 用户态驱动封装的块设

备，相对于内核所使用的 NVMe 驱动更具有优势。
- SPDK NVMe-oF Target 完全使用了 SPDK 提供的编程框架，在所有 I/O 的路径上都采用了无锁的机制，为此极大地提高了性能。
- 对 RDMA Ethernet transport 的高效利用。SPDK 目前对 RDMA transport 的实现虽然使用标准的 RDMA 编程库，如 libibverbs，但是融入了 SPDK 的编程框架。从目前来讲，每个分给 SPDK 的 CPU core 上运行的 Reactor 都运行了一个 group Poller，这个 Poller 可以负责处理所有归属这个 CPU core 处理的连接，这些连接贡献一个 RDMA 的 completion queue，所以在多并发连接的情况下可以极大降低 I/O 处理的延时。

总的来说，SPDK NVMe-oF Target 的实现还是比较复杂的，代码里面包含着异步编程的理念，包括各种回调函数。

SPDK NVMe-oF Target 的主程序位于 spdk/app/nvmf_tgt。因为 NVMe-oF 和 iSCSI 一样都有相应的 subsystem（代码位于 spdk/lib/event/subsystems/nvmf），只有在配置文件或 RPC 接口中调用了相应的函数，才会触发相应的初始化工作。这部分代码最重要的函数是 nvmf_tgt_advance_state，主要通过状态机的形式来初始化和运行整个 NVMe-oF Target 系统。另外一部分代码位于 spdk/lib/nvmf，主要是处理来自远端的 NVMe-oF 请求，包括 transport 层的抽象，以及实际基于 RDMA transport 的实现。如果读者希望学习 SPDK NVMe-oF Target 的细节，可以从 spdk/lib/event/subsystems/nvmf 目录的 nvmf_tgt.c 中的 spdk_nvmf_subsystem_init 函数入手。

目前 SPDK 最新发布的 18.04 版本中加入了很多对 NVMe-oF Target 的优化，包括连接的组调度，基于 Round Robin 的方式在不同的 CPU core 之间均衡负载，相同 core 上的连接共享 rdma completion queue，等等。

当然目前 NVMe-oF Target 还在持续地开发迭代过程中，一些重要的 feature 也提上了日程，如支持 TCP/IP 的 transport。这个工作分为两部分：一部分是支持基于内核 TCP/IP 的 transport，另一部分是和用户态的 VPP 的 TCP/IP 进行整合。

4.4.7 SPDK RPC

SPDK 软件库实现了一个基于 JSON-RPC 2.0 的服务，以允许外部的管理工具动态地配置基于 SPDK 软件的服务器应用，或使用监控工具动态地获取 SPDK 应用的运行状态。目前，JSON-RPC 是 SPDK 软件库中最主要的监控管理工具，SPDK 软件库中包含的各个组件均有一些相应的 RPC 方法供用户调用。未来 SPDK 软件库会增添更多的 RPC 方法，来提高管理 SPDK 各个子系统或模块的灵活性，并减少对静态配置的依赖。

1. RPC

当把整个应用程序散布在互相通信的多个进程中时，一种方式是各个进程可以进行显式的网络编程，通过 socket 或进程间通信的 API 来编写交互过程。另一种方式则是使用隐式网络编程，即使用过程调用来完成，这样调用过程中涉及的网络 I/O 处理或进程间通信的细节，对于开发者而言基本上是透明的，可以省去部分工作量，并提高了开发软件应用的速度。

RPC 是指一个应用程序调用不在自己地址空间中的子程序的过程。RPC 是一种 Client-Server 的交互方式，调用发起者为客户端，子程序执行者为 Server 端，通常通过消息机制完成请求与响应的传递。RPC 调用两端的进程既可以处于不同的主机上通过网络来传递消息，也可以在同一主机上通过进程间通信来传递消息。PRC 的处理步骤如下。

- 客户端的应用通过 RPC 接口，写入相关参数。
- 客户端的 RPC 库将相关参数排列转换为合规的消息，并通过系统调用发出。
- 客户端的操作系统将消息传递到 Server 端的操作系统。
- Server 端的 RPC 库通过系统调用取出消息，并将消息解析为对应的调用参数。
- Server 端的应用通过 RPC 接口获取到相关参数，并执行对应程序，之后将结果以相反的步骤次序，返回给客户端的应用。

为了提供多样的 Server 端应用，基于不同服务的实现细节差异，各个 RPC 系统互不兼容，比如网络文件系统的 RPC 接口与 SUN RPC 互不兼容。同时，为了允许不同的客户端访问 Server 端的应用，实现跨平台服务，目前已有许多标准化的 RPC 系统出现，比如 JSON-RPC 协议既可以为 Java 应用服务，也可以为 C、Python 等编程语言的应用服务。

2. JSON

JSON（JavaScript Object Notation）是一种轻量级的数据交换格式。既易于人阅读和编写，也易于机器解析和生成。JSON 包括 4 个基本类型 String、Numbers、Booleans 和 Null，以及两个结构化类型 Objects 和 Arrays 的数据。JSON 建立在两个结构上，内容如下。

- 名/值（name/value）对的集合。在各种语言中，名/值对被实现为对象、记录、字典、哈希表或关联数组。
- 有序列表。在大多数语言中，有序列表通常是作为数组、矢量、列表或序列实现的。

这些通用数据结构在几乎所有的现代编程语言中都以不同的形式得到支持。这样一来，编程语言之间的数据交换就可以基于这些数据结构实现了。

典型的 JSON 语法规则如下。

- JSON 名/值对：JSON 数据的书写格式是"名/值"对。如，"firstName" : "John"。
- JSON 对象：JSON 对象在花括号中书写，对象可以包含多个名/值对。如 { "firstName":"John" , "lastName":"Doe" }。
- JSON 数组：JSON 数组在方括号中书写，数组可以包含多个对象。在下面的例子中，对象 "employees" 是包含 3 个对象的数组，每个对象代表一条关于某个人（包括姓和名）的记录。

```
{
"employees": [
 { "firstName":"John" , "lastName":"Doe" },
 { "firstName":"Anna" , "lastName":"Smith" },
 { "firstName":"Peter" , "lastName":"Jones" }
]
}
```

3. JSON-RPC

JSON-RPC 是 RPC 的一种规范，一个无状态且轻量级的协议，实现及使用简单。JSON-RPC 规范主要定义了一些数据结构及其相关的处理规则，它被允许运行在基于 socket、HTTP 等许多不同消息传输环境的进程中，并使用 JSON 作为数据格式。

- JSON-RPC 的请求。

发送一个请求对象至服务器端代表一个 RPC 调用，一个请求对象包含下列成员：jsonrpc，指定 JSON-RPC 协议版本的字符串，必须准确写为"2.0"；method，包含所要调用方法名称的字符串，以 RPC 开头的方法名；params，调用方法所需要的结构化参数值，该成员参数可以被省略；id，已建立客户端的唯一标识，值必须包含一个字符串、数值或 NULL，如果包含在响应对象，服务器端必须回答相同的值，这个成员用于两个对象之间关联上下文。

例如：

```
{
    "jsonrpc" : 2.0,
    "method" : "sayHello",
    "params" : ["Hello JSON-RPC"],
    "id" : 1
}
```

- JSON-RPC 的响应。

当发起一个 RPC 调用时，除通知外，服务器端都必须回复响应。响应表示为一个 JSON 对象，使用以下成员：jsonrpc，指定 JSON-RPC 协议版本的字符串，必须准确写为"2.0"；result，该成员在响应成功时必须被包含，服务器端中的被调用方法决定了该成员的值；error，该成员在失败时必须被包含，该成员参数值必须为错误对象；id，该成员必须被包含，该成员值必须与请求对象中的 id 成员值一致。

响应对象必须包含 result 或 error 成员，但两个成员不能被同时包含。

例如：

```
{
    "jsonrpc" : 2.0,
    "result" : "Hell JSON-RPC",
    "error" : null,
    "id" : 1
}
```

4. SPDK JSON-RPC

使用 SPDK 库中的 RPC 需要首先在 SPDK 的应用启动时使用"-r"参数指定 RPC Server 的监听地址，默认地址为"/var/tmp/spdk.sock"。使用 SPDK 提供的客户端命令行工具"scripts/rpc.py"，可以方便地向 SPDK Server 端发起 RPC 调用。使用方法如下：

```
rpc.py [-h] [-s SERVER_ADDR] [-p PORT] [-v] <command> [parameters list]
```

其中，"-s""-p"参数分别指定 SPDK RPC Server 端的监听地址和端口，"command""parameters list"分别指定具体的 RPC 命令和对应的参数。

获取当前 SPDK RPC 所能支持的 command 可以通过如下命令：

```
$ rpc.py -h
```

获取 command 命令所需要的对应参数可以通过如下命令：

```
$ rpc.py <command> -h
```

例如：

```
# ./scripts/rpc.py delete_bdev -h
usage: rpc.py delete_bdev [-h] bdev_name

positional arguments:
  bdev_name   Blockdev name to be deleted. Example: Malloc0.
```

执行 delete_bdev RPC 方法，内容如下：

```
#./scripts/rpc.py -v delete_bdev "Nvme1n1"
request:
{
  "params": {
    "name": "Nvme1n1"
  },
  "jsonrpc": "2.0",
  "method": "delete_bdev",
  "id": 1
}
response:
```

```
{
  "jsonrpc": "2.0",
  "id": 1,
  "result": true
}
```

下面是一个 iSCSI Target 使用 RPC 的例子。

- 在 iSCSI Target 端的操作。

（1）iSCSI Target 程序启动以后，创建 portal group，内容如下：

```
$ ./rpc.py add_portal_group 1 127.0.0.1:3260
```

创建 portal group 完成之后，可以使用如下命令查看所创建的 portal group 的详细信息：

```
$ ./rpc.py get_portal_groups
```

（2）创建 initiator group，内容如下：

```
$ ./rpc.py add_initiator_group 1 ANY 127.0.0.1/32
```

创建 initiator group 完成之后，可以使用如下命令查看所创建的 initiator group 的详细信息：

```
$ ./rpc.py get_initiator_groups
```

（3）创建 nvme bdev，内容如下：

```
$ ./rpc.py construct_nvme_bdev -b "Nvme0" -t "PCIe" -a 0000:06:00.0
```

（4）创建 target node，内容如下：

```
$ ./rpc.py construct_target_node Target1 Target1_alias Nvme0n1:0 '1:1' 64 -d
```

（5）若需要为 target node 添加 lun，可以使用如下命令：

```
./rpc.py construct_malloc_bdev 64 4096
./rpc.py target_node_add_lun "iqn.2016-06.io.spdk:Target1" Malloc0
```

- 在 Initiator 端的操作。

（1）发现 iSCSI Target 代码如下：

```
$ iscsiadm -m discovery -t st -p 127.0.0.1
```

（2）登录 iSCSI Target 设备代码如下：

```
$ iscsiadm -m node -T iqn.2016-06.io.spdk:Target1 -p 127.0.0.1--login
```

（3）使用如下命令，来查看所有发现的块设备：

```
$ lsblk
```

（4）退出 iSCSI Target 设备代码如下：

```
$ iscsiadm -m node -T iqn.2016-06.io.spdk:Target1 -p 127.0.0.1--logout
```

5. SPDK JSON-RPC 运行机制

在启动 SPDK 的编程框架时，SPDK 将会初始化 RPC 所需的功能。一个 RPC 专用的 socket 文件会被创建在相应的路径上，然后 SPDK 会绑定并监听它。接下来，SPDK 会在 Master Core 的 Reactor 上为 RPC 注册一个 Poller，此后 RPC 所有的功能都会在这个 Poller 里执行，也就是说，所有 SPDK 的 RPC Server 端服务是执行在 Master Core 上的。

当一个 SPDK RPC 客户端发出 RPC 调用请求后，RPC Poller 在轮询过程中，接受该连接，接下来接收该连接上客户端发出的请求内容，并解析为 JSON 请求。在 SPDK 中已经注册的所有 RPC 方法中通过逐个对比后，找出对应的方法并执行进入。在 RPC 的方法中，首先将 JSON 请求解析成函数执行过程中需要的参数，完成相应的功能。在完成功能后，根据需要填写 JSON 响应，并将它加入发送队列。RPC Poller 在轮询过程中，将该 JSON 响应发送给 SPDK RPC 客户端。SPDK JSON RPC 设计和实现如图 4-38 所示。

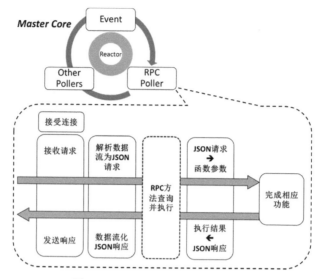

图 4-38 SPDK JSON RPC 设计和实现

SPDK 中 JSON-RPC 所依赖的代码主要分布在以下 4 个部分。

- lib/jsonrpc：接收发送网络数据，解析和流化 JSON 请求。
- lib/rpc：将 JSON-RPC 适配到 SPDK 编程框架中。
- lib/json：具体的数据流与 JSON 结构的解析与流化方法。
- <module>_rpc.c：各个组件中以 rpc 结尾的 C 文件，如 bdev_malloc_rpc.c，定义并注册具体的 SPDK RPC 方法。

4.4.8 SPDK 生态工具介绍

众所周知，SPDK 采用用户态驱动，设备不再受内核的管制。因此，我们在系统上无法直接看到 SPDK 管制下的设备，从而使一些常用的工具无法被使用，如 fio、perf、iostat、nvme-cli 等。为此 SPDK 团队开发了一系列的工具或插件，配合 SPDK 来使用，从而达到和内核驱动下同样的功能。

1. 性能评估工具

1）fio_plugin

在内核模式下，通常使用 fio 工具来测试设备在实际的工作负载下所能承受的最大压力。用户可以启动多个线程，对设备来模拟各种 I/O 操作，使用 filename 指定被测试的设备。然而，在 SPDK 用户态模式下，SPDK 在使用前会 unbind 内核的原生驱动，然后切换到使用 UIO 或 VFIO 来驱动设备，因此用户在系统上无法直接看到如 dev/nvme0n1 的传统设备。

为此，SPDK 推出 fio_plugin 工具与 SPDK 深度集成，用户可以通过指定设备的 PCI 地址，来决定要进行压力测试的设备。同时，在 fio_plugin 内部，采用 SPDK 用户态设备驱动提供的轮询和异步的方式进行 I/O 操作，I/O 通过 SPDK 直接被写入磁盘。

SPDK 提供两种形态的 fio_plugin，内容如下。

- 针对 NVMe 裸盘的 fio_plugin，其特点为 I/O 通过 SPDK 直接访问裸盘，常被用于评估 SPDK 用户态驱动在裸盘上的性能。
- 基于块设备的 fio_plugin，其特点为 I/O 测试基于 SPDK 块设备之上，所有 I/O 经由块设备层，再传送至裸盘设备。常被用于评估 SPDK 块设备的性能。

在编译时，fio_plugin 要依赖于一些原本 fio 提供的库文件，因此在编译 SPDK 之前，要首先编译 fio，并且在运行 SPDK configure 脚本时，要指定 fio 源码的路径，否则 fio_plugin 默认是不会进行编译的，内容如下：

```
$ ./configure --with-fio=/path/to/fio/repo <other configuration options>
```

下面是 fio_plugin 的使用方法。

- 基于裸盘的 fio_plugin。

在使用 fio_plugin 的时候，基本和 fio 的命令与参数相同。只是在测试 SPDK 性能的时候，fio 的配置文件里的 ioengine 应设为 spdk，如果要测试内核驱动的性能，ioengine 要使用 Linux 提供的 AIO，此时 ioengine 应设为 libaio。使用 SPDK 引擎测试，配置参数示例如下：

```
[Global]
ioengine=spdk
thread=1
group_reporting=1
direct=1
verify=0
```

```
time_based=1
ramp_time=0
runtime=1800
iodepth=128
rw=randread
bs=4k

[test]
numjobs=1
```

此外,需要在 fio_plugin 启动时,通过命令行参数"filename"来指定测试设备,代码如下:

```
filename=key=value [key=value] ...ns=value
```

fio_plugin 提供了两种模式的设备类型,内容如下:

```
// NVMe over PCIe:测试的时候,指定 PCI 地址,以及 Namespace
$ fio config.fio '-- filename=trtype=PCIe traddr=0000.06.00.0 ns=1'
// NVMe over Fabrics:测试的时候,指定 IP 地址、类型及 Namespace
$ fio config.fio '-- filename=trtype=RDMA adrfam=IPv4 traddr=192.168.100.8
trsvcid=4420 ns=1'
```

- 基于块设备的 fio_plugin。

在使用基于块设备的 fio_plugin 时,SPDK 会通过配置文件在特定的设备上初始化块设备。因此在启动时,需要指定 SPDK 应用程序的配置文件(与 SPDK NVMe-oF、SPDK vhost 启动时指定的配置文件基本相同),同时在测试时,测试设备应设定为相应的块设备名称。所以,与用内核驱动测试 fio 相比,SPDK 在使用上的差别可以总结为以下两点。

(1)在测试 SPDK 性能的时候,fio 的配置文件里 ioengine 应设为 spdk,同时,要添加 SPDK 启动配置文件路径 spdk_conf,配置参数示例如下:

```
[Global]
ioengine=spdk
spdk_conf=./examples/bdev/fio_plugin/bdev.conf
thread=1
```

```
group_reporting=1
direct=1
verify=0
time_based=1
ramp_time=0
runtime=1800
iodepth=128
rw=randread
bs=4k

[test]
numjobs=1
```

（2）需要在 fio_plugin 启动时，通过命令行参数 "--filename" 来指定测试的块设备。例如，测试 SPDK NVMe 设备，代码如下：

```
$ fio config.fio '--filename=Nvme0n1'
```

此外，需要注意的是，fio_plugin 只支持使用线程模式而不支持多进程模式，因此在 fio 配置参数中，需要指定 thread = 1；当测试 random 模式的 read/write 时，因为在 random map 的时候，要额外耗费很多的 CPU cycle，从而降低性能，因此在测试 randread/randwrite 的时候，建议指定 norandommap=1。

2）perf

SPDK 提供自己的性能测试工具 perf。SPDK 的 perf 与通常 Linux 系统中所指的 perf 工具有所不同，SPDK 中的 perf 主要是用于对设备做压力测试并评估其性能的。

perf 相比于 fio_plugin 更加灵活，可以直接配置 core mask 来指定进行 I/O 操作的 CPU 核。SPDK 通过使用 CPU 的亲和性，将线程和 CPU 核进行绑定，每个线程对应一个 CPU 核。在启动 perf 时，可以通过 core mask 指定所用的 CPU 核，在指定的每个 CPU 核上，都会为之注册一个 worker_thread 来进行 I/O 操作。每个 worker_thread 都会调用 SPDK 提供的 I/O 操作接口，通过异步的方式向底层的磁盘发送读/写命令。

perf 的使用方法如下：

```
$ ./perf -c <core mask> -q <I/O depth> -t <time>
```

```
-w <io pattern type: write|read|randwrite|randread>
-s <block size in bytes> -r <PCIe address>
```

下面是一个 perf 的使用示例，代码如下：

```
$ ./perf -c 0xF -q 32 -s 4096 -w randwrite -t 1200 -r 'trtype:PCIe
traddr:0000:06:00.0'
```

这里 core mask 为 0xF，表示我们使用核 1、2、3、4 来创建 4 个 worker_thread 对 PCI 地址为 0000:06:00.0 的盘进行随机写操作，其中 "-q 32" 表示队列深度为 32，"-s 4096" 表示块大小为 4KB，"-t 1200" 表示运行时间为 1200s。

相比于 fio_plugin，perf 有以下优势。

（1）可以通过 core mask 灵活指定 CPU 核。

（2）在使用单线程（单核）来测试多块盘性能的时候，fio_plugin 得到的性能与 perf 得到的性能有很大的差距。这是由于 fio 软件架构的问题，所以不适合使用单线程来操作多块盘。因此在评估单线程（单核）的能力的时候，一般选用 perf 作为测试工具。

3) 常见问题

- 通过使用 fio 和 perf 对 SPDK 性能进行评估得到的结果不同，在大部分情况下，perf 得到的性能会比 fio 得到的性能要高。

两种工具最大的区别在于，fio 是通过与 Linux fio 工具进行集成，使其可以用来测试 SPDK 的设备，而由于 fio 本身架构的问题，不能充分发挥 SPDK 的优势。例如，fio 在使用 Linux 的线程模型时，线程仍会被内核调度。而对 perf 来说，是针对 SPDK 定制的性能测试工具，因此在底层，不仅是 I/O 操作会通过 SPDK 进行下发，而且一些底层架构都是为 SPDK 设计的。例如，刚刚提到的线程模型，perf 中使用 DPDK 提供的线程模型，通过使用 CPU 的亲和性将 CPU 核与线程捆绑，不再受内核调度，因此可以充分发挥 SPDK 下发 I/O 时的异步无锁化的优势。这就是为什么 perf 测得的性能要比 fio 的高，因此，在同等情况下，我们更推荐用户使用 perf 工具对 SPDK 进行性能评估。

- 对 SPDK 和内核的性能进行评估时，虽然性能有所提升，但是没有看到 SPDK 官方展示出特别大的性能差异。

首先，如前一个问题中所说，不同的工具之间得出的性能结果是不同的，另外最主要的因素还是由硬盘本身性能瓶颈所导致的问题。例如，使用 2D NAND 的 P3700，本身的性能存在一定的瓶颈，因此无论是 SPDK 驱动还是内核驱动，都会达到较高的 IOps。如果我们换用更高性能的硬盘，如使用 3D XPoint 的 Optane（P4800X），便会发现更大的性能差异。因此，硬盘性能越高，SPDK 所发挥出的优势越明显，这也是 SPDK 产生的初衷——为高性能硬盘定制。图 4-39 和图 4-40 可以说明这个问题。

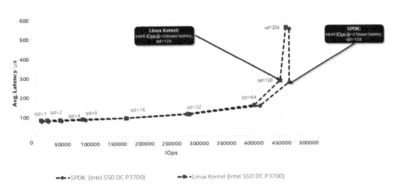

图 4-39　P3700 随机读比较

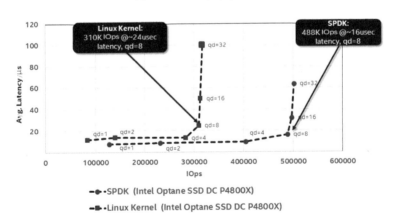

图 4-40　P4800X 随机读比较

图 4-39 和图 4-40 分别是采用基于裸盘的 fio_plugin，使用单 CPU 核，分别基于 P3700 和 P4800X 盘对单盘测试 random read 的结果，两个实验的详细系统配置参数分别如表 4-3 和表 4-4 所示。

表 4-3　P3700 NVMe SSD 的测试环境

CPU	2x Intel Xeon E5-2699v3
Hyper Threading	enabled
Intel Speed Step	enabled
Intel Turbo Boost	enabled
Memory	64GB DDR4（8x 8GB DDR4 2400MT/s）
Operation System	CentOS 7（Kernel 4.10.0）
Fio Version	2.18
Fio Configuration	4KB 100% random read, qd= 1 to 256, direct=1, numjobs=1
Device	1x Intel P3700 800GB
SPDK Version	Commit #5109f56e

表 4-4　P4800X NVMe SSD 的测试环境

CPU	2x Intel Xeon E5-2695v4
Hyper Threading	enabled
Intel Speed Step	enabled
Intel Turbo Boost	enabled
Memory	64GB DDR4（8x 8GB DDR4 2400MT/s）
Operation System	Ubuntu 16.04.1（Kernel 4.10.1）
Fio Version	2.18
Fio Configuration	4KB 100% random read, qd= 1 to 32, direct=1, numjobs=1
Device	1x Intel P4800X 375GB
SPDK Version	Commit #42eade49

我们可以清楚地看到，对 P3700 的测试结果中，qd（queue depth）为 128 的时候，无论是 SPDK 还是 Kernel 的驱动，都可以达到 P3700 盘的极限，所以相对来说，SPDK 与 Kernel 性能差异不是特别明显。而当我们换用 P4800X 来测试的时候，无论 qd 增加多少，Kernel 所能达到的性能都是在 300KB+ 的 IOps。这个性能已经达到 Kernel 的最大能力，而 SPDK 可以轻松达到 500KB 的 IOps。

此外，需要额外注意以下几方面。

- 对于评估以 2D NAND、3D NAND 为介质的硬盘，如 P3700、P4500，在一般情况下，为了达到磁盘的最高性能，通常会选择较高的 qd，一般为 128 即可，这已经达到 SPDK 下发 I/O 的最高效率。当在 128 之上再增加 qd 时，通常 IOps 不会再有所增加，反而会增加单个 I/O 的延迟，因此推荐使用 qd=128。但对于新介质 3D XPoint 的硬盘，通常 qd 为 8 的时候，就已经可以达到一个最高值，因此当测试 Optane（P4800X）的性能时，通常推荐使用 qd=8，而不是 128。

- 通常以 2D NAND、3D NAND 为介质的磁盘，在测试写的性能时，会出现一些不稳定且虚高的现象，常见为测到的 IOps 结果远远大于产品规范里的最高值，这是由于磁盘介质本身的问题。因此在测试此类磁盘时，为了避免出现上述现象，通常会在测试之前做前提条件测试（Precondition Test）。通常的做法为：在格式化之后，对磁盘不断进行写操作进而写满整个磁盘，使写操作进入稳定状态，以 P3700 800GB 为例，通常我们会先顺序写 2 小时（比如用 4KB 的 I/O 顺序写），之后再随机写 1 小时（比如用 4KB 的 I/O 顺序随机写）。

2. 监控管理工具

1）sysstat/iostat

通过使用 sysstat 中的 iostat 工具，可以实时查看各种设备的活动情况和负载信息。例如，IOps、带宽、平均每次设备 I/O 等待时间等。因此 iostat 在实际的应用场景下，可以帮助运维人员及开发者实时掌握设备的各种情况，从而进行管理。

在内核模式下，内核将系统中各个设备的 I/O 状态记录到内存文件系统/proc 中，用户态工具 iostat 通过/proc 文件系统与内核进行交互，从而获得相应的设备 I/O 信息，并进行计算得到最后的实时状态。

在 SPDK 所管理的设备当中，每个 I/O 都会通过 spdk_bdev_channel 下发到相应的设备中，SPDK 在进行每次 I/O 操作的时候，都会将本次 I/O 信息记录在结构 spdk_bdev_io_stat 中，并提供相应的 public 函数接口及其 RPC 调用，使用户能够及时获取到这些信息。因此，iostat 可以通过 SPDK 提供的 RPC 接口，向 SPDK 应用程序发送 RPC 请求，SPDK 以 JSON 的形式返回当前状态下设备的 I/O 状态信息，从而使得 iostat 可以实时获取所需要的 I/O 统计信息，并且进行相应的计算得到最后的结果。

2）nvme-cli

nvme-cli 是一个用于监控和配置管理 NVMe 设备的命令行工具，目前被运维人员及开发者广泛使用。在加载 Linux 内核驱动后，NVMe 控制器在设备模型中是字符设备，如/dev/nvme0，NVMe 的 Namespace 是块设备，如/dev/nvme0n1。nvme-cli 运行在 Linux 用户态下，通过内核驱动定义的 ioctl 接口在 NVMe 字符设备和块设备上执行相关命令。

nvme-cli 的典型执行方式为如下代码：

```
$ nvme <command> [<device>] [<args>]
```

其中<device>按照命令的不同，可以分别指定为 NVMe 字符设备或块设备。

nvme-cli 能够支持多样化的命令。在 NVMe 标准协议定义的命令中，nvme-cli 不仅能够支持 admin 命令，而且还可以执行 I/O 命令。nvme-cli 也支持不同制造商的特定命令，如英特尔、华为、Memblaze 等。

nvme-cli 的常见用法如下。

- 通过 list 命令查看当前系统中的所有 NVMe Namespace。
- 通过 id-ctrl 和 id-ns 来获取 NVMe 控制器和 Namespace 的相关信息。
- 通过 show-regs 来查看设备 PCIe 寄存器信息。
- 通过 log 相关的命令，获取控制器的各类日志记录。
- 通过 ns 系列管理命令，动态添加或删除 NVMe 设备的 Namespace。
- 通过 format 命令来设置 NVMe 设备中 Namespace 的数据块格式。

除此之外，nvme-cli 也是 NVMf host 端的配置工具。通过 nvme discover 可以列举可用的 NVMf 子系统；通过 nvme connect 及 nvme disconnect 可以连接或断开 NVMf 子系统。

为了使用户能够依旧通过 nvme-cli 来管理和监控 SPDK 环境下的 NVMe 设备，SPDK 提供了 SPDK 版本的 nvme-cli。目前，SPDK 版本的 nvme-cli 通过多进程共享内存的方式进行工作。它的使用方式与常规的 nvme-cli 相同，只是设备名不再是/dev/nvmeX 或/dev/nvmeXnY，而是将 PCI 地址（domain:bus:device.function）作为设备名。通过 nvme list 可以获取 SPDK 环境下各个 NVMe 设备的 PCI 地址。

目前，SPDK 被越来越广泛地应用到各个实际的场景中，相应的反馈和需求越来越多，相应的工具开发也提上了日程。在不久的将来，SPDK 会推出更多相应的生态工具，进而打造更加完备的用户态生态系统。

第 5 章 存储安全

在英文里,有两个单词都表示"安全",一个是 Safety,另一个是 Security。

所谓 Safety,是指数据不丢失的意思。这是目前云存储解决的主要问题,我们可以把数据放在云端,然后由所有的终端设备通过云端来共享。从专业角度来说,这又叫可用性,意思是,数据总是可用的,基本不会丢失。

所谓 Security,是指数据的隐私和不泄露。

5.1 可用性

硬盘是有寿命的,同样光盘也是有寿命的,我们的数据在本地无论是用什么样的介质保存,都是很难做到高可用的。而之所以说放在云端会更"安全"一些,那是因为目前的云存储系统都是基于磁盘阵列等工业级的存储技术。

但是要做到高可用,并不只是使用工业级的存储设备那么简单,它是一个系统工程,要考虑很多因素。

5.1.1 SLA

服务等级协议(Service Level Agreement,SLA),是指在一定开销下,为了保证服务的性能和可用性,服务提供商与用户之间签订的得到双方认可的协议或合同。

一般来说，SLA 通过两种标准来衡量：一是故障发生到恢复的时间；二是两次故障的间隔时间。大多都是采用第一种标准，也就是服务不可用的时间。这个时间可以用如表 5-1 所示的等级来量化，99.999%的可用性，也就是 5 个 9 的可用性，一年只能有 5.26 分钟的服务时间不可用。而 99.9%的可用性，也就是 3 个 9 的可用性，一个月的宕机时间只能有 43.8 分钟。

表 5-1 SLA

系统可用性	宕机时间	宕机时间	宕机时间	宕机时间
90%（1个9）	36.5 天	72 小时	16.8 小时	2.4 小时
99%（2个9）	3.65 天	7.20 小时	1.68 小时	14.4 分钟
99.9%（3个9）	8.76 小时	43.8 分钟	10.1 分钟	1.44 分钟
99.99%（4个9）	52.56 分钟	4.38 分钟	1.01 分钟	8.66 秒
99.999%（5个9）	5.26 分钟	25.9 秒	6.05 秒	0.87 秒

这里面的 9 越多，代表一定时间内服务的可用时间越长、服务越可靠，停机时间越短，反之亦然。也就是说 SLA 可以简单表示为有几个 9 的高可用性，9 的多少就代表了能够提供高可用的级别有多高。

可以想象，更多的 9 就代表了更加复杂的设计。5 个 9 的 SLA 在一年内只能有 5.26 分钟的不可用时间，即使只出现 1 次故障，也需要在 5.26 分钟这个很短的时间内恢复正常，如果没有良好的设计、科学的管理、先进的运维工具、经验丰富的开发团队，这是不可能完成的。

实际上，很难计算出一个系统究竟有多少个 9 的可用性，因为影响系统的因素太多了，不仅包括软件，还包括硬件，甚至还包括第三方的服务。所以，正如前面的定义，SLA 不仅是一个技术指标，还是一项服务提供商与用户之间签订的得到双方认可的协议。

5.1.2 MTTR、MTTF 和 MTBF

平均无故障时间（Mean Time To Failure，MTTR）、平均修复时间（Mean Time To Repair，MTTF）、平均失效间隔（Mean Time Between Failure，MTBF）是可以被用来衡量可用性的另外几个指标，如图 5-1 所示。

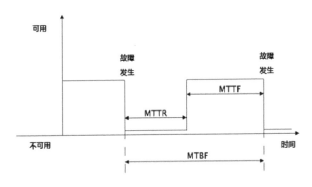

图 5-1 MTTR、MTTF、MTBF

- MTTR：指系统无故障运行的平均时间，即系统平均正常运行多长时间，才会发生一次故障。
- MTTF：指系统从发生故障到维修结束恢复正常运行需要花费的时间的平均值。
- MTBF：指系统两次故障发生之间的平均时间。

5.1.3 高可用方案

在 Google I/O 大会上对目前主要的高可用方案做过一个比较，如图 5-2 所示。

图 5-2 高可用

1）备份

备份应该是常见也是最容易想到的方案，备份的优点是延迟低、吞吐量高，但缺点是可能会导致数据丢失，而且故障切换（Failover）要接受一定的停机时间（Downtime）。

对于一个系统来说，进行数据备份是非常有必要的，但是，现实是就算所有的备份都可用，也不可避免地会发生数据丢失的情况，主要原因如下。

- 数据通常是按照一定周期进行备份的，所以，如果发生数据丢失的情况，即使从最近的备份进行恢复，从备份时间到故障发生时产生的数据也已经无法挽回。
- 备份的数据可能会有版本不兼容的问题。例如，在不同的备份之间，数据的组织结构会发生改变。
- 某些公司所谓的灾备中心根本就没有真正在工作，比如 2014 年发生的"宁夏银行 7 月发生数据库故障业务中断 37 小时"事件。

即使拥有设计完美的备份系统，也可能会发生数据丢失的情况，掉电、磁盘损坏、系统中病毒等都可能成为数据丢失的原因。

2）两阶段提交协议

如图 5-2 所示，与备份的方案相比，两阶段提交协议（Two Phase Commitment Protocol，2PC）具有较高的延迟和较低的吞吐量，但是不会发生数据丢失的情况，并且可以做到实时切换。

两阶段提交协议主要基于分布式一致性算法，能够保证多台服务器上的操作或全部成功，或全部失败。

在分布式系统中，各个节点在物理上相互独立，它们是通过网络进行沟通和协调的。虽然事务机制可以保证每个独立节点上的数据操作满足原子性、一致性、隔离性、持久性（Atomicity,Consistency,Isolation,Durability，ACID），但是，每个节点却无法准确地知道其他节点中的事务执行情况。所以从理论上来说，两个节点并没有办法达到一致的状态。我们要想让分布式部署的多个节点中的数据保持一致性，就需要保证所有节点上的数据写操作，或者全部被执行，或者全部都不被执行。但是，一个节点在执行本地事务的时候无法知道其他机器中本地事务的执行结果，所以它也就无法判断本次事务应该是提交还是回滚。所以，常规的解决办法是引入一个"协调者"来统一调度所有分布式节点的执行。

基于这个思想，两阶段提交协议算法可以概括为参与者将操作的成功与否通知协调者，再由协调者根据所有参与者的反馈情况，来决定每个参与者的操作是否要提交。

- 第一阶段：事务协调者给每个参与者发送 Prepare 消息，参与者或直接返回失败（如权限验证失败），或在本地执行事务但不提交，然后向协调者发送反馈。

- 第二阶段：如果协调者收到了任何一个参与者的失败消息或超时消息，则直接给每个参与者发送回滚消息，否则发送提交消息。然后参与者根据协调者的指令进行提交或回滚。

两阶段提交协议关注的是分布式事务的原子性，这个分布式事务提交之后，数据自然就会保持一致。

3）Paxos 算法

Paxos 算法是 Leslie Lamport（LaTeX 中的"La"，目前在微软工作，微软的 Azure 也使用了 Paxos 算法）于 1990 年提出的一种基于消息传递且具有高度容错特性的一致性算法。

与两阶段提交协议不同，在分布式系统中，Paxos 算法用于保证同一份数据中多个副本之间的数据一致性。

在分布式系统中，位于多个节点的客户端对同一份数据进行操作时，存在并发操作的同步问题。如果是单机系统，则可以利用加锁的方式，来限制哪个客户端先操作，哪个客户端后操作。但是对于分布式系统，由于有多个副本的存在，如果申请锁然后等待所有副本更新完毕再释放，那么需要有一个节点来负责锁的分配，这个节点又会出现单点故障的问题，还会影响性能，出现死锁等其他问题。如果部署多个分配锁的节点，又会出现分布式锁管理的需求问题。

Paxos 算法通过采用选举的方式，利用少数服从多数的思想解决了这个问题。如果有 2N+1 个节点，只要有 N 个以上节点同意了某个决定，就认为系统达到了一致，不会再改变。这样的话，客户端并不需要与所有服务器通信，可以只选择与大部分服务器通信，也无须所有的服务器都处于工作状态，只需要保证半数以上的服务器正常工作，整个过程就能持续下去，容错性相当好。

5.2 可靠性

可靠性与可用性都是我们耳熟能详的衡量指标。与可用性不同，可靠性是指系统可以无故障地持续运行，是根据时间间隔来进行定义的。

所以谈到可靠性的时候一定要有一个时间。比如一个系统每 1s 内都有 1ms 的时间不能正常工作,那么它的可用性是 99.9%,而 1 小时内不出现故障的可靠性是 0。

也就是说,提高可靠性需要减少系统出现故障的次数,提高可用性则需要减少从故障中恢复的时间。通常,可靠性提高的同时,可用性也会得到提高。可靠性可以使用 MTBF 来衡量,在现实生活中,很多硬件厂商的产品上都会标注 MTBF。

5.2.1 磁盘阵列

磁盘阵列由多个独立的高性能磁盘驱动器组成,能够提供比单个磁盘更高的存储性能和数据冗余。

磁盘阵列主要基于 3 种关键的技术:镜像、数据条带(Data Stripping)和数据校验(Data Parity)。

- 镜像:数据在多个磁盘上存在副本,一方面提高了系统的可靠性,另一方面可以通过从多个副本并发读取数据的方式来提高读性能。但是由于副本的存在,要确保数据正确地写到多个磁盘需要消耗更多的时间。
- 数据条带:将数据分片保存在多个不同的磁盘,这些数据分片共同组成一个完整的数据副本。数据条带具有更高的并发粒度,当访问数据时,可以对位于不同磁盘上的数据同时进行读/写操作,从而极大地提升了 I/O 的性能。
- 数据校验:利用冗余数据进行数据错误检测和修复。冗余数据通常采用海明码、异或操作等算法来计算获得。数据校验功能在很大程度上提高了磁盘阵列的可靠性、鲁棒性和容错能力。不过,由于需要从多处读取数据并进行计算和对比,所以数据校验也会影响系统性能。

磁盘阵列的两个关键目标分别是提高数据的可靠性和 I/O 性能。对于计算机系统来说,整个磁盘阵列,就像一个单独的磁盘,可以通过把相同的数据同时写入多个磁盘,来保证单块磁盘出现故障时不会导致数据丢失的问题。

基于上述 3 种技术,可以把磁盘阵列分为不同的等级。有些磁盘阵列等级,允许更多的磁盘同时发生故障,比如 RAID6 允许两块磁盘同时损坏。在这样的冗余机制下,可以直接使用新磁盘替换故障磁盘,磁盘阵列会自动根据剩余磁盘中的数据和校验数据重建丢失的数据,以保证数据的一致性和完整性。显然,磁盘阵列减少了全体磁盘总的可用存储空间,通过牺牲空间来换取更高的可靠性和性能。

5.2.2 纠删码

我们知道硬盘经常会出现损坏的情况，损坏了数据就会丢失。我们为了解决这个问题，从软件层面上通常是在分布式系统中存放数据的多个副本。如果其中一个硬盘损坏，上面数据被抹掉，那么其他硬盘上的副本可以接管服务，同时通过复制恢复数据，如 Ceph 默认存放了 3 倍的数据。如果我们要存放大量的冷数据，这样做就需要考虑成本的问题。

恰巧纠删码有恢复丢失数据的作用。可以将数据先分成 k 块，然后纠删编码成 n 块，存放到 n 个不同的硬盘上。当硬盘出现故障时，可以通过其他硬盘上的数据恢复出原始的 k 块数据，注意这里实际上只存放了 n/k 倍的数据。

如图 5-3 所示，从纠删码基本的形态来看，它是 n 个数据加 m 个校验的结构，其中数据和校验的 n 和 m 值都能够按照一定的规则设定。在 $1 \sim m$ 个数据块（数据或校验都行）损坏的情况下，整体数据仍然可以通过计算剩余数据块上的数据来得出，整体数据不会丢失，存储仍然可用。

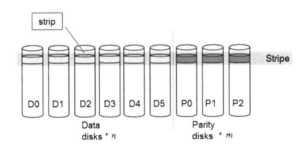

图 5-3 纠删码

纠删码能够基于更少的冗余设备，提供和副本近似的可靠性。但是纠删码也带来了计算量和网络负载的额外负担。当磁盘出现故障时，数据的重建过程非常消耗 CPU 资源，网络负载也会有数倍甚至数十倍的增加。所以，往往需要在存储资源利用率和数据的重建代价之间做一个平衡。

但是，在实际的生产环境里，单个磁盘发生故障的概率远大于多个磁盘同时发生故障的概率。基于这种情况，一种新的思路是将磁盘分组，把单个磁盘故障的影响范围限制在各个组内，在组内的磁盘出现故障时，重建数据只需要读取组内的磁盘，所以需要的网络流量更少，从而减少对全局的影响。

于是 LRC（Locally Repairable Codes）算法被提出，核心思想是除了全局的冗余块，还将数据块进行分组，为每组数据块增加冗余。在这种情况下，当一个数据块出现故障时，只需要读取组内的数据块和冗余块即可，这大大加快了数据重建的速度。

5.3 数据完整性

我们知道数据在传输过程中，可能会发生出错的情况，甚至会发生信息被非法篡改的情况，如修改、复制、插入、删除等。而所谓的数据完整性就是要确保接收到的数据和从数据源发出的数据完全一致，即数据在传输和存储的过程中没有被篡改。

通常采用数据校验技术来保证数据的完整性，也就是在发送方使用一定的算法对原始数据计算出一个校验值，接收方使用同样的算法对接收到的数据计算一次校验值，如果一致，则说明数据是完整的。

1）奇偶校验

所谓奇偶校验（Parity Check）就是在发送的每字节后都加上一位校验位，使得每字节中 1 的个数为奇数或偶数。比如要发送数据 0x0a，二进制数表示为 0000 1010，采用奇校验，则在它后面补上一个 1，数据变为 0000 1010 1，其中 1 的个数为奇数个（3 个），采用偶校验，则补上一个 0，数据变为 0000 1010 0，其中 1 的个数为偶数个（2 个）。接收方通过计算收到的数据中 1 的个数是否满足奇偶性来确定是否有错。

奇偶校验实现比较简单，而且可以很容易用硬件来实现，所以也被广泛地采用。但是奇偶校验对错误检测成功的概率大约只有 50%。另外，每传输一字节都要附加一位校验位，极大地增加了网络负载，因此在高速的数据通信中比较少用。

2）MD5、SHA 和 MAC 等摘要算法

摘要算法又称为哈希算法、散列算法，它通过对所有数据提取指纹信息的方式来实现数据签名、数据完整性校验等操作，具有不可逆性，常被用于数据量比较大的场合。比如在网上进行大文件的传输时，经常会用 MD5 算法产生一个与文件匹配的、存储 MD5 值的文本文件（后缀名为.md5 或.md5sum），用户接收到该文件后，可以通过相应的工具基于这个 MD5 文件来检查文件的完整性，绝大多数开源组织都是以这种方式来校验数据完整性的。

3）累加和校验

累加和校验是另一种常见的校验方式。累加和校验的实现方式有很多种，最常用的方式是在一次通信过程中，在数据包的最后加入一字节的校验数据，这一字节的内容为之前所有数据包中数据的按字节累加和（忽略进位）。比如要传输的数据为 6、23、4，加上一字节校验和后的数据包为 6、23、4、33，这里 33 即为前 3 字节的校验和。接收方收到全部数据后对前 3 个数据进行同样的累加计算，如果累加和与最后一字节相同的话就认为传输的数据没有问题。

累加和校验的检错能力比较一般，但由于实现起来非常简单，所以也被广泛地采用。

4）CRC

与累加和校验类似，CRC 在数据传输的形式上也可以表示为"通信数据"加上"校验字节"（也可能是多字节）的形式。CRC 算法的基本思想是将传输的数据当作一个位数很长的数，将这个数除以另一个数，得到的余数作为校验数据附加到原始数据后面。

基于应用环境与习惯的不同，CRC 又可分为 CRC12、CRC16、CRC32 等，最常见的是 CRC32，它产生一个 4 字节的校验值。在包括 WinRAR、WinZip 等在内的很多压缩软件中，都是以 CRC32 作为文件校验算法的。

5.4　访问控制

访问控制（Access Control）通常用于控制用户对服务器、目录、文件等网络资源的访问，从而保障数据资源在合理、合法的范围内得以有效使用和管理。为了达到这样的目的，访问控制需要识别和确认访问系统的用户，并决定该用户可以对某一系统资源进行何种类型的访问。

1）DAC

在操作系统出现之初,资源比较充足,所有的用户可以相安无事的共享系统资源。但是随着系统用户的增加，资源的并发访问必然会导致竞争的问题，为了能够占用更多的系统资源，就有可能出现某些用户擅自修改其他用户数据，或者强行终止其他用户的应用的情况。

所以在操作系统里就有了用户身份的概念,并定义了不同的用户身份对各种资源的访问权限,使用系统资源时,通过用户的身份来确认访问的合法性。这种资源管理的机制称为自主访问控制(Discretionary Access Control,DAC)主要包括主体、客体、权限、所有权。主体是用户的身份,客体是资源,由主体自主决定是否将自己的客体访问权限或部分访问权限授予其他主体。也就是说,在 DAC 下,用户可以根据自己的意愿,有选择地与其他用户共享自己的文件。

DAC 相对比较宽松,但却能有效地保护资源而不被非法访问。宽松是因为在保护资源的时候是以个人意志为转移的,有效是因为可以明确指出主体以何种权限来访问某个客体,任何超越规定权限的访问行为都会被访问控制列表判定并阻止。

2)MAC

在 DAC 的机制中,由于自主性太强,可以说文件资源的安全性在很大的程度上取决于用户个人的意志。尤其是对于 root 用户而言,无论是权限和所有权的限制,还是文件系统访问控制列表(FACL)的管理控制,都仅仅是能够限制 root 用户的误操作而已,这无法解决因为 SUID(Set User ID)等因素导致的 root 用户身份被盗用带来的问题。

因此,需要一种行之有效的方法来防止 root 用户对资源进行误操作和权限滥用。于是,强制访问控制(Mandatory access control,MAC)这一安全概念被提出。MAC 最早被应用于军方,通常与 DAC 结合使用。MAC 的相关概念如下。

- 主体:通常是指用户,或由用户发起运行的进程,或用户正在使用的设备。主体主动发起对资源的访问。
- 客体:通常是指信息的载体,或从其他主体或客体接收信息的实体。主体有时也会成为访问或受控的对象,比如一个主体可以向另一个主体授权,一个进程可能控制几个子进程等,这时受控的主体或子进程也通常被认为是一种客体。

MAC 将访问控制规则"强加"给访问主体,即系统强制主体服从访问控制策略。MAC 的主要作用对象是所有主体及其所操作的客体(进程、文件等)。MAC 为这些主体及其所操作的客体提供安全标记,并基于这些标记来实施 MAC,比如通过比较主体和客体的安全标记来判断一个主体是否能够访问某个客体。

MAC 一般与 DAC 结合使用，也就是说，一个主体只有通过了 DAC 与 MAC 的双重过滤之后，才能真正访问某个客体。一方面，用户可以利用 DAC 来防范其他用户对那些所有权归属于自己的客体进行攻击；另一方面，由于用户不能直接改变 MAC 安全标记，所以 MAC 提供了一个更强的安全保护层以防止其他用户偶然或故意地滥用 DAC。

3）RBAC

DAC 与 MAC 实现起来比较复杂，而且 DAC 安全性太弱，MAC 安全性又太强，因此基于角色的访问控制（Role-Based Access Control，RBAC）被提出，并在主体与客体之间引入了角色的概念，主体基于不同的角色对客体进行访问。

RBAC 的灵感来源于操作系统的 GBAC（GROUP-Based Access Control）。简单来说，就是一个"用户—角色—权限"的授权模型：一个用户可以拥有若干个角色，每一个角色又拥有若干个权限，用户与角色之间，角色与权限之间，一般都是多对多的关系。

角色可以理解为权限的载体，是一定数量的权限的集合。例如，对于一个论坛，版主、系统管理员都是角色，版主拥有管理版内帖子的权限，要给某一个用户授予某些权限，只需要把相应的角色赋予该用户即可。

RBAC 能够支持最小权限原则、责任分离原则和数据抽象原则等。基于最小权限原则，可以将其角色配置成完成任务需要的最小权限集。通过调用相互独立互斥的角色共同完成特殊任务，可以实现责任分离原则，比如核对账目等。基于数据抽象原则，可以通过权限的抽象控制一些操作，比如财务操作里的借款、存款等抽象权限。

5.5 加密与解密

数据的加密与解密是一件很严肃的事情，如果没有被严肃对待，就会发生"严肃"的后果。例如，2011 年的"CSDN 600 万用户密码泄露"事件，用户的密码被不加"掩饰"地明文存储。

一般来说，用户的口令都是以 MD5 编码加密放在数据库里的，当用户登录的时候，会把用户输入的密码执行 MD5 后再和数据库进行对比，判断用户身份是否合法，这种加密算法称为哈希。因为从理论上来说，MD5 是不可逆的，所以即使数据库丢失了，由于数据库里的密码都是密文，根本无法判断用户的原始密码，所以后果也不会太严重。

但是，总有部分别有用心的人会去收集常用的密码，然后执行 MD5 或 SHA1 并做成一个数据字典，从而可以对泄露的数据库中的密码进行对比，如果我们的原始密码很不幸地被包含在这个数据字典中，那么在很短的时间内就能被匹配出来。

图 5-4 中表明了我们精心设计的密码大概需要多少时间会被破解，第 1 列是口令长度，第 2 列是全小写的口令，第 3 列是有大写字母的口令，第 4 列是加上了数字和其他字符的口令。

Length	Lowercase	+Uppercase	+Nos. & Symbols
6 characters	10 minutes	10 hours	18 days
7 characters	4 hours	23 days	4 years
8 characters	4 days	3 years	463 years
9 characters	4 months	178 years	44 530 years

图 5-4 用户密码大概被破解的时间

从图 5-4 中可以看到，密码口令最好设置为 8 个字符以上的长度，而且一定要有小写字符和数字，最好再加上其他字符，这样被破解的时间可能需要 463 年，相对比较安全。

密码只是我们个人隐私的一部分，扩展来说，我们希望受到保护的数据都应该被严肃对待。

对数据进行保护最好的方式就是加密。在之前进行加密操作通常意味着要损耗一定的性能，但是随着存储加密技术的发展，加密对性能的影响也变得越来越小，对企业来说，已经完全可以对数据进行全面的加密了。

比如，文件级加密（File-based Encryption，FBE）是针对每一个文件单独加密，甚至可以针对不同用户使用不同的密钥进行划分，这就使得系统不需要一刀切地把所有文件都加密了。文件加密可以保护特定的文件，这样不太重要的文件就不会浪费加密与解密必要的额外资源了。操作系统层面往往就有文件加密机制，比如微软的加密文件系统（EFS）。

作为 FBE 的延伸，文件夹级加密可以对整个文件夹里面的内容进行加密，比如 Linux 的用户主目录。需要注意的是，很多文件夹加密的方案并不是把整个文件夹加密成一个对象，而是逐个加密文件夹里面的文件。

加密的算法也有对称与非对称之分，可逆与不可逆之分。不可逆加密算法的特征是加密过程中不需要使用密钥，输入明文后由系统直接经过加密算法处理成密文，这种加密后的数据是无法被解密的，只有重新输入明文，并再次经过同样不可逆的加密算法处理，得到相同的加密密文并被系统重新识别后，才能真正解密，比如我们常说的 MD5。

所谓对称加密，是指通信双方在加密与解密过程中使用它们共享的单一密钥，比如 DES（Data Encryption Standard）及 AES。因为对称加密要求分享信息的各个个体之间分享密钥，所以安全性相对来说比较低，比如，当有多个人使用同一个密钥进行密文传输时，只要其中一个人的密钥被盗了，那么整个的加密信息都将被破解。

这就需要做到即使一个人的密钥被盗了，仍然能够保证密文不被破解。解决这个问题的办法是，每个人都会生成一个"私钥—公钥"对，私钥由每个人自行保存，公钥可以随便分享，同时，使用私钥加密的信息，只能由该私钥对应的公钥才能解密，使用公钥加密的信息，也只能由该公钥对应的私钥才能解密。这就是非对称加密，代表算法是 RSA。

第 6 章 存储管理与软件定义存储

计算机发展到今天，软件定义已经是一种潮流，前有软件定义网络，后有软件定义存储。

对于软件定义存储来说，是随着当年 EMC 在 EMC World 上发布的软件定义存储战略迅速成为业界热点的。软件定义存储将硬件存储资源整合起来，并通过软件编程的方式来定义这些资源，借此，用户能够根据一定的策略来配置和使用存储服务。

另外，随着存储系统的多样化，如果依然对不同的存储使用不同的软件，效率会非常低，并且会增加运维的复杂度。而且不同的存储软件之间不能互通，这也会影响存储的调度。于是急需一个非常高效的、统一的存储软件，用于管理不同的存储，并且可以在不同的存储之间根据用户的需求进行相应的调度。这就促进了软件定义存储的诞生，来满足管理、资源调度或编排的需求。

6.1 OpenSDS

当今企业正在经历从传统数据中心向云转型的过程，现在计算、网络已在虚拟化进程中取得重大进展，而存储的虚拟化进程还相对滞后，依然面临异构管理、烟囱式建设的问题，这成为了数据中心云化演进的瓶颈。

软件定义存储是存储云化的重要手段，其方向在于帮助用户在传统数据中心或云内实现存储资源的池化和服务化，以及在多云之间实现数据的统一管理和自由流动。但目前软件定义存储尚不成熟，主要挑战在于控制面标准缺失，各存储厂商自行定义标准和规范，导致生态发展缓慢。因此业界需要有统一的软件定义存储标准，面向应用提供灵活、按需供给、服务化、目录化的存储数据服务。

基于这样的背景和 OpenStack 成功的启示，华为牵手多家业界领先的存储厂商和优秀企业，经过一系列的交流讨论最终达成一致的结论，决定在 Linux 基金会下共同组建 OpenSDS 开源社区，以致力于软件定义存储标准化推行、软件定义存储控制器参考架构发布，以及标准 API 开放。最终用户基于 OpenSDS 标准可获得轻量级、厂商中立的软件定义存储环境，面向多云场景提供资源按需供给，数据统一管理及跨云自由流动的多云数据服务。

6.1.1 OpenSDS 社区

OpenSDS 是 Linux 基金会下的一个子项目，于 2016 年由华为倡议和主导成立，旨在通过软件定义存储参考架构和 API 标准的全球化推行，在跨云、容器和虚拟化等场景中，为客户构建存储资源池化、数据智能管理、服务自助发放的存储即服务解决方案，帮助客户业务平滑向云演进。

OpenSDS 社区作为一个开放的联盟，目前加入的存储厂商及企业客户有戴尔、EMC、IBM、华为、英特尔、Vadofone、Toyota 等。联盟当前成立了技术指导委员会（TSC）和用户指导委员会（EUAC）两大组织：TSC 负责社区技术的发展方向，EUAC 负责为社区提供不同行业云化场景下的存储诉求。TSC 主要为 OpenSDS 的技术方向提供一些指导建议和决策。终端用户指导委员会里主要是邀请到的一些客户，他们会根据自己在云化上的一些存储需求，把这些需求导入 OpenSDS 社区。

通过 Linux 基金会的开发者生态系统，OpenSDS 可以充分利用 Linux 的优质资源，一方面加快开源社区开展合作的速度，另一方面，加快软件定义存储标准推广的速度，以推动软件定义存储的产业发展。

6.1.2 OpenSDS 架构

如果读者比较熟悉存储的管理系统，包括现在云计算管理平台涉及存储的管理内容，可以看到如图 6-1 所示的混乱现状：有多种计算平台，开源的也好，厂商自研的也好；中间的存储控制器也是层出不穷，几乎每个设备商都会自己研制 1~N 个控制器，还有一大堆开源的控制器；最后到具体存储设备，或者存储的解决方案也是五花八门。

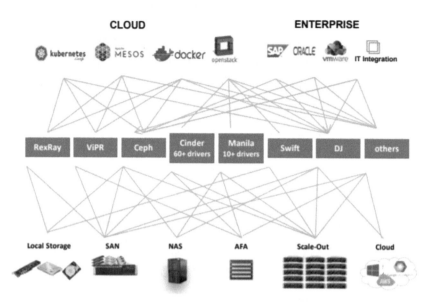

图 6-1　存储管理系统现状

也就是说，用户如果准备把业务迁移到云上，首先要挑选一个云计算平台，然后挑选一个存储控制器，还要挑选一个符合自身业务特性的存储后端。由此可见用户需要做多项选择，这个图并不是每个用户都需要在上面做全连接，其实对于任何一个用户即便是从三层里面每一层挑一个出来，如果想达到一个最好的选择，都是一件非常困难的事情。

这种混乱造成的第一个问题就是异构管理的问题，另一个就是现有的这些计算平台也好，控制器也好，存储资源也好，它们相互之间是不是真的理解，也就是说当你用自己觉得非常好用的云计算管理平台为你的应用去调度存储资源或分配存储资源的时候，你用的存储真的了解你的应用的需求吗，还有你可能花费了大量的金钱，采购了这些存储设备，它们真的会理解你的应用特性请求吗？

其实我们发现，在大多数情况下都不是这样的，会存在错配的情况，也就是存储并不能按需进行调度分配，通常情况就是将就着使用，反正也没有别的选择。

这些问题已经存在很长时间了，软件定义也不是一个新名词了，到现在至少已经存在 5~6 年的时间，不管是厂商还是用户一直以来其实是有一个期望的，那就是对用户来说，能不能更简单地管理自己的资源，能不能按需调度自己的存储资源；对开发者来说，是不是能够学一次就行，而不是每次出来一个新东西就会被用户逼着去开发一大堆的东西。有没有一种方法可以去尽量减轻这些痛苦。

正是在这些需求的驱动下，OpenSDS 社区成立了，社区愿景就像刚才描述的一样，也就是对应用来说，有一个标准而统一的控制器，可以提供存储资源；而对存储资源来说，有一个标准的控制器，能够把正确的调度需求传达下来，以使设备或其他存储方案能够最佳地匹配应用需求，从而发挥最大的功效。

用一句话概括来说，OpenSDS 就是适用于多云环境下的存储资源统一编排调度的存储控制器，它可以提供如下的功能。

- 标准：OpenSDS 目的是建立一套关于软件定义存储的开放标准。
- 服务发现（Discovery）：把每一个存储的后端作为一个服务，来进行后端的一些资源池及一些能力的上报。
- 资源池：提供一套统一的资源池，供上面的云平台进行调度。
- 服务发放（Provisioning）：针对存储相关的业务提供一个服务发放的功能。
- 管理：有一个统一的控制器，对下面的存储资源进行统一的管理。
- 自动化：OpenSDS 的目标是提供一套用于云化存储的自动化的一个解决方案。
- 自服务（Self-service）：可以提供自服务的功能，比如说会有一些内部的系统监控，以保证系统的高可用性。
- 异构：定位是解决现在存储异构的一些统一的管理问题。
- 编排：会提供一套基于策略的编排调度的框架。

OpenSDS 包括两个核心的子项目：Sushi 与 Hotpot。Sushi 是 OpenSDS 的北向插件项目，与容器、OpenStack 等云管理平台对接。Hotpot 是 OpenSDS 的 Controller 项目。

Sushi 与 Hotpot 整合在一起，就是如图 6-2 所示的 OpenSDS 架构，最上层是统一的北向接口；中间是控制或编排器核心的逻辑，通过它处理一些基于策略的调度，比如一些设备发现、存储池化、服务目录等；最下层是 HUB，HUB 用来接入第三方不同厂商的设备，实现 OpenSDS 对多后端存储的支持，给开发者一个灵活的开发模型。

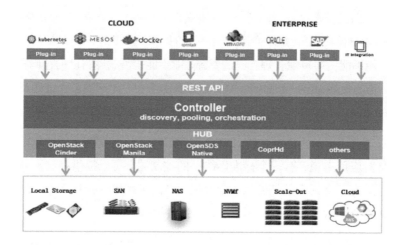

图 6-2　OpenSDS 架构

OpenSDS 的开放性应该是其最重要的特点之一，北向通过 REST API 实现与不同 IaaS、PaaS、CaaS 和 SaaS 的平台对接，并把企业级存储能力开放给上层调度和编排系统，南向 HUB 通过 OpenStack API、OpenSDS Native API 或 CoprHd 实现对不同存储的管理和服务编排。这种标准的南北向 API 完全屏蔽不同生态使用存储的差异性，使用户或租户更加关注上层应用和存储服务指标。

存储系统未来发展的两大趋势是数据服务化和智能运维，服务化或云化，是指在使用资源时，买多少用多少（配额管理），买多长时间用多长时间（计量），用时开通不用时关闭（资源复用）。

OpenSDS 也考虑到了智能运维和数据流动，或数据生命周期管理的问题，通过监控、报表、分析和预测等工具实现智能运维。通过与华为云、AWS、Azure 和 Google 云形成混合云，实现数据流动和生命周期管理，让数据在生命周期的不同阶段保存在合适的存储位置中。

6.1.3　OpenSDS 应用场景

1. 传统数据中心场景

通过定义和实现存储标准化接口，帮助用户简化传统数据中心种类繁多的异构存储管理方式，降低存储运维成本，提高存储资源的利用率，避免厂商绑定。

- 存储接口标准化：通过标准化定义的软件定义存储统一标准，为用户解决异构存储设备接口多样化的问题，降低数据中心维护成本。基于标准接口构建丰富的北向生态，帮助用户轻松将存储与北向的云平台和应用集成，支撑用户业务快速上云。
- 存储能力服务化：对各厂商、多类型的存储资源进行逻辑池化，并使用标签化的方式将资源池中的存储能力简单、抽象地表达出来，简化对存储设备能力的定义，通过统一的接口、视图让运维管理人员轻松识别数据中心存储整体能力情况。同时根据用户业务诉求，帮助用户构建典型的 SLA，使得存储资源发放变得简单高效，用户只需结合自己的业务情况选择对应的 SLA，即可完成存储资源自动化发放。

2. 多云场景

如图 6-3 所示，帮助用户解除存储厂商和云厂商绑定，统一数据中心和公有、私有云之间的数据管理，让用户基于统一视图进行管理、流动和利用所有数据，降低用户在多云场景中的数据管理成本，并充分发挥用户数据的最大价值。

- 数据统一管理：从空间维度看，应用不关注数据放在哪个数据中心的存储设备或放在哪朵云上，通过一套标准接口即可在多个数据中心或公有、私有云中进行智能的数据流动和统一管理。
- 数据生命周期管理：从时间维度看，实现数据从过去、现在到未来（即数据发放、数据保护、数据流动、数据归档、数据消亡等）的数据生命周期管理。

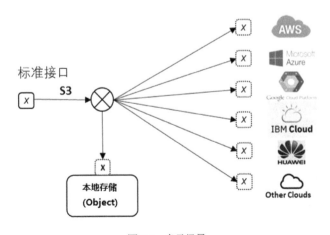

图 6-3　多云场景

6.1.4 与 Kubernetes 集成

如图 6-4 所示，OpenSDS 社区提供了专门的 OpenSDS CSI（Container Storage Interface）Plugin 与 Kubernetes 集成，同时在 Kubernetes 内部还开发了特定的 OpenSDS Service Broker，来负责在不改变代码的情况下暴露 OpenSDS 的高级特性（比如 replication、migration、data protection 等）给 Kubernetes。

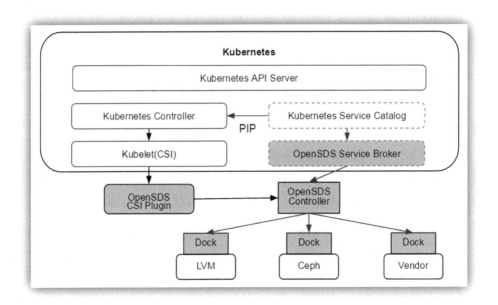

图 6-4　OpenSDS 与 Kubernetes 集成

6.1.5 与 OpenStack 集成

OpenSDS 最新的 Aruba 版本里增加了与 OpenStack 的集成，如图 6-5 所示。在部署 OpenStack 环境时，通过 Cinder-compatible api 模块，可以使用 OpenSDS 取代 Cinder 的角色，这个时候，我们不需要部署 Cinder，只需要部署 OpenSDS，然后 OpenSDS 会通过 Cinder Driver Lib 项目访问原本在 Cinder 中支持的那些后端存储驱动（目前并不是所有的 Cinder 后端存储驱动能够被这个项目支持）。

第 6 章　存储管理与软件定义存储

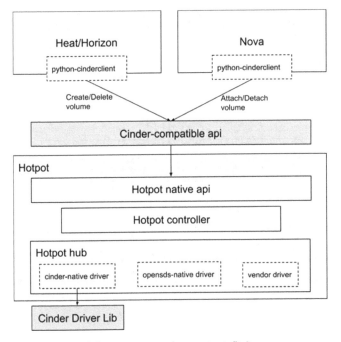

图 6-5　OpenSDS 与 OpenStack 集成

6.2　Libvirt 存储管理

Libvirt 是由 Redhat 开发的一套开源的软件工具,目标是提供一个通用和稳定的软件库来高效、安全地管理一个节点上的虚拟机,并支持远程操作。Libvirt 在主机端通过管理存储池和卷来为虚拟机提供存储资源,可以支持包括本地文件系统、网络文件系统、iSCSI、LVM 等多种后端存储系统。

6.2.1　Libvirt 介绍

基于可移植性和高可靠性的考虑,Libvirt 采用 C 语言开发,但是也提供了对其他编程语言的绑定,包括 Python、Perl、OCaml、Ruby、Java 和 PHP。因此 Libvirt 的调用可以被集成到各种编程语言中,适应不同的环境。另外,不像 Xen API 只管理 Xen,Libvirt 支持多种 VMM,包括 LXC、KVM/QEMU、Xen、VirtualBox 等。Libvirt 的层次结构如图 6-6 所示。

201

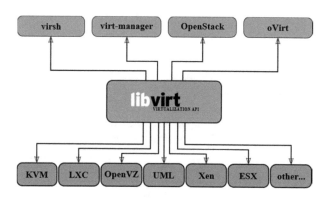

图 6-6 Libvirt 层次结构

为了支持多种 VMM，Libvirt 采用了基于 Driver 的架构，如图 6-7 所示。也就是说，每种 VMM 需要提供一个驱动和 Libvirt 进行通信来操控特定的 VMM。这也意味着，通用的 Libvirt 提供的 API 和某种 VMM 可能不完全一样。VMM 的某个接口可能不够通用，因此 Libvirt 并未实现。或者 Libvirt 的某个通用接口在某个 VMM 中并无实际意义，所以也不存在。

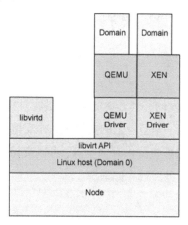

图 6-7 Libvirt 架构

1. Libvirt API

Libvirt 定义了各种各样的 API，涉及虚拟化的方方面面，主要分为以下几类。

- 虚拟机快照：如前所述，快照是包括内存、硬盘等信息在内的完整虚拟机状态。这些 API 就是用于创建、删除和恢复快照的。
- 虚拟机管理：这一类 API 用于管理虚拟机，也是 Libvirt 里面使用最频繁的功能。例如：创建、销毁、重启、迁移虚拟机，以及操作虚拟机的磁盘镜像等。
- 事件：事件是 Libvirt 定义的一套监测特定情况发生的机制，用户可以通过相应的 API 告诉 Libvirt，想要监测什么样的事件，或者事件发生时采取什么样的操作。
- 存储管理：任何运行了 Libvirt daemon 的主机都可以用来管理不同类型的存储，包括创建不同格式的文件镜像（qcow2、vmdk、raw 等）、列出现有的 LVM 卷组、创建新的 LVM 卷组和逻辑卷、对未处理过的磁盘设备进行分区等。
- 宿主机：用于获取宿主机的各种信息，包括机器名、CPU 状态等，也用于和特定的 VMM 建立连接。
- 网络接口：实现网络接口的相应操作，如定义一个新的网络接口。
- 错误管理：提供了 Libvirt 本身的错误管理机制，比如获取最近一次的 Libvirt 错误。
- 其他设备管理：包括对网络、PCI、USB 等设备的管理。

2．Libvirt 实现

Libvirt 代码内部定义的主要对象如图 6-8 所示。

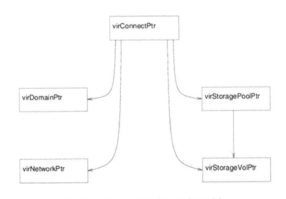

图 6-8　Libvirt 内部定义的主要对象

- virConnectPtr：代表了与一个特定 VMM 建立的连接。每个基于 Libvirt 的应用程序都应该先提供一个 URI 来指定本地或远程的某个 VMM，从而获得一个 virConnectPtr 连接。比如 xen+ssh://host-virt/代表了通过 SSH 连接一个在 host-virt 机器上运行的 Xen VMM。获得 virConnectPtr 连接后，应用程序就可以管理这个 VMM 的虚拟机和对应的虚拟化资源了，比如存储和网络。

- virDomainPtr：代表一个虚拟机，可能是激活状态（Active）也可能仅仅是已定义（Defined）。已定义表示这个虚拟机存放在固定的配置文件中，可以随时创建一个虚拟机。
- virNetworkPtr：代表一个网络，可能是激活状态也可能仅仅是已定义。
- virStorageVolPtr：代表一个存储卷，通常被虚拟机当作块设备使用。
- virStoragePoolPtr：代表一个存储池，用来分配和管理存储卷的逻辑区域。

如前所述，为了支持调用特定的 VMM 功能，Libvirt 使用了驱动模型。在初始化过程中，所有的驱动被枚举和注册。每一个驱动都会加载特定的函数为 Libvirt API 调用。Libvirt 的驱动模型如图 6-9 所示。

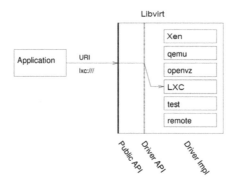

图 6-9　Libvirt 的驱动模型

前面提到，Libvirt 的目标是支持远程管理，所以到 Libvirt 的驱动的访问，都由 Libvirt 守护进程 libvirtd 来处理，libvirtd 被部署在运行虚拟机的节点上，并通过 RPC 由对端的远程驱动管理。Libvirt 的远程管理模型如图 6-10 所示。

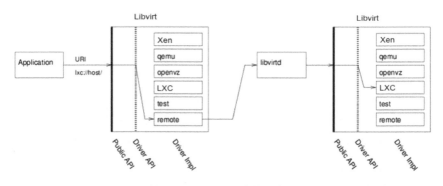

图 6-10　Libvirt 的远程管理模型

如前所述，Libvirt 应用程序用 URI 获得 virConnectPtr，代表与一个特定驱动的连接。以后的各种 Libvirt 调用，都要用 virConnectPtr 作为参数。在远程管理模式下，virConnectPtr 实际上连接了本地的运程驱动和远端的特定驱动。

如图 6-10 所示，所有的调用都通过运程驱动先到达远端的 libvirtd，libvirtd 访问对应的驱动（图 6-10 中是 LXC），得到需要的信息和数据并返回给应用程序。应用程序会决定如何处理这些数据，比如进行显示或写入日志。

6.2.2 Libvirt 存储池和存储卷

为了提供统一的接口给虚拟机来访问不同的后端存储设备，Libvirt 将存储管理分为两个方面：存储卷和存储池。存储卷可以作为存储设备分配给虚拟机使用，物理上可以是一个虚拟机磁盘文件或一个真实的磁盘分区。存储池可以被理解为本地目录，或者通过各类分布式存储系统分配过来的目录等，存储卷可以从存储池中生成，Libvirt 可以支持多种存储池类型，内容如下。

- 目录池（Directory Pool）：以主机的一个目录作为存储池。
- 本地文件系统池（Filesystem Pool）：使用主机已经格式化好的块设备作为存储池，支持的文件系统类型包括 ext2、ext3、ext4、XFS 等。
- 网络文件系统池（Network Filesystem Pool）：使用远端网络文件系统服务器的导出目录作为存储池。
- 逻辑卷池（Logical Volume Pool）：使用已经创建好的 LVM 卷组，或者基于一系列生成卷组的源设备生成卷组，生成存储池。
- 磁盘卷池（Disk Pool）：使用磁盘作为存储池。
- iSCSI 卷池（iSCSI Pool）：使用 iSCSI 设备作为存储池。
- SCSI 卷池（SCSI Pool）：使用 SCSI 设备作为存储池。
- 多路设备池（Multipath Pool）：使用多路设备作为存储池。
- RBD Pool：包括一个 RADOS 池的所有 RBD image。

Libvirt 中的存储管理独立于虚拟机的管理，存储卷从存储池中被划分出来，存储卷分配给虚拟机成为可用的存储设备。通过 virsh 工具的 pool 命令可以查看、创建、激活、注册、删除存储池，因此创建存储资源时，并不需要有虚拟机的存在。

第 7 章 分布式存储与 Ceph

随着云计算的发展，传统的存储设备产品越来越显现出各种局限性。高昂的价格及难以扩展的架构，难以满足很多用户的需求。Ceph 正是为了改善这种状况而创建的。

Ceph 起源于 Sage Weil 在 2004 年的一篇博士学术论文，最初是一项关于存储系统的博士研究项目，截至 2010 年 3 月底，Linux 2.6.34 内核开始对 Ceph 进行支持。

Ceph 遵循 LGPL 协议。Ceph 作为一个强调性能的典型系统项目，是使用 C++语言进行开发的。

Ceph 从最初发布到逐渐流行经历了多年的时间，近年来来自 OpenStack 社区的实际需求又让其热度骤升。目前 Ceph 已经成为 OpenStack 社区中呼声较高的开源存储方案。

Ceph 的官方定义为：Ceph is a unified, distributed storage system designed for excellent performance, reliability and scalability.（Ceph 是一种为优秀的性能、可靠性和可扩展性而设计的统一的、分布式的存储系统。）

这里面比较关键的两个词是"unified"（统一的），以及"distributed"（分布式的）。"unified"意味着 Ceph 可以用一套存储系统同时提供对象存储、块存储和文件系统存储 3 种功能，以便在满足不同应用需求的前提下简化部署和运维的步骤。

"distributed"则意味着无中心结构，系统规模的扩展可以没有理论上限。

Ceph 最初针对的目标应用场景，就是大规模的、分布式的存储系统。在 Sage 的思想中，Ceph 需要很好地适应这样一个大规模存储系统的动态特性（以下部分内容来自章宇的"Ceph 浅析"）。

- 存储系统规模的变化：这样大规模的存储系统，往往不是在构建的第一天就能预料到其最终的规模的，甚至根本就不存在最终规模这个概念。只能是随着业务的不断拓展，业务规模的不断扩大，让系统承载越来越大的数据容量。这样系统的规模自然会随之变化，越来越大。
- 存储系统中设备的变化：对于一个由成千上万个节点构成的系统，其节点的故障与替换必然是时常出现的情况。而系统一方面要足够可靠，不能使业务受到这种频繁出现的硬件及底层软件问题的影响，另一方面还应该尽可能智能化，降低维护相关操作的成本。
- 存储系统中数据的变化：对于一个大规模的通常被应用于互联网应用中的存储系统，存储其中的数据的变化也很可能是高度频繁的。新的数据不断被写入，已有数据被更新、移动或删除。

为了适应这种动态变化的应用场景，Ceph 在设计时就预期要具有如下技术特性。

- 高可靠性。所谓"高可靠"，首先，对存储在系统中的数据而言，尽可能保证数据不会丢失。其次，也包括数据写入过程中的可靠性，即在用户将数据写入 Ceph 存储系统的过程中，不会因为意外情况的出现而造成数据丢失。
- 高度自动化。具体包括数据的自动复制、自动再平衡、自动故障检测（Failure Detection）和自动故障恢复（Failure Recovery）。总体而言，这些自动化特性一方面保证了系统的高度可靠，另一方面也保证了在系统规模扩大之后，其运维难度仍能保持在一个相对较低的水平。
- 高可扩展性。这里的"可扩展"概念比较广义，既包括了系统规模和存储容量的可扩展，也包括了随着系统节点数增加的聚合数据访问带宽的线性扩展，还包括了基于强大的底层 API 支持多种功能、多种应用的功能性可扩展。

针对上述技术特性，Sage 对于 Ceph 的设计思路基本上可以概括为以下两点。

- 充分发挥存储设备自身的计算能力。事实上，采用具有计算能力的设备（最简单的例子就是普通的服务器）作为存储系统的存储节点，这种思路即便是在 Ceph 发布的当时来看也并不新鲜。但是，Sage 认为那些已有系统基本上都只是将这些节点作为功能简单的存储节点。而如果充分发挥节点上的计算能力，则可以实现上述预期的技术特性。这一点成了 Ceph 系统设计的核心思想。

- 去除所有的中心点。一旦系统中出现中心点，一方面会引入单点故障点，另一方面也必然面临当系统规模扩大时出现的规模和性能瓶颈。除此之外，如果中心点出现在数据访问的关键路径上，事实上也必然导致数据访问的延迟增大。而这些显然都是 Sage 所设想的系统中不应该出现的问题。虽然在大多数系统的工程实践中，单点故障点和性能瓶颈的问题可以通过为中心点增加备份加以缓解，但 Ceph 系统最终采用创新的方法更为彻底地解决了这个问题。

一般而言，一个大规模分布式存储系统，必须要能够解决两个最基本的问题。

- "我应该把数据写到什么地方。"对于一个存储系统而言，当用户提交需要写入的数据时，系统必须迅速决策，为数据分配一个存储空间。这个决策的速度影响到数据写入延迟，而更为重要的是，其决策的合理性也影响着数据分布的均匀性。这又会进一步影响存储单元寿命、数据存储可靠性、数据访问速度等性能。
- "我之前把数据写到什么地方了。"对于一个存储系统而言，高效、准确地处理数据寻址问题也是其基本能力之一。

针对上述两个问题，传统的分布式存储系统常用的解决方案是引入专用的服务器节点，在其中存储用于维护数据存储空间映射关系的数据结构。在用户写入或访问数据时，首先连接这一服务器进行查找操作，待查到数据实际存储位置后，再连接对应节点进行后续操作。由此可见，传统的解决方案一方面容易导致单点故障和性能瓶颈问题，另一方面也容易导致更长的操作延迟问题。

针对这些问题，Ceph 彻底放弃了基于查表的数据寻址方式，而改用基于计算的方式。简言之，任何一个 Ceph 存储系统的客户端程序，仅仅使用不定期更新的少量本地元数据，加以简单计算，就可以根据一个数据的 ID 决定其存储位置。对比之后可以看出，这种方式使得传统解决方案中出现的问题一扫而空。Ceph 几乎所有的优秀特性都是基于这种数据寻址方式实现的。

从软件工程的角度来看，当我们拿到一份系统需求，明白它所要解决的问题及预期拥有的技术特性和质量需求并进行架构设计时，主要完成 3 项工作：一是勾勒它的概念空间，所谓的概念空间就是将要引入的一些核心概念，比如提到操作系统，我们就会想到进程、进程调度、系统调用等；二是分层，也即从逻辑、物理、通用性等角度划分它的层次，比如一个视频监控系统从物理上可以被划分为监控端、客户端、平台层；三是模块划分，将之前得到的层次进行细化，或者在每个层次内部引入粒度更小的分区，或者将一些通用的机制进行提取，通过这些方式将系统细化为不同的模块。

接下来我们从这 3 个角度对 Ceph 进行探究。

7.1　Ceph 体系结构

首先作为一个存储系统，Ceph 在物理上必然包含一个存储集群，以及访问这个存储集群的应用或客户端。Ceph 客户端又需要一定的协议与 Ceph 存储集群进行交互，Ceph 的逻辑层次演化如图 7-1 所示。

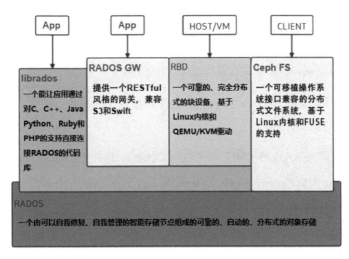

图 7-1　Ceph 逻辑层次演化

1）Ceph 存储集群

Ceph 基于可靠的、自动化的、分布式的对象存储（Reliable,Autonomous,Distributed Object Storage，RADOS）提供了一个可无限扩展的存储集群。RADOS，顾名思义，这一层本身就是一个完整的对象存储系统，所有存储在 Ceph 系统中的用户数据事实上最终都是由这一层来存储的。而 Ceph 的高可靠、高可扩展、高性能、高自动化等特性本质上也是由这一层提供的。因此，理解 RADOS 是理解 Ceph 的基础与关键。

物理上，RADOS 由大量的存储设备节点组成，每个节点拥有自己的硬件资源（CPU、内存、硬盘、网络），并运行着操作系统和文件系统。

2）基础库 librados

Ceph 客户端用一定的协议和存储集群进行交互，Ceph 把此功能封装进了 librados 库，这样基于 librados 库我们就能创建自己的定制客户端了。

librados 库实际上是对 RADOS 进行抽象和封装，并向上层提供 API 的，以便可以基于 RADOS（而不是整个 Ceph）进行应用开发。特别要注意的是，RADOS 是一个对象存储系统，因此，librados 库实现的 API 也只是针对对象存储功能的。

RADOS 采用 C++语言进行开发，所提供的原生 librados API 包括 C 语言和 C++语言两种。在物理上，librados 和基于其上开发的应用位于同一台机器中，因而也被称为本地 API。应用调用本机上的 librados API，再由后者通过 socket 与 RADOS 集群中的节点通信并完成各种操作。

3）高层应用接口 RADOS GW、RBD 与 Ceph FS

这一层的作用是在 librados 库的基础上提供抽象层次更高、更便于应用或客户端使用的上层接口。

Ceph 对象网关 RADOS GW（RADOS Gateway）是一个构建在 librados 库之上的对象存储接口，为应用访问 Ceph 集群提供了一个与 Amazon S3 和 Swift 兼容的 RESTful 风格的网关。

RBD 则提供了一个标准的块设备接口，常用于在虚拟化的场景下为虚拟机创建存储卷。Red Hat 已经将 RBD 驱动集成在 KVM/QEMU 中，以提高虚拟机的访问性能。

Ceph FS 是一个可移植操作系统接口兼容的分布式存储系统，使用 Ceph 存储集群来存储数据。

4）应用层

这一层包含的是在不同场景下对应 Ceph 各个应用接口的各种应用方式。例如，基于 librados 库直接开发的对象存储应用，基于 RADOS GW 开发的对象存储应用，基于 RBD 实现的云硬盘，等等。

7.1.1 对象存储

严格意义上讲，Ceph 只提供对象存储接口，所谓的块存储接口和文件系统存储接口都算是对象存储接口应用程序。不同于传统文件系统提供的 open/read/write/close/lseek，对象存储只提供 put/get/delete，对象存储的逻辑单元就是对象而不是我们通常概念中的文件。

如图 7-2 所示，对于 Ceph 来说，RADOS GW 是一个基于 librados 库构建的对象存储接口，为应用程序提供 Ceph 存储集群的 RESTful 网关，这样 Ceph 就作为 Amazon S3 和 OpenStack Swift 的后端对象存储，应用程序可以直接通过 librados 的 C 语言或 C++语言 API 实现对象操作了。

图 7-2 Ceph 对象存储

对象存储和我们接触的硬盘和文件系统等存储形态不同，它有两个显著特征，如下所示。

- 对象存储采用 Key/Value（K/V）方式的 RESTful 数据读/写接口，并且常以网络服务的形式提供数据的访问。
- 扁平的数据组织结构。对比文件系统，对象存储采用扁平的数据组织结构，往往是两层或三层。例如 AWS S3 和华为的 UDS，每个用户可以把他的存储空间划分为"容器"，然后往每个容器里放对象，对象不能直接放到用户的根存储空间里，必须放到某个容器下面，而且不能嵌套，也就是说，容器下面不能再放一层容器，只能放对象。OpenStack Swift 也类似。

7.1.2 RADOS

如图 7-3 所示，RADOS 集群主要由两种节点组成：为数众多的 OSD，负责完成数据存储和维护；若干个 Monitor，负责完成系统状态检测和维护。OSD 和 Monitor 之间互相传递节点的状态信息，共同得出系统的总体运行状态，并保存在一个全局的数据结构中，即所谓的集群运行图（Cluster Map）里。集群运行图与 RADOS 提供的特定算法相配合，便实现了 Ceph 的许多优秀特性。

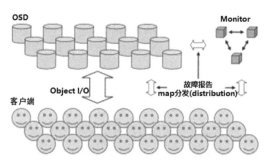

图 7-3　RADOS 结构

在使用 RADOS 系统时，大量的客户端程序向 Monitor 索取最新的集群运行图，然后直接在本地进行计算，得出对象的存储位置后，便直接与对应的 OSD 进行通信，完成数据的各种操作。一个 Monitor 集群确保了某个 Monitor 失效时的高可用性。

Ceph 客户端、Monitor 和 OSD 可以直接交互，这意味着 OSD 可以利用本地节点的 CPU 和内存执行那些传统集群架构中有可能拖垮中央服务器的任务，充分发挥节点上的计算能力。

7.1.3 OSD

OSD 用于实现数据的存储与维护。根据定义，OSD 可以被抽象为系统和守护进程（OSD Daemon）两个部分。

OSD 的系统部分本质上就是一台安装了操作系统和文件系统的计算机，其硬件部分至少包括一个单核的处理器、一定数量的内存、一块硬盘及一张网卡。

由于这么小规模的 X86 架构服务器并不实用（事实上也见不到），因而实际应用中通常将多个 OSD 集中部署在一台更大规模的服务器上。在选择系统配置时，应当能够保证每个 OSD 占用一定的计算能力、一定数量的内存和一块硬盘（在通常情况下一个 OSD 对应一块硬盘）。同时，应当保证该服务器具备足够的网络带宽。

在上述系统平台上，每个 OSD 拥有一个自己的 OSD Daemon。这个 Daemon 负责完成 OSD 的所有逻辑功能，包括与 Monitor 和其他 OSD（事实上是其他 OSD 的 Daemon）通信，以维护及更新系统状态，与其他 OSD 共同完成数据的存储和维护操作，与客户端通信完成各种数据对象操作，等等。

RADOS 集群从 Ceph 客户端接收数据（无论是来自 Ceph 块设备、Ceph 对象存储、Ceph 文件系统，还是基于 librados 的自定义实现），然后存储为对象。如图 7-4 所示，每个对象是文件系统中的一个文件，它们存储在 OSD 的存储设备上，由 OSD Daemon 处理存储设备上的读/写操作。

图 7-4　OSD 数据存储

OSD 在扁平的命名空间内把所有数据存储为对象（也就是没有目录层次）。对象包含一个标识符、二进制数和由名/值对组成的元数据，元数据语义完全取决于 Ceph 客户端。比如，Ceph FS 用元数据存储文件属性，包括文件所有者、创建日期、最后修改日期等。

1．OSD 的状态

OSD 的状态直接影响数据的重新分配，所以监测 OSD 的状态是 Monitor 的主要工作之一。

OSD 状态用两个维度表示：up 或 down（OSD Daemon 与 Monitor 连接是否正常）；in 或 out（OSD 是否含有 PG）。因此，对于任意一个 OSD，共有 4 种可能的状态。

- up & out：OSD Daemon 与 Monitor 通信正常，但是没有 PG 分配到该 OSD 上。这种状态一般是 OSD Daemon 刚刚启动时。
- up & in：OSD Daemon 工作的正常状态，有 PG 分配到 OSD 上。
- down & in：OSD Daemon 不能与 Monitor 或其他 OSD 进行正常通信，这可能是因为网络中断或 Daemon 进程意外退出。
- down & out：OSD 无法恢复，Monitor 决定将 OSD 上的 PG 进行重新分配。之所以会出现该状态，是考虑 OSD 可能会在短时间内恢复，尽量减少数据的再分配。

2. OSD 状态检测

Ceph 是基于通用计算机硬件构建的分布式系统，发生故障的概率要远高于专用硬件的分布式系统。如何及时检测节点故障和网络故障是检验 Ceph 高可用性的重要一环。由于心跳（Heartbeat）机制简单有效，所以 Ceph 采用这种方式，但是会增加监测维度。

- OSD 之间的心跳包。如果集群中的所有 OSD 都互相发送心跳包，则会对集群性能产生影响，所以 Ceph 选择 Peer OSD 发送心跳包。Peer OSD 是指该 OSD 上所有 PG 的副本所在的 OSD。同时由于 Ceph 提供公众网络（Public Network）（OSD 与客户端通信）和集群网络（Cluster Network）（OSD 之间的通信），所以 Peer OSD 之间的心跳包也分为前端（公众网络）和后端（集群网络），这样可最大限度地监测 OSD 及公众网络和集群网络的状态，及时上报 Monitor。同时考虑到网络的抖动问题，可以设置 Monitor 在决定 OSD 下线之前需要收到多少次的报告。
- OSD 与 Monitor 之间的心跳包。这个心跳包可以看作是 Peer OSD 之间心跳包的补充。如果 OSD 不能与其他 OSD 交换心跳包，那么就必须与 Monitor 按照一定频率进行通信，比如 OSD 状态是 up & out 时就需要这种心跳包。

7.1.4 数据寻址

如前所述，一个大规模分布式存储系统，必须要能够解决两个最基本的问题，即"我应该把数据写到什么地方"与"我之前把数据写到什么地方了"，因此会涉及数据如何寻址的问题。Ceph 寻址流程如图 7-5 所示。

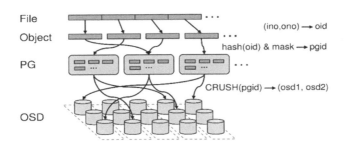

图 7-5　Ceph 寻址流程

- File：此处的 File 就是用户需要存储或访问的文件。对于一个基于 Ceph 开发的对象存储应用而言，这个 File 也就对应于应用中的"对象"，也就是用户直接操作的"对象"。
- Object：此处的 Object 是 RADOS 所看到的"对象"。Object 与 File 的区别是，Object 的最大尺寸由 RADOS 限定（通常为 2MB 或 4MB），以便实现底层存储的组织管理。因此，当上层应用向 RADOS 存入尺寸很大的 File 时，需要将 File 切分成统一大小的一系列 Object（最后一个的大小可以不同）进行存储。
- PG（Placement Group）：顾名思义，PG 的用途是对 Object 的存储进行组织和位置映射的。具体而言，一个 PG 负责组织若干个 Object（可以为数千个甚至更多），但一个 Object 只能被映射到一个 PG 中，即 PG 和 Object 之间是"一对多"的映射关系。同时，一个 PG 会被映射到 n 个 OSD 上，而每个 OSD 上都会承载大量的 PG，即 PG 和 OSD 之间是"多对多"的映射关系。在实践当中，n 至少为 2，如果用于生产环境，则至少为 3。一个 OSD 上的 PG 可达到数百个。事实上，PG 数量的设置关系到数据分布的均匀性问题。
- OSD：OSD 的数量事实上也关系到系统的数据分布均匀性，因此不应该太少。在实践当中，至少也应该是数百个的量级才有助于 Ceph 系统发挥其应有的优势。

1）File→Object 映射

这次映射的目的是，将用户要操作的 File 映射为 RADOS 能够处理的 Object，其十分简单，本质上就是按照 Object 的最大尺寸对 File 进行切分，相当于磁盘阵列中的条带化过程。这种切分的好处有两个：一是让大小不限的 File 变成具有一致的最大尺寸、可以被 RADOS 高效管理的 Object；二是让对单一 File 实施的串行处理变为对多个 Object 实施的并行化处理。

每一个切分后产生的 Object 将获得唯一的 oid，即 Object ID。其产生方式也是线性映射，极其简单。图 7-5 中，ino 是待操作 File 的元数据，可以简单理解为该 File 的唯一 ID。ono 则是由该 File 切分产生的某个 Object 的序号。而 oid 就是将这个序号简单连缀在该 File ID 之后得到的。举例而言，如果 1 个 ID 为 filename 的 File 被切分成了 3 个 Object，则其 Object 序号依次为 0、1 和 2，而最终得到的 oid 就依次为 filename0、filename1 和 filename2。

这里隐含的问题是，ino 的唯一性必须得到保证，否则后续的映射将无法正确进行。

2）Object → PG 映射

在 File 被映射为 1 个或多个 Object 之后，就需要将每个 Object 独立地映射到 1 个 PG 中去。这个映射过程也很简单，如图 7-5 所示，其计算公式如下：

```
hash(oid) & mask -> pgid
```

由此可见，其计算由两步组成。首先，使用 Ceph 系统指定的一个静态哈希算法计算 oid 的哈希值，将 oid 映射为一个近似均匀分布的伪随机值。然后，将这个伪随机值和 mask 按位相与，得到最终的 PG 序号（pgid）。根据 RADOS 的设计，给定 PG 的总数为 m（m 应该为 2 的整数幂），则 mask 的值为 $m-1$。因此，哈希值计算和按位与操作的整体结果事实上是从所有 m 个 PG 中近似均匀地随机选择 1 个。基于这一机制，当有大量 Object 和大量 PG 时，RADOS 能够保证 Object 和 PG 之间的近似均匀映射。又因为 Object 是由 File 切分而来的，大部分 Object 的尺寸相同，因此，这一映射最终保证了各个 PG 中存储的 Object 的总数据量近似均匀。

这里反复强调了"大量"，意思是只有当 Object 和 PG 的数量较多时，这种伪随机关系的近似均匀性才能成立，Ceph 的数据存储均匀性才有保证。为保证"大量"的成立，一方面，Object 的最大尺寸应该被合理配置，以使得同样数量的 File 能够被切分成更多的 Object；另一方面，Ceph 也推荐 PG 总数应该为 OSD 总数的数百倍，以保证有足够数量的 PG 可供映射。

3）PG → OSD 映射

第 3 次映射就是将作为 Object 的逻辑组织单元的 PG 映射到数据的实际存储单元 OSD 上。如图 7-5 所示，RADOS 采用一个名为 CRUSH 的算法，将 pgid 代入其中，然后得到一组共 n 个 OSD。这 n 个 OSD 共同负责存储和维护一个 PG 中的所有 Object。前面提到过，n 的数值可以根据实际应用中对于可靠性的需求而配置，在生产环境下通常为 3。具体到每个 OSD，则由其上运行的 OSD Daemon 负责执行映射到本地的 Object 在本地文件系统中的存储、访问、元数据维护等操作。

和"Object → PG"映射中采用的哈希算法不同，CRUSH 算法的结果不是绝对不变的，而会受到其他因素的影响。其影响因素主要有两个。

一是当前系统状态，也就是在前面有所提及的集群运行图。当系统中的 OSD 状态、数量发生变化时，集群运行图也可能发生变化，而这种变化将会影响到 PG 与 OSD 之间的映射关系。

二是存储策略配置。这里的策略主要与安全相关。利用策略配置，系统管理员可以指定承载同一个 PG 的 3 个 OSD 分别位于数据中心的不同服务器或机架上，从而进一步改善存储的可靠性。

因此，只有在系统状态和存储策略都不发生变化的时候，PG 和 OSD 之间的映射关系才是固定不变的。在实际使用中，策略一经配置通常不会改变。而系统状态的改变或是因为设备损坏，或是因为存储集群规模扩大。好在 Ceph 本身提供了对这种变化的自动化支持，因而，即便 PG 与 OSD 之间的映射关系发生了变化，也并不会对应用产生影响。事实上，Ceph 正是利用了 CRUSH 算法的动态特性，可以将一个 PG 根据需要动态迁移到不同的 OSD 组合上，从而自动化地实现高可靠性、数据分布再平衡等特性。

之所以在此次映射中使用 CRUSH 算法，而不使用其他哈希算法，一方面原因是 CRUSH 算法具有上述可配置特性，可以根据管理员的配置参数决定 OSD 的物理位置映射策略；另一方面原因是 CRUSH 算法具有特殊的"稳定性"，也即，当系统中加入新的 OSD，导致系统规模增大时，大部分 PG 与 OSD 之间的映射关系不会发生改变，只有少部分 PG 的映射关系会发生变化并引发数据迁移。这种可配置性和稳定性都不是普通哈希算法所能提供的。因此，CRUSH 算法的设计也是 Ceph 的核心内容之一。

至此为止，Ceph 通过 3 次映射，完成了从 File 到 Object、Object 到 PG、PG 再到 OSD 的整个映射过程。从整个过程可以看到，这里没有任何的全局性查表操作需求。至于唯一的全局性数据结构：集群运行图。它的维护和操作都是轻量级的，不会对系统的可扩展性、性能等因素造成影响。

接下来的一个问题是：为什么需要引入 PG 并在 Object 与 OSD 之间增加一层映射呢？

可以想象一下，如果没有 PG 这一层映射，又会怎么样呢？在这种情况下，一定需要采用某种算法，将 Object 直接映射到一组 OSD 上。如果这种算法是某种固定映射的哈希算法，则意味着一个 Object 将被固定映射在一组 OSD 上，当其中一个或多个 OSD 损坏时，Object 无法被自动迁移至其他 OSD 上（因为映射函数不允许），当系统为了扩容新增了 OSD 时，Object 也无法被再平衡到新的 OSD 上（同样因为映射函数不允许）。这些限制都违背了 Ceph 系统高可靠性、高自动化的设计初衷。

如果采用一个动态算法（如仍然采用 CRUSH 算法）来完成这一映射，似乎是可以避免由静态映射而导致的问题的。但是，其结果将是各个 OSD 所处理的本地元数据量暴增，由此带来的计算复杂度和维护工作量也是难以承受的。

例如，在 Ceph 的现有机制中，一个 OSD 平时需要和与其共同承载同一个 PG 的其他 OSD 交换信息，以确定各自是否工作正常，是否需要进行维护操作。由于一个 OSD 上大约承载数百个 PG，每个 PG 内通常有 3 个 OSD，因此，在一段时间内，一个 OSD 大约需要进行数百次至数千次 OSD 信息交换。

然而，如果没有 PG 的存在，则一个 OSD 需要和与其共同承载同一个 Object 的其他 OSD 交换信息。由于每个 OSD 上承载的 Object 可能高达数百万个，因此，同样长度的一段时间内，一个 OSD 大约需要进行的 OSD 间信息交换将暴涨至数百万次乃至数千万次。而这种状态维护成本显然过高。

综上所述，引入 PG 的好处至少有两方面：一方面实现了 Object 和 OSD 之间的动态映射，从而为 Ceph 的可靠性、自动化等特性的实现留下了空间；另一方面也有效简化了数据的存储组织，大大降低了系统的维护与管理成本。

第 7 章 分布式存储与 Ceph

这种分层或分级的设计思路在很多复杂系统的寻址问题上都有应用，比如操作系统里的内存管理多级页表的使用，英特尔 MPX（Memory Protection Extensions）技术里引入的 Bound Directory 等。

7.1.5 存储池

存储池是一个逻辑概念，是对存储对象的逻辑分区。Ceph 安装后，会有一个默认的存储池，用户也可以自己创建新的存储池。如图 7-6 所示，一个存储池包含若干个 PG 及其所存储的若干个对象。

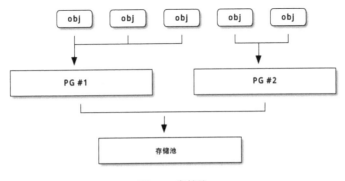

图 7-6　存储池

Ceph 客户端从监视器获取一张集群运行图，并把对象写入存储池。存储池的大小或副本数、CRUSH 存储规则和归置组数量决定 Ceph 如何放置数据。我们可以使用以下命令来创建存储池：

```
$ ceph osd pool create {pool-name} {pg-num} [{pgp-num}] [replicated] \
    [crush-ruleset-name]
$ ceph osd pool create {pool-name} {pg-num}  {pgp-num}   erasure \
    [erasure-code-profile] [crush-ruleset-name]
```

从代码中可以看出，存储池支持的内容如下。

- 设置数据存储的方法属于多副本模式还是纠删码模式。如果是多副本模式，则可以设置副本的数量；如果是纠删码模式，则可以设置数据块和非数据块的数量（纠删码存储池把各对象存储为 $K+M$ 个数据块，其中有 K 个数据块和 M 个编码块）。默认为多副本模式（即存储每个对象的若干个副本），如果副本数为 3，则每个 PG 映射到 3 个 OSD 节点上。换句话说，对于每个映射

219

到该 PG 的对象，其数据存储在对应的 3 个 OSD 节点上。
- 设置 PG 的数目。合理设置 PG 的数目，可以使资源得到较优的均衡。
- 设置 PGP 的数目。在通常情况下，与 PG 数目一致。当需要增加 PG 数目时，用户数据不会发生迁移，只有进一步增加 PGP 数目时，用户数据才会开始迁移。
- 针对不同的存储池设置不同的 CRUSH 存储规则。比如可以创建规则，指定在选择 OSD 时，选择拥有固态硬盘的 OSD 节点。

另外，通过存储池，还可以进行如下操作。
- 提供针对存储池的功能，如存储池快照等。
- 设置对象的所有者或访问权限。

我们看到这里在 PG 的基础上又出现了 PGP 的概念，至于 PG 与 PGP 之间的区别，可以先看 *Learning Ceph* 和 *Ceph Cookbook* 两本书的作者 Karan Singh 的一段解释：

```
PG = Placement Group
PGP = Placement Group for Placement purpose
pg_num = number of placement groups mapped to an OSD
    When pg_num is increased for any pool, every PG of this pool splits into
half, but they all remain mapped to their parent OSD.
    Until this time, Ceph does not start rebalancing. Now, when you increase
the pgp_num value for the same pool, PGs start to migrate from the parent
to some other OSD, and cluster rebalancing starts. This is how PGP plays an
important role.
```

总结来说，就是 PG 数目的增加会引起 PG 的分裂，新的 PG 仍然在原来的 OSD 上，而 PGP 数目的增加则会引起部分 PG 的分布发生变化。

7.1.6 Monitor

Ceph 客户端读或写数据前必须先连接到某个 Ceph 监视器上，获得最新的集群运行图副本。一个 Ceph 存储集群只需要单个监视器就能运行，但它就成了单一故障点（即如果此监视器宕机，Ceph 客户端就不能读或写数据了）。为增强其可靠性和容错能力，Ceph 支持监视器集群。在一个监视器集群内，延时及其他错误会导致一到多个监视器滞后于集群的当前状态。因此，Ceph 的各监视器例程必须与集群的当前状态达成一致。

第 7 章 分布式存储与 Ceph

由若干个 Monitor 组成的监视器集群共同负责整个 Ceph 集群中所有 OSD 状态的发现与记录，并且形成集群运行图的主副本，包括集群成员、状态、变更，以及 Ceph 存储集群的整体健康状况。随后，这份集群运行图被扩散至全体 OSD 及客户端，OSD 使用集群运行图进行数据的维护，而客户端使用集群运行图进行数据的寻址。

在集群中，各个 Monitor 的功能总体上是一样的，其之间的关系可以被简单理解为主从备份关系。Monitor 并不主动轮询各个 OSD 的当前状态。正相反，OSD 需要向 Monitor 上报状态信息。常见的上报有两种情况：一是新的 OSD 被加入集群，二是某个 OSD 发现自身或其他 OSD 发生异常。在收到这些上报信息后，Monitor 将更新集群运行图的信息并加以扩散。

集群运行图实际上是多个 Map 的统称，包括 Monitor Map、OSDMap、PG Map、CRUSH Map 及 MDS Map 等，各运行图维护着各自运行状态的变更。其中 CRUSH Map 用于定义如何选择 OSD，内容包含了存储设备列表、故障域树状结构（设备的分组信息，如设备、主机、机架、行、房间等）和存储数据时如何利用此树状结构的规则。如图 7-7 所示，根节点是 default，包含 3 个主机，每个主机包含 3 个 OSD 服务。

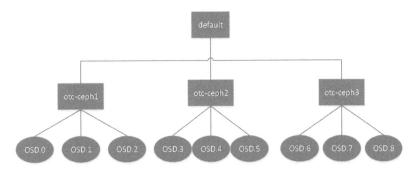

图 7-7　CRUSH Map 示例

相应的 CRUSH Map 代码片段如下：

```
"buckets": [
  {
    "id": -1,
    "name": "default",
    "type_id": 10,
    "type_name": "root",
    "weight": 280859,
```

```json
            "alg": "straw",
            "hash": "rjenkins1",
            "items": [
                {
                    "id": -2,
                    "weight": 177209,
                    "pos": 0
                },
                {
                    "id": -3,
                    "weight": 86376,
                    "pos": 1
                },
                {
                    "id": -4,
                    "weight": 17274,
                    "pos": 2
                }
            ]
        },
        {
            "id": -2,
            "name": "otc-ceph3",
            "type_id": 1,
            "type_name": "host",
            "weight": 177141,
            "alg": "straw",
            "hash": "rjenkins1",
            "items": [
                {
                    "id": 0,
                    "weight": 59047,
                    "pos": 0
                },
                {
                    "id": 1,
                    "weight": 59047,
                    "pos": 1
```

```
            },
            {
                "id": 2,
                "weight": 59047,
                "pos": 2
            }
        ]
    },
    {
        "id": -3,
        "name": "otc-ceph2",
        "type_id": 1,
        "type_name": "host",
        "weight": 86310,
        "alg": "straw",
        "hash": "rjenkins1",
        "items": [
            {
                "id": 3,
                "weight": 28770,
                "pos": 0
            },
            {
                "id": 4,
                "weight": 28770,
                "pos": 1
            },
            {
                "id": 5,
                "weight": 28770,
                "pos": 2
            }
        ]
    },
    {
        "id": -4,
        "name": "otc-ceph4",
        "type_id": 1,
```

```
            "type_name": "host",
            "weight": 17274,
            "alg": "straw2",
            "hash": "rjenkins1",
            "items": [
                {
                    "id": 6,
                    "weight": 5957,
                    "pos": 0
                },
                {
                    "id": 7,
                    "weight": 5957,
                    "pos": 1
                },
                {
                    "id": 8,
                    "weight": 5360,
                    "pos": 2
                }
            ]
        }
    ],
```

在如图 7-7 所示的树状结构中，所有非叶子节点称为桶（Bucket），所有 Bucket 的 ID 号都是负数，和 OSD 的 ID 进行区分。选择 OSD 时，需要先指定一个 Bucket，然后选择它的一个子 Bucket，这样一级一级递归，直到到达设备（叶子）节点。目前有 5 种算法来实现子节点的选择，包括 Uniform、List、Tree、Straw、Straw2，如表 7-1 所示。这些算法的选择影响了两个方面的复杂度：在一个 Bucket 中，找到对应的节点的复杂度及当一个 Bucket 中的 OSD 节点丢失或增加时，数据移动的复杂度。

表 7-1 不同 Bucket 算法复杂度比较

操 作	Uniform	List	Tree	Straw/Straw2
查找	$O(1)$	$O(n)$	$O(\log n)$	$O(n)$
添加	Poor	Optimal	Good	Optimal
删除	Poor	Poor	Good	Optimal

其中，Uniform 与 item 具有相同的权重，而且 Bucket 很少出现添加或删除 item 的情况，它的查找速度是最快的。Straw/Straw2 不像 List 和 Tree 一样都需要遍历，而是让 Bucket 包含的所有 item 公平竞争。这种算法就像抽签一样，所有的 item 都有机会被抽中（只有最长的签才能被抽中，每个签的长度与权重有关）。

除了存储设备的列表及树状结构，CRUSH Map 还包含了存储规则，用来指定在每个存储池中选择特定 OSD 的 Bucket 范围，还可以指定备份的分布规则。CRUSH Map 有一个默认存储规则，如果用户创建存储池时没有指定 CRUSH 规则，则使用该默认规则。但是用户可以自定义规则，指定给特定存储池。

下面代码表示默认的 CRUSH 规则，重点在 steps 部分。这里指定从 default 这个 Bucket 开始，选择 3 个（创建存储池时指定的副本数）主机，在这 3 个主机中再选择 OSD。每个对象的 3 份数据将位于 3 个不同的主机上。

```
"rules": [
    {
        "rule_id": 0,
        "rule_name": "replicated_ruleset",
        "ruleset": 0,
        "type": 1,
        "min_size": 1,
        "max_size": 10,
        "steps": [
            {
                "op": "take",
                "item": -1,
                "item_name": "default"
            },
            {
                "op": "chooseleaf_firstn",
                "num": 0,
                "type": "host"
            },
            {
                "op": "emit"
            }
        ]
    },
```

1. Monitor 与客户端的通信

客户端包括 RBD 客户端、RADOS 客户端、Ceph FS 客户端/MDS。根据通信内容分为获取 OSDMap 和命令行操作。

1) 命令行操作

命令行操作主要包括集群操作命令（OSD、Monitor、MDS 的添加和删除，存储池的创建和删除等）、集群信息查询命令（集群状态、空间利用率、IOps 和带宽等）。这些命令都是由 Monitor 直接执行或通过 Monitor 转发到 OSD 上执行的。

2) 获取 OSDMap

我们知道客户端与 RADOS 的读/写不需要 Monitor 的干预，客户端通过哈希算法得到 Object 所在的 PG 信息，然后查询 OSDMap 就可以得到 PG 的分布信息，就可以与 Primary OSD 进行通信了。那么客户端与 Monitor 仅仅是当需要获取最新 OSDMap 时才会进行通信。

- 客户端初始化时。
- 某些特殊情况,会主动获取新的 OSDMap:OSDMap 设置了 CEPH_OSDMAP_PAUSEWR/PAUSERD（Cluster 暂停所有读/写），每一次的读/写都需要获取 OSDMap；OSDMap 设置了 Cluster 空间已满或存储池空间已满，每一次写都需要获取 OSDMap；找不到相应的存储池或通过哈希算法得到 PG，但是在 OSDMap 中查不到相关 PG 分布式信息（说明 PG 删除或 PG 创建）。

2. Monitor 与 OSD 的通信

相比 Monitor 与客户端的通信，Monitor 与 OSD 的通信会复杂得多，内容如下。

- Monitor 需要知道 OSD 的状态，并根据状态生成新的 OSDMap。所以 OSD 需要将 OSD 的 Down 状态向 Monitor 报告。
- OSD 和 Monitor 之间存在心跳机制，通过这种方式来判断 OSD 的状态。
- OSD 定时将 PG 信息发送给 Monitor。PG 信息包括 PG 的状态（Active、degraded 等）、Object 信息（数目、大小、复制信息、Scrub/Repair 信息、IOps 和带宽等）。Monitor 通过汇总这些信息就可以知道整个系统的空间使用率、各个存储池的空间大小、集群的 IOps 和带宽等实时信息。

- OSD 的操作命令是客户端通过 Monitor 传递给 OSD 的。比如 osd scrub/deep scrub、pg scrub/deep scrub 等。
- OSD 初始化或 Client/Primary OSD 所包含的 OSDMap 的版本高于当前的 OSDMap。

7.1.7 数据操作流程

Ceph 的读/写操作采用 Primary-Replica 模型，客户端只向 Object 所对应 OSD set 的 Primary 发起读/写请求，这保证了数据的强一致性。当 Primary 收到 Object 的写请求时，它负责把数据发送给其他副本，只有这个数据被保存在所有的 OSD 上时，Primary 才应答 Object 的写请求，这保证了副本的一致性。

这里以 Object 写入为例，假定一个 PG 被映射到 3 个 OSD 上。Object 写入流程如图 7-8 所示。

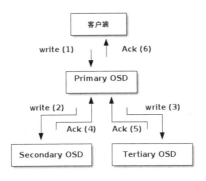

图 7-8　Object 写入流程

当某个客户端需要向 Ceph 集群写入一个 File 时，首先需要在本地完成前面所述的寻址流程，将 File 变为一个 Object，然后找出存储该 Object 的一组共 3 个 OSD。这 3 个 OSD 具有各自不同的序号，序号最靠前的那个 OSD 就是这一组中的 Primary OSD，而后两个则依次是 Secondary OSD 和 Tertiary OSD。

找出 3 个 OSD 后，客户端将直接和 Primary OSD 进行通信，发起写入操作（步骤 1）。Primary OSD 收到请求后，分别向 Secondary OSD 和 Tertiary OSD 发起写入操作（步骤 2 和步骤 3）。当 Secondary OSD 和 Tertiary OSD 各自完成写入操作后，将分别向 Primary OSD 发送确认信息（步骤 4 和步骤 5）。当 Primary OSD 确认其他两个 OSD 的写入完成后，则自己也完成数据写入，并向客户端确认 Object 写入操作完成（步骤 6）。

之所以采用这样的写入流程，本质上是为了保证写入过程中的可靠性，尽可能避免出现数据丢失的情况。同时，由于客户端只需要向 Primary OSD 发送数据，因此，在互联网使用场景下的外网带宽和整体访问延迟又得到了一定程度的优化。

当然，这种可靠性机制必然导致较长的延迟，特别是，如果等到所有的 OSD 都将数据写入磁盘后再向客户端发送确认信号，则整体延迟可能难以忍受。因此，Ceph 可以分两次向客户端进行确认。当各个 OSD 都将数据写入内存缓冲区后，就先向客户端发送一次确认，此时客户端即可以向下执行。待各个 OSD 都将数据写入磁盘后，会向客户端发送一个最终确认信号，此时客户端可以根据需要删除本地数据。

分析上述流程可以看出，在正常情况下，客户端可以独立完成 OSD 寻址操作，而不必依赖于其他系统模块。因此，大量的客户端可以同时和大量的 OSD 进行并行操作。同时，如果一个 File 被切分成多个 Object，这多个 Object 也可被并行发送至多个 OSD 上。

从 OSD 的角度来看，由于同一个 OSD 在不同的 PG 中的角色不同，因此，其工作压力也可以被尽可能均匀地分担，从而避免单个 OSD 变成性能瓶颈。

如果需要读取数据，客户端只需完成同样的寻址过程，并直接和 Primary OSD 联系。在目前的 Ceph 设计中，被读取的数据默认由 Primary OSD 提供，但也可以设置允许从其他 OSD 中获取，以分散读取压力从而提高性能。

7.1.8　Cache Tiering

分布式的集群一般都采用廉价的 PC 与传统的机械硬盘进行搭建，所以在磁盘的访问速度上有一定的限制，没有理想的 IOps 数据。当去优化一个系统的 I/O 性能时，最先想到的就是添加快速的存储设备作为缓存，热数据在缓存被访问到，缩短数据的访问延时。Ceph 也从 Firefly 0.80 版本开始引入这种存储分层技术，即 Cache Tiering。

Cache Tiering 的理论基础，就是存储的数据是有热点的，数据并不是均匀访问的。也就是 80%的应用只访问 20%的数据，那么这 20%的数据就称为热点数据，如果把这些热点数据保存到固态硬盘等性能比较高的存储设备上，那么就可以减少响应的时间。

所以 Cache Tiering 的做法就是，用固态硬盘等相对快速、昂贵的存储设备组成一个存储池作为缓存层存储热数据，然后用相对慢速、廉价的设备作为存储后端存储冷数据（Storage 层或 Base 层）。缓存层使用多副本模式，Storage 层可以使用多副本或纠删码模式。

在 Cache Tiering 中有一个分层代理，当保存在缓存层的数据变冷或不再活跃时，该代理把这些数据刷到 Storage 层，然后把它们从缓存层中移除，这种操作称为刷新（Flush）或逐出（Evict）。

如图 7-9 所示，Ceph 的对象管理器（Objecter，位于 osdc 即 OSD 客户端模块）决定往哪里存储对象，分层代理决定何时把缓存内的对象"刷回"Storage 层，所以缓存层和 Storage 层对 Ceph 客户端来说是完全透明的。需要注意的是，Cache Tiering 是基于存储池的，在缓存层和 Storage 层之间的数据移动是两个存储池之间的数据移动。

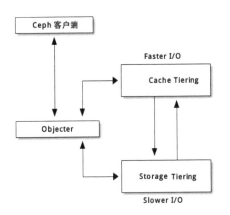

图 7-9 Cache Tiering

目前 Cache Tiering 主要支持如下几种模式。

- 写回模式：对于写操作，当请求到达缓存层完成写操作后，直接应答客户端，之后由缓存层的代理线程负责将数据写入 Storage 层。对于读操作则看是否命中缓存层，如果命中直接在缓存层读，没有命中可以重定向到 Storage 层访问，如果 Object 近期有访问过，说明比较热，可以提升到缓存层中。
- forward 模式：所有的请求都重定向到 Storage 层访问。
- readonly 模式：写请求直接重定向到 Storage 层访问，读请求命中缓存层则直接处理，没有命中缓存层需要从 Storage 层提升到缓存层中进而完成请求，下次再读取直接命中缓存。

- readforward 模式：读请求都重定向到 Storage 层中，写请求采用写回模式。
- readproxy 模式：读请求发送给缓存层，缓存层去 Storage 层中读取，获得 Object 后，缓存层自己并不保存，而是直接发送给客户端，写请求采用写回模式。
- proxy 模式：对于读/写请求都是采用代理的方式，不是转发而是代表客户端去进行操作，缓存层自己并不保存。

这里提及的重定向、提升与代理等几种操作的具体含义如下。

- 重定向：客户端向缓存层发送请求，缓存层应答客户端发来的请求，并告诉客户端应该去请求 Storage 层，客户端收到应答后，再次发送请求给 Storage 层请求数据，并由 Storage 层告诉客户端请求的完成情况。
- 代理：客户端向缓存层发送读请求，如果未命中，则缓存层自己会发送请求给 Storage 层，然后由缓存层将获取的数据发送给客户端，完成读请求。在这个过程中，虽然缓存层读取到了该 Object，但不会将其保存在缓存层中，下次仍然需要重新向 Storage 层请求。
- 提升：客户端向缓存层发送请求，如果缓存层未命中，则会选择将该 Object 从 Storage 层中提升到缓存层中，然后在缓存层进行读/写操作，操作完成后应答客户端请求完成。在这个过程中，和代理操作的区别是，在缓存层会缓存该 Object，下次直接在缓存中进行处理。

7.1.9 块存储

如前所述，Ceph 可以用一套存储系统同时提供对象存储、块存储和文件系统存储 3 种功能。Ceph 存储集群 RADOS 自身是一个对象存储系统，基础库 librados 提供一系列的 API 允许用户操作对象和 OSD、MON 等进行通信。基于 RADOS 与 librados 库，Ceph 通过 RBD 提供了一个标准的块设备接口，提供基于块设备的访问模式。

Ceph 中的块设备称为 Image，是精简配置的，即按需分配，大小可调且将数据条带化存储到集群内的多个 OSD 中。

条带化是指把连续的信息分片存储于多个设备中。当多个进程同时访问一个磁盘时，可能会出现磁盘冲突的问题。大多数磁盘系统都对访问次数（每秒的 I/O 操作）和数据传输率（每秒传输的数据量，TPS）有限制，当达到这些限制时，后面需要访问磁盘的进程就需要等待，这时就是所谓的磁盘冲突。避免磁盘冲突是优化 I/O 性能的一个重要目标，而优化 I/O 性能最有效的手段是将 I/O 请求最大限度地进行平衡。

条带化就是一种能够自动将 I/O 负载均衡到多个物理磁盘上的技术。通过将一块连续的数据分成多个相同大小的部分，并把它们分别存储到不同的磁盘上，条带化技术能使多个进程同时访问数据的不同部分而不会造成磁盘冲突，而且能够获得最大限度上的 I/O 并行能力。

条带化能够将多个磁盘驱动器合并为一个卷，这个卷所能提供的速度比单个盘所能提供的速度要快很多。Ceph 的块设备就对应于 LVM 的逻辑卷，块设备被创建时，可以指定如下参数实现条带化。

- stripe-unit：条带的大小。
- stripe-count：在多少数量的对象之间进行条带化。

如图 7-10 所示，当 stripe-count 为 3 时，表示块设备上地址[0, object-size*stripe_count-1]到对象位置的映射。每个对象被分成 stripe_size 大小的条带，按 stripe_count 分成一组，块设备在上面依次分布。块设备上[0, stripe_size-1]对应 Object1 上的[0, stripe_size-1]，块设备上[stripe_size, 2*stripe_size-1]对应 Object2 上的[0, stripe_size-1]，以此类推。

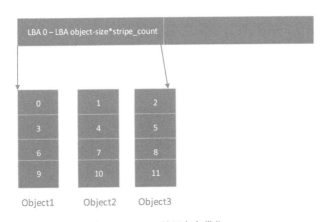

图 7-10　Ceph 块设备条带化

当处理大尺寸图像、大 Swift 对象（如视频）的时候，我们能看到条带化到一个对象集合（Object Set）中的多个对象能带来显著的读/写性能提升。当客户端把条带单元并行地写入相应对象时，就会有明显的写性能提升，因为对象映射到了不同的

PG，并进一步映射到不同 OSD，可以并行地以最大速度写入。由于到单一磁盘的写入受制于磁头移动（如 6ms 寻道时间）和存储设备带宽（如 100MB/s），Ceph 把写入分布到多个对象（它们映射到不同 PG 和 OSD 中），这样就减少了寻道次数，并利用了多个驱动器的吞吐量，以达到更高的读/写速度。

如图 7-11 所示，使用 Ceph 的块设备有两种路径。

- 通过 Kernel Module：即创建了 RBD 设备后，把它映射到内核中，成为一个虚拟的块设备，这时这个块设备同其他通用块设备一样，设备文件一般为 /dev/rbd0，后续直接使用这个块设备文件就可以了，可以把/dev/rbd0 格式化后挂载到某个目录，也可以直接作为裸设备进行使用。
- 通过 librbd：即创建了 RBD 设备后，使用 librbd、librados 库访问和管理块设备。这种方式直接调用 librbd 提供的接口，实现对 RBD 设备的访问和管理，不会在客户端产生块设备文件。

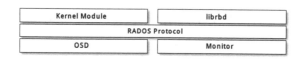

图 7-11　Ceph 块设备的使用

其中第二种方式主要是为虚拟机提供块存储设备。在虚拟机场景中，一般会用 QEMU/KVM 中的 RBD 驱动部署 Ceph 块设备，宿主机通过 librbd 向客户机提供块存储服务。QEMU 可以直接通过 librbd，像访问虚拟块设备一样访问 Ceph 块设备。

7.1.10　Ceph FS

Ceph FS 是一个可移植操作系统接口兼容的分布式存储系统，与通常的网络文件系统一样，要访问 Ceph FS，需要有对应的客户端。Ceph FS 支持两种客户端：Ceph FS FUSE 和 Ceph FS Kernel。也就是说有两种使用 Ceph FS 的方式：一是通过 Kernle Module，Linux 内核里包含了 Ceph FS 的实现代码；二是通过 FUSE（用户空间文件系统）的方式。通过调用 libcephfs 库来实现 Ceph FS 的加载，而 libcephfs 库又调用 librados 库与 RADOS 进行通信。

之所以会通过 FUSE 的方式实现 Ceph FS 的加载，主要是考虑 Kernel 客户端的功能、稳定性、性能都与内核绑定，在不能升级内核的情况下，很多功能可能就不能使用。而 FUSE 基本就不存在这个限制。Ceph FS 架构如图 7-12 所示。

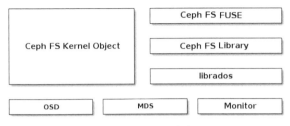

图 7-12　Ceph FS 架构

上层是支持客户端的 Ceph FS Kernel Object、Ceph FS FUSE、Ceph FS Library 等，底层还是基础的 OSD 和 Monitor，此外添加了元数据服务器（MDS）。Ceph FS 要求 Ceph 存储集群内至少有一个元数据服务器，负责提供文件系统元数据（目录、文件所有者、访问模式等）的存储与操作。MDS 只为 Ceph FS 服务，如果不需要使用 Ceph FS，则不需要配置 MDS。

Ceph FS 从数据中分离出元数据，并存储于 MDS，文件数据存储于集群中的一个或多个对象。MDS（称为 ceph-mds 的守护进程）存在的原因是，简单的文件系统操作，比如 ls、cd 这些操作会不必要地扰动 OSD，所以把元数据从数据里分离出来意味着 Ceph 文件系统既能提供高性能服务，又能减轻存储集群负载。

1. Multi Active MDS

在 Sage 的论文中，提到过动态分布式元数据管理："因为文件系统元数据的操作占据典型文件系统一半的工作负载，所以有效率的元数据管理肯定能提高系统整体性能，Ceph 利用了一个新的元数据集群架构，基于动态子树划分，可在 10 个甚至上百个 MDS 上管理文件系统目录结构，一个动态的、层次分明的分区在每 MDS 工作负载中被保留位置，可促进有效更新和预取，可共同提高工作负载性能，值得注意的是，元数据服务器的负载分布是基于当前的访问状态的，使 Ceph 能在任何工作负载下有效地利用当前的 MDS 资源，获得近似线性扩展性能。"当然这是最理想的状态和最终要实现的目标。

在 Luminous 版本之前，整个文件系统只支持一个 Active MDS，但是可以存在一个或多个 Standby MDS 做冗余。在集群比较大，元数据操作比较频繁的情况下，一个 Active MDS 就会成为瓶颈。在 Luminous 版本中，Multi Active MDS 已经稳定，这样可以提高 Ceph FS 元数据的处理能力。

目前在 Multi Active MDS 功能基础上，并没有一步实现所谓的动态分布式数据管理。而是折中实现了静态划分绑定：允许用户将不同的目录绑定在不同的 MDS 上，以此达到比较好的负载均衡。

当目录变得越来越大或访问频率越来越高时，目录所在的 MDS 就会变成瓶颈。最简单的方法就是将目录分割，放在不同的 MDS 上。但是又希望这种分割是自动的，是对用户透明的。同样我们也希望随着删除、目录内容减少或访问频率减少，目录可以合并在一起。可以根据目录长度和访问频率两个维度来进行分割或合并。

- 目录长度。

当目录长度超过 mds_bal_split_size（默认为 10 000）后，就会进行分割。但是在正常情况下并不会马上分割，因为分割动作会影响正常操作，所以会在 mds_bal_fragment_interval 秒后分割。如果目录长度超过 mds_bal_fragment_fast_ factor 就会马上分割。分割子目录数是 2^mds_bal_split_bits。

mds_bal_fragment_size_max 是目录片段大小的硬限制。如果达到，客户端会在片段中创建文件时收到 ENOSPC 错误。在正确配置的系统上，永远不应该在普通目录上达到此限制。

当目录片段的大小小于 mds_bal_merge_size 时，会开始进行合并。

- 访问频率。

MDS 为每个目录维护单独的时间衰减负载计数器（mds_decay_halflife），用于对目录片段进行读/写操作。写操作（包括元数据 I/O，如重命名、删除和创建）导致写操作计数器增加，并与 mds_bal_split_wr 进行比较，如果超过则触发拆分。同样读操作导致读操作计数器增加，并与 mds_bal_split_rd 进行比较，如果超过则触发拆分。

需要注意的是，根据访问频率进行分割后，它们仅基于大小阈值（mds_bal_merge_size）进行合并，因此根据访问频率进行分割可能导致目录永远保持碎片。

2. 配额

Ceph FS 允许给系统内的任意目录以大小或文件数目的形式设置配额。配额以

xattr 的方式存放：ceph.quota.max_files & ceph.quota.max_bytes。Ceph FS 虽然支持 quota，但是有以下局限性。

- Ceph FS 的配额功能依赖于挂载它的客户端的合作，在达到上限时要停止写入；无法阻止篡改过的或对抗性的客户端，它们可以想写多少就写多少。在客户端完全不可信时，用配额防止多占空间是靠不住的。
- 配额是不准确的。因为配额是客户端和服务器端合作，需要两种数据同步，所以在达到配额限制一小段时间后，正在写入文件系统的进程才会被停止，很难避免它们超过配置的限额、多写入一些数据等问题。超过配额多大幅度主要取决于时间长短，而非数据量。
- 内核客户端还没有实现配额功能。用户空间客户端（libcephfs、ceph-fuse）已经支持配额，但是 Linux 内核客户端还没有实现配额功能。
- quota 是针对目录进行设置的，并没有根据 UID/GID 进行设置。
- 基于路径限制挂载时必须谨慎地配置配额。客户端必须能够访问配置了配额的那个目录的索引节点，这样才能执行配额管理。如果某一个客户端被 MDS 能力限制只能访问一个特定路径（如/home/user），并且它无权访问配置了配额的父目录（如/home），这个客户端就不会按配额执行。所以，基于路径进行访问控制时，最好在限制了客户端的那个目录（如/home/user）或者在它下面的子目录上配置配额。

7.2 后端存储 ObjectStore

ObjectStore 是 Ceph OSD 中最重要的概念之一，它完成实际的数据存储，封装了所有对底层存储的 I/O 操作。I/O 请求从客户端发出后，最终会使用 ObjectStore 提供的 API 进行相应的处理。

ObjectStore 也有不同的实现方式，目前主要有 FileStore、BlueStore、MemStore、KStore。可以在配置文件中通过 osd_objectstore 字段来指定 ObjectStore 的类型。MemStore 和元数据主要用于测试，其中 MemStore 将所有数据全部放在内存中，KStore 将元数据与 Data 全部存放到 KVDB 中。MemStore 和 KStore 都不具备生产环境的要求。

7.2.1 FileStore

FileStore 是基于 Linux 现有的文件系统，将 Object 存放在文件系统上的，也就是利用传统的文件系统操作实现 ObjectStore API。每个 Object 会被 FileStore 看作是一个文件，Object 的属性（xattr）会利用文件的属性存取，因为有些文件系统（如 ext4）对属性的长度有限制，所以超出长度的属性会作为 omap 存储。

FileStore 目前支持的文件系统有 XFS/ext4/Btrfs，推荐使用 XFS。接下来我们举例来说明 FileStore 在文件系统上的分布情况。示例代码如下：

```
// 创建 Cluster
$ MDS=0 OSD=1 MGR=1 RGW=0 MON=1 ../src/vstart.sh -f -n
// 创建存储池
$ ceph osd pool create rbd 3 3
// 写入某些 Object
$ rados -p rbd bench 1 write --no-cleanup
$ ls -al
drwxr-xr-x 3 root root       4096 9月  17 21:07 ./
drwxr-xr-x 5 root root       4096 9月  17 21:06 ../
-rw-r--r-- 1 root root         37 9月  17 21:06 ceph_fsid
drwxr-xr-x 4 root root       4096 9月  17 21:06 current/
-rw-r--r-- 1 root root         37 9月  17 21:06 fsid
-rw-r--r-- 1 root root  104857600 9月  17 21:07 journal
-rw-r--r-- 1 root root         56 9月  17 21:06 keyring
-rw-r--r-- 1 root root         21 9月  17 21:06 magic
-rw-r--r-- 1 root root         41 9月  17 21:06 osd_key
-rw-r--r-- 1 root root          6 9月  17 21:06 ready
-rw-r--r-- 1 root root          4 9月  17 21:06 store_version
-rw-r--r-- 1 root root         53 9月  17 21:06 superblock
-rw-r--r-- 1 root root         10 9月  17 21:06 type
-rw-r--r-- 1 root root          2 9月  17 21:06 whoami
```

- ceph_fsid：可以看作是 Ceph Cluster 的 UUID，OSD 重启的时候通过此项来判断 OSD 是否属于这个 Cluster。
- fsid：这个 OSD 的 UUID，区别于 Cluster 的其他 OSD。
- type：ObjectStore 的类型，比如 FileStore、BlueStore、MemStore、KStore。这里是 FileStore。

- journal：类似于 ext/XFS 的日志，其作用是保证 ObjectStore 的原子性。它既可以是文件系统的一个普通文件，也可以软链接到一个块设备。
- whoami：所有 OSD 都是从 0 开始计数的，通常所说的 osd.x 中的 x 就是 whoami。

current 子目录下面是 PG 的目录和元数据相关的信息，内容如下：

```
$ ls -al current/
drwxr-xr-x 10 root root 4096 9月  17 21:32 ./
drwxr-xr-x  3 root root 4096 9月  17 21:31 ../
drwxr-xr-x  2 root root 4096 9月  17 21:32 1.0_head/
drwxr-xr-x  2 root root 4096 9月  17 21:32 1.0_TEMP/
drwxr-xr-x  2 root root 4096 9月  17 21:32 1.1_head/
drwxr-xr-x  2 root root 4096 9月  17 21:32 1.1_TEMP/
drwxr-xr-x  2 root root 4096 9月  17 21:32 1.2_head/
drwxr-xr-x  2 root root 4096 9月  17 21:32 1.2_TEMP/
-rw-r--r--  1 root root    3 9月  17 21:32 commit_op_seq
drwxr-xr-x  2 root root 4096 9月  17 21:32 meta/
-rw-r--r--  1 root root    0 9月  17 21:31 nosnap
drwxr-xr-x  2 root root 4096 9月  17 21:31 omap/
```

- 1.0_head：1 表示存储池的 ID，我们创建的存储池有 3 个 PG，其下标是从 0 开始的，所以 1.0 表示第一个存储池的第一个 PG，以此类推。属于这个 PG 的所有 Object 都存放在这个目录下面，内容如下：

```
$ ls -al current/1.0_head
-rw-r--r-- 1 root root 4194304 9月  17 21:37 'benchmark\udata\uceph-test\u44593\uobject4__head_8CF99918__1'
-rw-r--r-- 1 root root 4194304 9月  17 21:37 'benchmark\udata\uceph-test\u44593\uobject7__head_A74860C0__1'
-rw-r--r-- 1 root root 4194304 9月  17 21:37 'benchmark\udata\uceph-test\u44593\uobject9__head_244ADC44__1'
-rw-r--r-- 1 root root       0 9月  17 21:32 __head_00000000__1
```

文件名和 Object 的名字也不是完全一致的，FileStore 会加上其他字段。这里有一个特殊的对象 __head_00000000__1，每一个 PG 目录下都有一个而且名字相同。这个 Object 是存放 PG 本身的信息的。

- 1.0_TEMP：1.0 的含义和前面 1.0_head 中的含义一样，TMEP 表示用来存放 PG 临时的 Object。

- meta：存放 OSDMap 的内容，记录每个版本的 OSDMap 的信息。可以配置最多保留几个最近的版本，其他旧版本会被删除，内容如下：

```
    -rw-r--r-- 1 root root  885 9月  17 21:31 'inc\uosdmap.1__0_B65F4306__
none'
    -rw-r--r-- 1 root root  256 9月  17 21:31 'inc\uosdmap.2__0_B65F40D6__
none'
    -rw-r--r-- 1 root root  659 9月  17 21:31 'inc\uosdmap.3__0_B65F4066__
none'
    -rw-r--r-- 1 root root  785 9月  17 21:31 'inc\uosdmap.4__0_B65F4136__
none'
    -rw-r--r-- 1 root root  450 9月  17 21:31 'inc\uosdmap.5__0_B65F46C6__
none'
    -rw-r--r-- 1 root root  506 9月  17 21:32 'inc\uosdmap.6__0_B65F4796__
none'
    -rw-r--r-- 1 root root  236 9月  17 21:32 'inc\uosdmap.7__0_B65F4726__
none'
    -rw-r--r-- 1 root root  491 9月  17 21:32 'inc\uosdmap.8__0_B65F44F6__
none'
    -rw-r--r-- 1 root root  657 9月  17 21:31 osdmap.1__0_FD6E49B1__none
    -rw-r--r-- 1 root root  760 9月  17 21:31 osdmap.2__0_FD6E4941__none
    -rw-r--r-- 1 root root  851 9月  17 21:31 osdmap.3__0_FD6E4E11__none
    -rw-r--r-- 1 root root  977 9月  17 21:31 osdmap.4__0_FD6E4FA1__none
    -rw-r--r-- 1 root root 1117 9月  17 21:31 osdmap.5__0_FD6E4F71__none
    -rw-r--r-- 1 root root 1395 9月  17 21:32 osdmap.6__0_FD6E4C01__none
    -rw-r--r-- 1 root root 1395 9月  17 21:32 osdmap.7__0_FD6E4DD1__none
    -rw-r--r-- 1 root root 1395 9月  17 21:32 osdmap.8__0_FD6E4D61__none
    -rw-r--r-- 1 root root  538 9月  17 21:32 'osd\usuperblock__0_23C2FCDE__
none'
    -rw-r--r-- 1 root root   38 9月  17 21:32 'pg\unum\uhistory__head_
0F1A1762__none'
    -rw-r--r-- 1 root root    0 9月  17 21:31 snapmapper__0_A468EC03__none
```

- omap：存放的是 filestore_omap_backend 所指数据库的内容。如果 filestore_omap_backend 是 RocksDB 的话，这个目录就是 RocksDB 的数据库，内容如下：

```
    -rw-r--r-- 1 root root   1066 9月  17 21:31 000007.sst
    -rw-r--r-- 1 root root 142740 9月  17 21:37 000009.log
    -rw-r--r-- 1 root root     16 9月  17 21:31 CURRENT
    -rw-r--r-- 1 root root     37 9月  17 21:31 IDENTITY
```

```
-rw-r--r-- 1 root root       0 9月  17 21:31 LOCK
-rw-r--r-- 1 root root   15386 9月  17 21:31 LOG
-rw-r--r-- 1 root root     108 9月  17 21:31 MANIFEST-000008
-rw-r--r-- 1 root root    4643 9月  17 21:31 OPTIONS-000008
-rw-r--r-- 1 root root    4643 9月  17 21:31 OPTIONS-000011
-rw-r--r-- 1 root root      37 9月  17 21:31 osd_uuid
```

1. 写操作

对于 FileStore 来说，一个简单的 put 操作，比如"rados –p rbd put test test-object"，包含了下面的 4 个操作，这 4 个操作在 Ceph 里合在一起称为事务。事务要求是原子性的，或全部成功，或全部失败，不允许有中间过程。

- Touch：对应系统调用 create。
- Setattrs：对应系统调用 setattrs。
- Write：对应系统调用 write。
- Omap_setkeys：对应 RocksDB 的 transaction。

因为 ObjectStore 这 4 个操作组成的事务是原子性的，但是文件系统本身并不支持，所以需要引入 journal。

2. journal

因为底层文件系统并不支持事务的原子性要求，所以就需要引入 journal。简单来说就是将事务作为一个 entry 事先存放在 journal 上，然后将事务的操作在文件系统上执行。如果文件系统正常完成，中间没有出现故障，那么就通知 journal 删除这个 entry。如果出现故障，那么在 OSD 重启的时候，从 journal 上读取未删除的 entry 进行重做。通过这种方式来达到事务的原子性。

journal 可以是一个普通文件或软链接。使用软链接这种形式是为 journal 性能考虑的，journal 是关键路线，其性能直接影响整个 ObjectStore 的性能。所以允许使用额外的块设备。在生产环境中，也是这样建议的，用固态硬盘、NVMe 或 Optane 作为 journal。

FileStore 将 journal 作为一个环形缓冲区（Ring Buffer），避免删除操作带来的消耗，进行删除操作时仅仅将有效位置前移即可。每个事务编码作为一个 entry 存放到

journal 中，然后等待 FileStore 完成后，将 entry 删除。如果 journal 由于某种原因满了，那么就必须要等待 FileStore 完成。所以创建 OSD 时，需要考虑 journal 的大小，太小容易满，从而导致操作阻塞。

journal 的优点是保证事务的原子性，但是带来的消耗是巨大的。任何操作都要先写到 journal，再写到文件系统上，数据量至少是两倍的增长。同时 XFS 也带有 journal，写放大很严重，很容易导致 journal 成为瓶颈。而且 XFS/Btrfs 是通用文件系统，满足所有可移植操作系统接口的要求，所以在某些操作上性能就没有那么高。这时就需要采用一个新的实现形式来替代 FileStore，以获得更高的性能。

7.2.2 BlueStore

FileStore 最初只是针对机械盘进行设计的，并没有对固态硬盘的情况进行优化，而且写数据之前先写 journal 也带来了一倍的写放大。为了解决 FileStore 存在的问题，Ceph 社区推出了 BlueStore。BlueStore 去掉了 journal，通过直接管理裸设备的方式来减少文件系统的部分开销，并且也对固态硬盘进行了单独的优化。BlueStore 架构如图 7-13 所示。

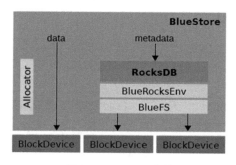

图 7-13　BlueStore 架构

BlueStore 和传统的文件系统一样，由 3 个部分组成：数据管理、元数据管理、空间管理（即所谓的 Allocator）。与传统文件系统不同的是，数据和元数据可以分开存储在不同的介质中。

BlueStore 不再基于 ext4/XFS 等本地文件系统，而是直接管理裸设备，为此在用户态实现了 BlockDevice，使用 Linux AIO 直接对裸设备进行 I/O 操作，并实现了 Allocator 对裸设备进行空间管理。至于元数据则以 Key/Value 对的形式保存在 KV 数据库里（默认为 RocksDB）。但是 RocksDB 并不是基于裸设备进行操作的，而是基于文件系统（RocksDB 可以将系统相关的处理抽象成 Env，BlueStore 实现了一个 BlueRocksEnv，来为 RocksDB 提供底层系统的封装）进行操作的，为此 BlueStore 实现了一个小的文件系统 BlueFS，在将 BlueFS 挂载到系统中的时候将所有的元数据加载到内存中。

1）KVDB

使用 KVDB 的原因是它可以快速实现 ObjectStore 的事务的语义。图 7-13 中使用的是 RocksDB，但不表示只能用 RocksDB，RocksDB 只是目前默认的一种 KVDB。只要能提供相应接口的，任何 KVDB 都可以使用。

RocksDB 是 Facebook 公司基于 LevelDB 开发的 KVDB。用于解决 LevelDB 单线程合并导致性能不佳的问题，并同时丰富 API。RocksDB 后端存储必须基于一个文件系统，所以对于 RocksDB 有两种选择：使用标准 Linux 文件系统，比如 ext4/XFS 等；实现一套简单的用户空间文件系统，满足 RocksDB 的需求。同样基于性能的考虑，Ceph 实现了 BlueFS，而没有使用 XFS/Btrfs。

MemDB 是专门为测试性能而产生的一个 KVDB，其实就是用 std:map 在内存中存放元数据，通过了解 MemDB 可以快速了解实现一个 KVDB 需要的功能。MemDB 在正常关闭情况下会将 std::map 的内容写到本地一个文件中，在重启时被读取出来。

2）Allocator

由于 BlueStore 和 BlueFS 直接操作裸设备，所以和传统文件系统一样，磁盘空间也需要自己来管理。不过这部分并没有创新，都是按照最小单元进行格式化的，使用 BitMap 来进行分配。

3）BlueFS

BlueFS 是专门为 RocksDB 开发的文件系统，根据 RocksDB WAL 和 SST（Sorted Sequence Table）的不同特性，可以配置两个单独的块设备。BlueFS 自己管理裸设备，所以也有自己的 Allocator，不同于 BlueStore，BlueFS 的元数据是作为一个内部特殊的文件进行管理的，这是因为它的文件和目录都不是很大。

4）元数据

和传统文件系统的元数据一样，包含文件的基本信息：name、mtime、size、attributes，以及逻辑和物理块的映射信息，同时包含裸设备的块的分配信息。

ext2/3/4 在存放大量小文件时可能会出现元数据空间不够，但是数据空间大量空闲的情况。BlueFS 会共享 BlueStore 的块设备，在其原有空间不够的情况下，会从这个块设备分配空间。用这种方式来解决元数据和数据空间出现不匹配的问题。

5）BlockDevice

在使用 BlueFS+RocksDB 的情况下最多有 3 个块设备：Data 存放 BlueStore 数据；WAL 存放 RocksDB 内部 journal；DB 存放 RocksDB SST。

- 1 个块设备。只有 Data 设备，BlueStore 和 BlueFS 共享这个设备。
- 2 个块设备。有 2 种配置：Data+WAL，RocksDB SST 存放在 Data 上；Data+DB，WAL 放在 DB 上。
- 3 个块设备。Data+DB+WAL，原则上数据存放在 Data 上，RocksDB journal 存放在 WAL 上，RocksDB SST 存放在 DB 上。
- 空间互借的原则。mkfs 时不知道元数据到底有多少，KVDB 空间大小也很难确定，所以就会允许当空间出现不足时，可以按照 WAL→DB→Data 这个原则进行分配。

6）驱动

驱动是指如何读/写块设备，根据不同的设备种类可以选择不同的方式，以获取更高的性能。

- 系统调用读/写。

这是最常用的方式，对任何块设备都适用。使用 Linux 系统调用读/写或 aio_submit 来访问块设备。

- SPDK。

SPDK 是专门为 NVMe 开发的用户空间驱动，放弃原有系统调用模式，是基于以下两个原因：①NVMe 设备的 IOps 很高，如果按照传统的系统调用，需要先从用户空间进入内核空间，完成后再从内核空间返回用户空间，这些开销对 NVMe 而言就比较大了；②内核块层是通用的，而作为存储产品这些设备是专用的，不需要传统的 I/O 调度器。

- PMDK。

PMDK 是专门为英特尔 AEP 设备开发的驱动。AEP 可以看成是带电的 DRAM，掉电不丢数据。不同于 NAND Flash，写之前需要擦除。基本存储单元不是扇区，而是和 DRMA 一样为 Byte。接口不是 PCIe，而是和 DRAM 一样直接插在内存槽上的。目前 Kernel 已经有驱动，将 AEP 作为一个块设备使用，也针对 AEP 的特性，实现了 DAX 的访问模式（AEP 设备不使用 Page Cache）。

基于性能的考虑，PMDK 专门作为 AEP 的驱动出现。考虑到 AEP 存储单元是 Byte，所以其将 AEP 设备 mmap，这样就可以直接按字节访问 AEP 了。由于使用的是 DAX 技术，所以 mmap 跳过 Page Cache，直接映射到 AEP。这样就实现了用户空间直接访问 AEP，极大地提高了 I/O 性能。

7.2.3 SeaStore

SeaStore 是下一代的 ObjectStore，目前仅仅有一个设计雏形。因为 SeaStore 基于 SeaStar，所以暂时称为 SeaStore，但是不排除后面有更合适的名字。SeaStore 有以下几个目标。

- 专门为 NVMe 设备设计，而不是 PMEM 和硬盘驱动器。
- 使用 SPDK 访问 NVMe 而不再使用 Linux AIO。
- 使用 SeaStar Future 编程模型进行优化，以及使用 share-nothing 机制避免锁竞争。
- 网络驱动使用 DPDK 来实现零拷贝。

由于 Flash 设备的特性，重写时必须先要进行擦除操作。垃圾回收擦除时，并不清楚哪些数据有效，哪些数据无效（除非显式调用 discard 线程），但是文件系统层是知道这一点的。所以 Ceph 希望将垃圾回收功能可以提到 SeaStore 来做。SeaStore 的设计思路主要有以下几点。

- SeaStore 的逻辑段（segment）应该与硬件 segment（Flash 擦除单位）对齐。
- SeaStar 是每个线程一个 CPU 核，所以将底层按照 CPU 核进行分段。
- 当空间使用率达到设定上限时，就会进行回收。当 segment 完全回收后，就会调用 discard 线程通知硬件进行擦除。尽可能保证逻辑段与物理段对齐，避免逻辑段无有效数据，但是底层物理段存在有效数据，那么就会造成额外的读/写操作。同时由 discard 带来的消耗，需要尽量平滑处理回收工作，减少对正常读/写的影响。

- 用一个公用的表管理 segment 的分配信息，所有元数据用 B-Tree 进行管理。

7.3 CRUSH 算法

作为一个分布式存储系统，如何合理地分布数据非常重要。Ceph 系统的许多特性，如去中心化、易扩展性和负载均衡等都和它采用的 CRUSH 数据分布算法是密不可分的。经过不断地实践和优化，Ceph 作为开源云存储重要的后端之一，被大家认可，这也离不开 CRUSH 算法的先进设计。

7.3.1 CRUSH 算法的基本特性

在单一设备或节点上存储数据，它的容量总是有限的。随着计算机技术的发展，单个节点已经远远无法满足人们日益增长的存储需求。这时，就需要一个通过网络连接的多节点存储系统，同时提供给上层应用稳定和统一的存储接口使用，并在必要的时候能够通过增加节点来达到理论上无限的扩容空间。

要在多个硬盘或节点中存储数据，一个非常简单的策略就是将新数据写到新盘或空闲盘中。但是这样会带来非常大的问题，首先新数据会集中保存在新盘中，而往往新数据也会是热数据，这会导致存储系统中的输入、输出集中在少数几个盘中，从而形成性能瓶颈。而顺序存储带来的弊端还有，在删除旧数据后形成的空间碎片不经过整理会很难得到有效利用。

为了实现更合理的资源利用，可以利用哈希算法的特性，将数据块随机均匀地分布到整个集群中，同时由于哈希算法的稳定性，读取时也能够快速索引到需要的内容。这种随机混合的数据分布不仅可以实现让读/写均匀地分布在集群中，最大化利用带宽资源，还可以保证数据删除的行为在哈希后也是均匀分布的。若数据块大小不一致，也可以通过事先分割来达到数据的均匀分布。但是，当集群大小发生变化，如扩容或设备失效时，简单的基于节点数量的哈希算法会导致所有集群数据的剧烈迁移，甚至导致存储系统处于不可用的状态，这是不能被接受的。

而一致性哈希算法的出现解决了扩容带来的数据迁移问题，甚至能够接近理论上的最优解。即在存有 k 个数据块的 n 个节点存储系统中，再增加 m 个节点只会导致平均 $k \times m / (n+m)$ 个数据块从 n 个节点向 m 个节点迁移，而非所有 k 个数据块全部重新分布。这似乎已经非常理想了，但一致性哈希算法的模型仍然过于简单，不足以应对存储系统中出现的各种可能的情况。最突出的就是数据失效问题，因为所有用户数据都是均匀分布在系统中的，所以一个设备的失效将会影响所有用户数据的完整性。而且由于一致性哈希算法没有感知存储节点的实际物理分布的能力，如何合理地控制数据的失效域更是无从谈起。

由此可见，为一个分布式存储系统实现数据分布算法不简单，至少需要考虑下述情况。

- 实现数据的随机分布，并在读取时能快速索引。
- 能够高效地重新分布数据，在设备加入、删除和失效时最小化数据迁移。
- 能够根据设备的物理位置合理地控制数据的失效域。
- 支持常见的镜像、磁盘阵列、纠删码等数据安全机制。
- 支持不同存储设备的权重分配，来表示其容量大小或性能。

CRUSH 算法在设计时就考虑了上述 5 种情况。如图 7-14 所示，CRUSH 算法根据输入 x 得到随机的 n 个（图 7-14 为 3 个）有序的位置，即 OSD.k，并保证在相同的元数据下，对于输入 x 的输出总是相同的。也就是说，Ceph 只需要在集群中维护并同步少量的元数据，各个节点就能独立计算出所有数据的位置，并且保证输出结果对于同样的输入 x 是相同的。而 CRUSH 算法的计算过程无须任何中心节点介入，这种去中心化设计在理论上能够承受任何节点的失效问题，降低了集群规模对性能的不利影响。

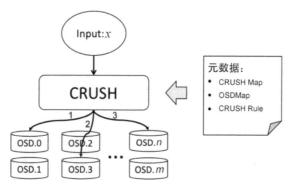

图 7-14 CRUSH 算法

CRUSH 元数据包含了 CRUSH Map、OSDMap 和 CRUSH Rule。其中，CRUSH Map 保存了集群中所有设备或 OSD 存储节点的位置信息和权重设置，使 CRUSH 算法能够感知 OSD 的实际分布和特性，并通过用户定义的 CRUSH Rule 来保证算法选择出来的位置能够合理分布在不同的失效域中。而 OSDMap 保存了各个 OSD 的运行时状态，能够让 CRUSH 算法感知存储节点的失效、删除和加入情况，产生最小化的数据迁移，提高 Ceph 在各种情况下的可用性和稳定性。关于这些元数据概念和算法细节会在后续内容介绍，同时，我们也会重点介绍 Ceph 与 CRUSH 算法相关的设计，以及一些 CRUSH 算法的具体用法。

7.3.2 CRUSH 算法中的设备位置及状态

在介绍 CRUSH 算法的细节之前，我们有必要先介绍一下 CRUSH 元数据是如何维护 OSD 设备信息的。其中，CRUSH Map 主要保存了 OSD 的物理组织结构，而 OSDMap 保存了各 OSD 设备的运行时状态。CRUSH 算法即通过一系列精心设计的哈希算法去访问和遍历 CRUSH Map，按照用户定义的规则选择正常运行的 OSD 来保存数据对象。

1. CRUSH Map 与设备的物理组织

CRUSH Map 本质上是一种有向无环图（DAG），用来描述 OSD 的物理组织和层次结构。其结构如图 7-15 所示，所有的叶子节点表示 OSD 设备，而所有的非叶子节点表示桶。桶根据层次来划分可以定义不同的类型（CRUSH Type 或 Bucket Class），如根节点、机架、电源等。

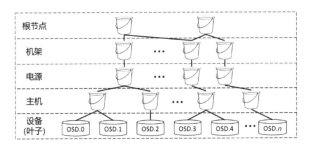

图 7-15　CRUSH Map

在默认情况下，Ceph 会创建两种类型的桶，分别是根节点和主机，然后把所有的 OSD 设备都放在对应的主机类型桶中，再把所有主机类型桶放入一个根节点类型桶中。在更复杂的情况下，例如，要防止由于机架网络故障或电源失效而丢失数据，就需要用户自行创建桶的类型层次并建立对应的 CRUSH Map 结构。

查看当前集群的 CRUSH Map 可以使用如下命令：

```
$ ceph osd crush tree
ID CLASS WEIGHT  TYPE NAME
-1       0.09796 root default
-3       0.09796 host my-host
 0   ssd 0.00980      osd.0
......
 8   ssd 0.00980      osd.8
 9   ssd 0.00980      osd.9
```

其中，负数 ID 的行表示 CRUSH 桶，非负数 ID 的行表示 OSD 设备，CLASS 表示 OSD 设备的 Device Class，TYPE 表示桶类型，即 CRUSH Type。

2. CRUSH Map 叶子

CRUSH Map 中所有的叶子节点即 OSD 设备，每个 OSD 设备在 CRUSH Map 中具有名称、Device Class 和全局唯一的非负数 ID。其中，默认的 Device Class 有硬盘驱动器、固态硬盘和 NVMe 3 种，用于区分不同的设备类型。Ceph 可以自动识别 OSD 的 Device Class 类型，当然也可以由用户手动创建和指定。当前 Ceph 内部会为每个 Device Class 维护一个 Shadow CRUSH Map，在用户规则中指定选择某一个 Device Class，比如固态硬盘时，CRUSH 算法会自行基于对应的 Shadow CRUSH Map 执行。可以使用以下命令查看 Device Class 和 Shadow CRUSH Map：

```
//列出所有的 Device Class
$ ceph osd crush class ls
//列出属于某个 Device Class 的 OSD 设备
$ ceph osd class ls-osd <class>
//显示 Shadow CRUSH Map
$ ceph osd crush tree --show-Shadow
```

3. CRUSH Map 桶

CRUSH Map 中所有的非叶子节点即桶,桶也具有名称、Bucket Class 和全局唯一的负数 ID。属于同一种 Bucket Class 的桶往往处于 CRUSH Map 中的同一层次,其在物理意义上往往对应着同一类别的失效域,如主机、机架等。

作为保存其他桶或设备的容器,桶中还可以定义具体的子元素列表、对应的权重(Weight)、CRUSH 算法选择子元素的具体策略,以及哈希算法。其中,权重可以表示各子元素的容量或性能,当表示为容量时,其值默认以 TB 为单位,可以根据不同的磁盘性能适当微调具体的权重。CRUSH 算法选择桶的子元素的策略又称为 Bucket Type,默认为 Straw 方式,它与 CRUSH 算法的实现有关,我们只需要知道不同的策略与数据如何重新分布、计算效率和权重的处理方式密切相关,具体的细节后续会进行介绍。桶中的哈希算法默认值为 0,其意义是 rjenkins1,即 Robert Jenkin's Hash。它的特点是可以保证即使只有少量的数据变化,或者有规律的数据变化也能导致哈希值发生巨大的变化,并让哈希值的分布接近均匀。同时,其计算方式能够很好地利用 32 位或 64 位处理器的计算指令和寄存器,达到较高的性能。在 CRUSH Map 中,Bucket Class 与桶的具体定义如下:

```
//Bucket Class 的定义
type <Bucket Class ID> <Bucket Class 名称>
//桶的定义
<Bucket Class 名称> <桶名> {
    id   <负数 ID>
    alg  <Bucket Type: Uniform/List/Tree/Straw/Straw2>
    hash <哈希算法:0/1>
    item <子桶名或设备名 1> weight <权重 1>
    item <子桶名或设备名 2> weight <权重 2>
    ......
}
```

4. OSDMap 与设备的状态

在运行时期，Ceph 的 Monitor 会在 OSDMap 中维护一种所有 OSD 设备的运行状态，并在集群内同步。其中，OSD 运行状态的更新是通过 OSD-OSD 和 OSD-Monitor 的心跳完成的。任何集群状态的变化都会导致 Monitor 中维护的 OSDMap 版本号（Epoch）递增，这样 Ceph 客户端和 OSD 服务就可以通过比较版本号大小来判断自己的 Map 是否已经过时，并及时进行更新。

OSD 设备的具体状态可以是在集群中（in）或不在集群中（out），以及正常运行（up）或处于非正常运行状态（down）。其中 OSD 设备的 in、out、up 和 down 状态可以任意组合，只是当 OSD 同时处于 in 和 down 状态时，表示集群处于不正常状态。在 OSD 快满时，也会被标记为 full。我们可以通过以下命令查询 OSDMap 的状态，或者手动标记 OSD 设备的状态：

```
//查看 OSD 状态和 OSDMap epoch
$ ceph osd stat
//手动标记 OSD 设备状态
$ ceph osd up <OSD-ids>
$ ceph osd down <OSD-ids>
$ ceph osd in <OSD-ids>
$ ceph osd out <OSD-ids>
```

7.3.3 CRUSH 中的规则与算法细节

在了解了 CRUSH Map 是如何维护 OSD 设备的物理组织，以及 OSDMap 是如何维护 OSD 设备的运行时状态后，我们就更容易理解 CRUSH Rule 是如何做到个性化的数据分布策略，以及 CRUSH 算法的实现机制了。

1. CRUSH Rule 基础

仅仅了解了 OSD 设备的位置和状态，CRUSH 算法还是无法确定数据该如何分布。由于具体使用需求和场景的不同，用户可能会需要截然不同的数据分布方式，而 CRUSH Rule 就提供了一种方式，即通过用户定义的规则来指导 CRUSH 算法的具体执行。其场景主要如下所示。

- 数据备份的数量：规则需要指定能够支持的备份数量。
- 数据备份的策略：通常来说，多个数据副本是不需要有顺序的；但是纠删码不一样，纠删码的各个分片之间是需要有顺序的。所以 CRUSH 算法需要了解各个关联的副本之间是否存在顺序性。
- 选择存储设备的类型：规则需要能够选择不同的存储设备类型来满足不同的需求，比如高速、昂贵的固态硬盘类型设备，或者低速、廉价的硬盘驱动器类型设备。
- 确定失效域：为了保证整个存储集群的可靠性，规则需要根据 CRUSH Map 中的设备组织结构选择不同的失效域，并依次执行 CRUSH 算法。

Ceph 集群通常能够自动生成默认的规则，但是默认规则只能保证集群数据备份在不同的主机中。实际情况往往更加精细和复杂，这就需要用户根据失效域自行配置规则，保存在 CRUSH Map 中，代码如下：

```
//CRUSH Rule 的定义
rule <规则名称> {
    ruleset <唯一的规则 ID>
    type <备份策略：replicated/erasure>
    min_size <规则支持的最少备份数量>
    max_size <规则支持的最多备份数量>
    //选择设备范围，确定失效域
    step take ...
    step choose ...
    ......
    step emit
}
```

其中，规则能够支持的备份数量是由 min_size 和 max_size 确定的，type 确定了规则所适用的备份策略。Ceph 在执行 CRUSH 算法时，会通过 ruleset 对应的唯一 ID 来确定具体执行哪条规则，并通过规则中定义的 step 来选择失效域和具体的设备。

所有规则的详细定义如下：

```
$ ceph osd crush rule dump
```

2. CRUSH Rule 的 step take 与 step emit

CRUSH Rule 执行步骤中的第一步和最后一步分别是 step take 与 step emit。step take 通过桶名称来确定规则的选择范围，对应 CRUSH Map 中的某一个子树。同时，也可以选择 Device Class 来确定所选择的设备类型，如固态硬盘或硬盘驱动器，CRUSH算法会基于对应的Shadow CRUSH Map 来执行接下来的 step choose。step take 的具体定义如下：

```
step take <桶名称> [class <Device Class>]
```

step emit 非常简单，即表示步骤结束，输出选择的位置。

3. step choose 与 CRUSH 算法原理

CRUSH Rule 的中间步骤为 step choose，其执行过程即对应 CRUSH 算法的核心实现。每一 step choose 需要确定一个对应的失效域，以及在当前失效域中选择子项的个数。由于数据备份策略的不同（如镜像与纠删码），step choose 还要确定选择出来的备份位置的排列策略。其定义如下：

```
step <选择方式：choose/chooseleaf>
     <选择备份的策略：firstn/indep>
     <选择个数：n>
     type <失效域所对应的Bucket Class>
```

此外，CRUSH Map 中的桶定义也能影响 CRUSH 算法的执行过程。例如，CRUSH 算法还需要考虑桶中子项的权重来决定它们被选中的概率，同时，在 OSDMap 中的运行状态发生变化时，尽量减少数据迁移。具体的子元素选择算法是由桶定义里面的 Bucket Type 来确定的。

桶定义还能决定 CRUSH 算法在执行时所选择的哈希算法。哈希算法往往会导致选择冲突的问题。类似地，当哈希算法选择出 OSD 设备后，可能会发现其在 OSDMap 被标记为不正常的运行状态。这时，CRUSH 算法需要有自己的一套机制来解决选择冲突和选择失败问题。

1）选择方式、选择个数与失效域

在 step 的配置中，可以定义在当前步骤下选择的 Bucket Class，即失效域，以及选择的具体个数 n。例如，让数据备份分布在不同的机架中，代码如下：

```
step take root
step chooseleaf firstn/indep 0 type rack
step emit
```

或者是让数据分布在两个电源下面的两个主机中,代码如下:

```
step take root
step choose firstn/indep 2 type power
step chooseleaf firstn/indep 2 type host
step emit
```

其中,当选择个数 n 的值为 0 时,表示选择与备份数量一致的桶;当 n 的值为负数时,表示选择备份数量减去 n 个桶;当 n 的值为正数时,即选择 n 个桶。

chooseleaf 可以被看作 choose 的一种简写方式,它会在选择完指定的 Bucket Class 后继续递归直到选择出 OSD 设备。例如,让数据备份分布在不同的机架的规则也可以写成:

```
step take root
step choose firstn/indep 0 type rack
step choose firstn/indep 1 type osd
step emit
```

2)选择备份的策略:firstn 与 indep

CRUSH 算法的选择策略主要和备份的方式有关。firstn 对应的是以镜像的方式备份数据。镜像备份的主要特征是各数据备份之间是无顺序的,即当主要备份失效时,任何从属备份都可以转为主要备份来进行数据的读/写操作。其内部实现可以理解为 CRUSH 算法维护了一个基于哈希算法选择出来的设备队列,当一个设备在 OSDMap 中标记为失效时,该设备上的备份也会被认为失效。这个设备会被移出这个虚拟队列,后续的设备会作为替补。firstn 的字面意思是选出虚拟队列中前 n 个设备来保存数据,这样的设计可以保证在设备失效和恢复时,能够最小化数据迁移量。firstn 策略如图 7-16 所示。

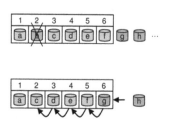

图 7-16 firstn 策略

而 indep 对应的是以纠删码的方式来备份数据的。纠删码的数据块和校验块是存在顺序的,也就是说它无法像 firstn 一样去替换失效设备,这将导致后续备份设备的相对位置发生变化。而且，在多个设备发生临时失效后，无法保证设备恢复后仍处于原来的位置，这就会导致不必要的数据迁移。indep 通过为每个备份位置维护一个独立的（Independent）虚拟队列来解决这个问题。这样，任何设备的失效就不会影响其他设备的正常运行了；而当失效设备恢复运行时，又能保证它处于原来的位置，降低了数据迁移的成本。indep 策略如图 7-17 所示。

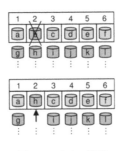

图 7-17　indep 策略

虚拟队列是通过计算索引值来实现的。简单来讲，对于 firstn 策略，当第 2 个设备 b（索引值为 2）失效时，第 2 个镜像位置会重新指向索引值为 2+1 的设备，即第 r 个镜像位置会指向索引值为 $r+f$ 的设备，其中 f 为前序失效设备的个数。而对于 indep 策略，如图 7-17 所示，当第 2 个设备 b 失效时，第 2 个镜像位置会指向索引值为 2+1×6 的设备 h，也就是说，第 r 个镜像位置会指向索引值为 $r+f×n$ 的设备，其中 f 为设备失效计数，n 为总备份数。其精确的算法描述可以参考 CRUSH 论文。

3）选择桶的子元素的方式：Bucket Type

CRUSH 算法在确定了最终选择的索引值后，并不是按照索引值从对应的桶中直接选出子桶或子设备的，而是提供了多个选择，让用户能够根据不同情况进行配置。子元素的选择算法通过 Bucket Type 来配置，分别有 Uniform、List、Tree、Straw 和 Straw2 5 种。它们各自有不同的特性，可以在算法复杂度、对集群设备增减的支持，以及对设备权重的支持 3 个维度进行权衡。

根据 Bucket Type 的算法实现可以将子元素的选择算法分为三大类。首先是 Uniform，它假定整个集群的设备容量是均匀的，并且设备数量极少变化。它不关心子设备中配置的权重，直接通过哈希算法将数据均匀分布到集群中，所以也拥有最快的计算速度 $O(1)$，但是其适用场景极为有限。

其次是分治算法。List 会逐一检查各个子元素，并根据权重确定选中对应子元素的概率，拥有 $O(n)$ 的复杂度，优点是在集群规模不断增加时能够最小化数据迁移，但是在移除旧节点时会导致数据重新分布。Tree 使用了二叉搜索树，让搜索到各子元素的概率与权重一致。它拥有 $O(\log n)$ 的算法复杂度，并且能够较好地处理集群规模的增减。但是 Tree 算法在 Ceph 实现中仍有缺陷，已经不再推荐使用。

分治算法的问题在于各子元素的选择概率是全局相关的，所以子元素的增加、删除和权重的改变都会在一定程度上影响全局的数据分布，由此带来的数据迁移量并不是最优的。第三类算法的出现即为了解决这些问题。Straw 会让所有子元素独立地互相竞争，类似于抽签机制，让子元素的签长基于权重分布，并引入一定的伪随机性，这样就能解决分治算法带来的问题。Straw 的算法复杂度为 $O(n)$，相对 List 耗时会稍长，但仍是可以被接受的，甚至成为了默认的桶类型配置。然而，Straw 并没有能够完全解决最小数据迁移量问题，这是因为子元素签长的计算仍然会依赖于其他子元素的权重。Straw2 的提出解决了 Straw 存在的问题，在计算子元素签长时不会依赖于其他子元素的状况，保证数据分布遵循权重分布，并在集群规模变化时拥有最佳的表现。

7.3.4 CRUSH 算法实践

在了解 CRUSH 算法的基本原理后，本节通过介绍如何在 Ceph 集群中使用与维护 CRUSH Map 来加深对 CRUSH 算法的理解。

1. 创建和维护 CRUSH Map 桶结构

Ceph 集群在创建时能够自动生成默认的 CRUSH Map 和规则，即为每个 OSD 设备生成对应的 CRUSH 叶子，为每个主机生成对应的 CRUSH 桶，包含在一个名为 root 的根桶中。默认规则的名称是 replicated_rule，它将数据镜像分布到不同的 OSD 设备中。我们可以通过以下命令获得默认的 CRUSH Map 字面定义：

```
$ ceph osd getcrushmap > crush.bin
$ crushtool -d crush.bin -o crush.txt
```

从集群中直接获得的 CRUSH Map 是一个二进制文件（crush.bin），需要通过 crushtool 解码成为可读的文本文件（crush.txt）。获得的 CRUSH Map 拥有以下结构：

```
# begin crush map
```

```
tunable ...
...(CRUSH 算法微调参数)
# device
device 0 osd.0 class hdd
...(CRUSH 叶子定义)
# type
type 0 osd
...(Bucket Class 定义)
# Bucket
host hostname1 {...}
...(Bucket 定义)
# Rule
rule replicated_rule {...}
...(Rule 定义)
# end crush map
```

获得 CRUSH Map 文本文件之后，我们可以根据实际情况修改 CRUSH 算法结构，例如，支持新的失效域，以及指定新的 CRUSH 算法规则等。我们可以上传新的 CRUSH Map 文件（crush_new.txt）来应用这些改动：

```
$ crushtool -c crush_new.txt -o crush_new.bin
$ ceph osd setcrushmap -i crush_new.bin
//查看改动情况
$ceph osd tree
```

此外，我们还可以用以下命令直接修改集群中保存的 CRUSH Map：

```
$ ceph osd crush add-bucket <桶名> <Bucket Class>
$ ceph osd crush rename-bucket <旧桶名> <新桶名>
$ ceph osd crush swap-bucket <替换的桶a> <替换的桶b>
$ ceph osd crush create-or-move/move <桶名> <目的Bucket Class>=<目的桶>
$ ceph osd crush rm <桶名称>
```

2. 维护 CRUSH 设备的位置

当启动 OSD 服务时，Ceph 需要知道该 OSD 在 CRUSH Map 中的具体位置，也称 CRUSH Location。默认地，Ceph 会自动识别 OSD 所在的主机名称，并将它放入对应的主机桶中。此外，我们还能通过多种方式维护 OSD 设备的 CRUSH 位置。

其中，最普遍的方式是在 ceph.conf 文件中配置 crush_location，用来描述当前主机上所有设备的位置，例如：

```
[osd]
crush location = row=a rack=a2 chassis=a2a host=a2a1
```

第二种方式是配置 osd_crush_location_hook 脚本，这样 Ceph 就可以通过执行该脚本自动获得当前主机的 CRUSH Location 了。

此外，也可以手动执行命令更新 OSD 位置，代码如下：

```
$ ceph osd crush set <OSD 设备 ID> <OSD 设备权重> <CRUSH Location>
```

若需要避免 OSD 服务在启动时自动覆盖已定义的设备位置，需要在 ceph.conf 文件中将 osd_crush_update_on_start 的值设为 false。

3. 调整 CRUSH 算法

CRUSH 算法发展到现在，其实已经经历了多次迭代，提供了一些额外特性进行调整。这里主要介绍 CRUSH Tunables 及 CRUSH 算法如何更精细地控制主 OSD 的选择。

1）Tunables

CRUSH 算法经历过几次内部调整，每次的调整都会带来新的微调参数，比如子元素选择失败的次数、允许的桶类型和一些算法细节的优化开关等，这些调整选项就称为 CRUSH Tunables。它们在不同的 Ceph 版本之间会有不兼容的问题，而且大部分调整都是为了解决 CRUSH 算法的原有缺陷，每个版本都有自己的最优配置。所以用户一般不需要知道具体如何调整 CRUSH Tunables，一般可以选择名为 optimal 的描述文件，在出现兼容性问题时，也可以选择旧版本的描述文件：

```
$ ceph osd crush tunables optimal
```

2）主 OSD 设备的亲和性

在使用镜像策略时，由于主 OSD 承载了与客户端的连接和主要的读/写任务，所以 Ceph 对主 OSD 的性能要求会比较高。在一个拥有不同性能设备的 Ceph 集群中，我们只需要知道集群哪些设备适合作为主 OSD 使用，哪些是不适合的，可以使用以下命令来实现：

```
//权重为 0 表示不适合作为主 OSD 设备，1 表示适合作为主 OSD 设备
```

```
$ ceph osd primary-affinity <OSD 设备 ID> <权重：0~1>
```

3）控制主 OSD 设备的选择范围

除了使用亲和性设置，我们还可以使用自定义的 CRUSH Rule 定义更清晰的规则，以确定主 OSD 的选择范围，命令如下：

```
// CRUSH Rule 的定义
rule ssd-primary {
    ruleset 5
    type replicated
    min_size 5
    max_size 10
    //从 SSD 桶中选出一个主 OSD
    step take ssd
    step chooseleaf firstn 1 type host
    step emit
    //从 platter 桶中选出其他 OSD
    step take platter
    step chooseleaf firstn -1 type host
    step emit
}
```

4．测试 CRUSH 算法

这里将介绍用于协助调试和优化 Ceph 集群中的 CRUSH Map 和 CRUSH Rule 的工具。

1）crushtool 工具

前面已经了解到 crushtool 能协助我们编码及解码二进制的 CRUSH Map，实际上它还能协助我们对 CRUSH Map 进行测试。例如，测试我们编写的规则在当前的 CRUSH Map 中是否会出现运行失败的情况，命令如下：

```
$ ceph osd getcrushmap > crush.bin
$ crushtool -i crush.bin --test --show-statistics
```

上述命令会为 crush.bin 中定义的所有规则中所有支持的镜像数量（numrep 从 min_size 至 max_size）进行测试，每轮测试会生成从 0 至 1023 共 1024 个输入 x，进入 CRUSH 算法执行。"--show-statistics" 会输出当前测试的执行结果，例如：

```
rule 0 (test_rule), x = 0...1023, numrep = 1...10
rule 0 (test_rule) num_rep 1 result size == 1: 1024/1024
rule 0 (test_rule) num_rep 2 result size == 2: 1024/1024
rule 0 (test_rule) num_rep 3 result size == 3: 1024/1024
rule 0 (test_rule) num_rep 4 result size == 4: 1024/1024
rule 0 (test_rule) num_rep 5 result size == 5: 1024/1024
rule 0 (test_rule) num_rep 6 result size == 5: 1024/1024
rule 0 (test_rule) num_rep 7 result size == 5: 1024/1024
rule 0 (test_rule) num_rep 8 result size == 5: 1024/1024
rule 0 (test_rule) num_rep 9 result size == 5: 1024/1024
rule 0 (test_rule) num_rep 10 result size == 5: 1024/1024
```

从上述结果中很容易看出当前定义的规则test_rule会在镜像数量大于5的时候执行失败，导致result size最多只输出5个OSD位置。

crushtool能显示具体的错误结果：

```
$ crushtool -i crush.bin --test --show-bad-mappings
...
bad mapping rule 0 x 1021 num_rep 10 result [2,8,0,5,6]
bad mapping rule 0 x 1022 num_rep 10 result [7,5,8,0,2]
...
```

其中显示了两条错误，其测试的规则ID为0，输入x为1021和1022，镜像数量标记为10，但是输出结果都只有5个OSD设备，所以执行结果均为失败。

使用crushtool来测试数据分布是否均匀，命令如下：

```
$ crushtool -i crush.bin --test --num-rep 3 --show-utilization
rule 0 (test_rule), x = 0...1023, numrep = 3...3
rule 0 (test_rule) num_rep 3 result size == 3: 1024/1024
  device 0:   stored : 310   expected : 307.2
  device 1:   stored : 304   expected : 307.2
  device 2:   stored : 289   expected : 307.2
  device 3:   stored : 315   expected : 307.2
  device 4:   stored : 316   expected : 307.2
  device 5:   stored : 290   expected : 307.2
  device 6:   stored : 307   expected : 307.2
  device 7:   stored : 301   expected : 307.2
  device 8:   stored : 308   expected : 307.2
```

```
device 9:    stored : 332  expected : 307.2
```

上述结果表示在镜像数量为 3 时,1024 个数据对象在所有 OSD 设备上的分布情况与期望分布存在的差异。

使用 crushtool 来测试规则执行过程中发生的冲突和重试情况,命令如下:

```
$crushtool -i crush.bin --test --num-rep 3 --show-choose-tries
 0:      5379
 1:       481
 2:       167
 3:        74
...
```

2) crush 小程序

除了官方的 crushtool,还可以选择第三方的工具对 CRUSH Map 进行测试,如 crush,其安装命令如下:

```
$ pip install crush
```

类似 crushtool 的--show-utilization 测试,crush 也能用于分析 Map 是否能按照权重均匀地分布数据,命令如下:

```
$ crush analyze --type device --rule data --crushmap crush.json
        ~id~  ~weight~  ~PGs~   ~over/under filled %~
~name~
device5   5     2.03    50318         0.64
device6   6     1.02    25128         0.51
device7   7     2.03    50111         0.22
device1   1     2.03    49981        -0.04
device0   0     1.02    24961        -0.16
device3   3     2.03    49847        -0.31
device4   4     1.02    24875        -0.50
device2   2     1.02    24779        -0.88
```

crush 工具的一个更为强大的地方是它能够用于检测和比较 OSD 设备的增加或移除导致的数据迁移量问题。例如,当 Bucket Type 配置为 Straw 算法时,结果如下:

```
$ crush compare --rule data --origin straw.json --destination straw-add.json
```

	device0	device1	device2	device3	device4	device5	device6	device7	device8	PGs%
device0	0	3127	84	213	60	102	287	496	1020	1.80%
device1	3524	0	164	356	88	176	467	919	801	2.17%
device2	170	174	0	4063	36	74	203	360	275	1.79%
device3	274	355	4023	0	77	155	366	694	559	2.17%
device4	72	149	38	69	0	4043	275	467	267	1.79%
device5	132	322	102	144	4064	0	468	901	459	2.20%
device6	150	356	46	84	70	167	0	2466	7346	3.56%
device7	193	527	71	81	113	231	4125	0	10045	5.13%
PGs%	1.50%	1.67%	1.51%	1.67%	1.50%	1.65%	2.06%	2.10%	6.92%	20.59%

通过上述的运行结果,可以看出在增加一个 device8 后,整体的数据迁移量能控制在 20.59%。仔细观察后我们可以发现部分设备之间的数据迁移量会非常高,这是由于 Straw 算法存在一定的缺陷。

当换成 Straw2 算法后,在相同的条件下整体数据迁移量能被控制在 12.40%,约等于 1/8 的数据量。这基本上能与理论上最低的迁移量保持一致,这也表示 Straw2 算法做出的改进是相当不错的。运行结果如下:

```
$ crush compare --rule data --origin straw2.json -destination straw2-add.json
```

	device0	device1	device2	device3	device4	device5	device6	device7	device8	PGs%
device0	0	438	80	188	55	100	261	433	393	0.65%
device1	599	0	144	320	88	181	417	860	552	1.05%
device2	116	149	0	688	48	91	209	388	274	0.65%
device3	194	277	713	0	93	181	394	761	549	1.05%
device4	69	141	45	77	0	649	251	462	276	0.66%

```
device5  110    274    115    182    679     0     467     877         519    1.07%
device6   37    103     26     60     58    140      0    1175        6112    2.57%
device7   58    184     68     99    102    212   1237       0       12097    4.69%
PGs%    0.39%  0.52%  0.40%  0.54%  0.37%  0.52%  1.08%  1.65%        6.92%  12.40%
```

7.3.5　CRUSH 算法在 Ceph 中的应用

Ceph 并不是直接通过 CRUSH 算法将数据对象一一映射到 OSD 中的，这样做将非常复杂与低效。而且，Ceph 用户并不需要了解实际的 CRUSH 算法是怎么运行的，只需要关心数据保存在哪里即可。Ceph 通过两个逻辑概念，即存储池和 PG，很好地将 CRUSH 算法的复杂性隐藏起来，并向用户提供了一个直观的对象存储接口，即 RADOS。

1．存储池

Ceph 中的存储池是由管理员创建的，用于隔离和保存数据的逻辑结构。不同的存储池可以关联不同的 CRUSH 规则，指定不同的备份数量，以镜像或纠删码的方式保存数据，或是指定不同的存取权限和压缩方式。用户还可以以存储池为单位做快照，甚至建立上层应用，比如块存储、文件存储和对象存储。至于存储池本身是如何保证数据安全性和分布的，这是由存储池关联的 CRUSH 规则决定的，用户不需要深入了解这些细节，只需要记住数据名称，选择合适的存储池即可在 RADOS 中执行读/写操作。创建一个存储池的命令如下：

```
$ ceph osd pool create <存储池名称> <PG 数量> <replicated|erasure> <CRUSH 规则名称>
```

2．PG

存储池在创建时需要指定 PG 的数量。PG 是存储池中保存实际数据对象的逻辑概念。Ceph 中的数据对象总是唯一地保存在某个存储池中的一个 PG 里，或者存储池通过维护固定数量的 PG 来管理和保存所有的用户数据对象。

和存储池概念不同的是，用户无法决定对象具体保存在哪个 PG 中，这是由 Ceph 自行计算的。PG 的意义在于为存储空间提供了一层抽象，它在概念上对应操作系统的虚拟地址空间，将数据对象的逻辑位置和其具体保存在哪些 OSD 设备的细节相互隔离。这样能够实现将各存储池的虚拟空间相互隔离，还能更好地利用和维护 OSD

设备的物理空间。其具体实现如图 7-18 所示，Ceph 首先将数据对象通过哈希算法分布到不同的逻辑 PG 中，再由 CRUSH 算法将 PG 合理分布到所有的 OSD 设备中。也就是说，CRUSH 算法实际上是以 PG 而不是数据对象为单位确定数据分布和控制容灾域的，而在逻辑上一组 PG 组成了一个连续的虚拟空间来保存存储池中的数据对象。

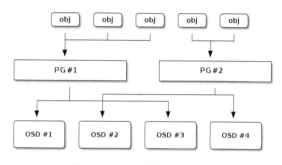

图 7-18　PG 与数据对象的存储

PG 概念的出现增加了 Ceph 整体实现的复杂度，但是它的优点也显而易见。Ceph 中能够保存的数据对象的数量是非常多的，以 PG 为单位给数据对象分组，也以 PG 为单位管理大块的数据，例如执行数据的恢复、校验和故障处理等操作，其日常维护开销就不会随着数据对象数量的增加而明显增加。这就能够在设计上减少大规模数据量的计算资源开销，包括 CPU、内存和网络资源。

虽然更少的 PG 数目能够降低资源开销，提高处理性能，但是过少的 PG 数目容易导致数据分布不均匀，以及更差的容灾性能。所以如何配置存储池的 PG 数目，对整个 Ceph 集群意义重大。一般来说，每个 OSD 上维护 50～100 个 PG 时，集群能够有更平衡的表现。但是在复杂的存储池配置下往往难以计算具体的值，好在 Ceph 社区提供了 pgcalc 工具来协助配置所有的 PG 数目。

7.4　Ceph 可靠性

在一个传统的架构中，客户端是和一个中心化的组件进行对话的，比如网关、代理、API，这些组件充当后续复杂子系统的一个单点接入口。这就对系统的性能和可扩展性带来了限制，而且还引入了单点故障，即如果这个中心化的组件失效，则整个系统将无法工作。

Ceph 消除了这个中心化的组件使客户端可以和 OSD 的守护进程直接打交道。为了去中心化，Ceph 使用 CRUSH 算法来保证数据在后端 OSD 上的分布式存储，Ceph 客户端和 OSD 守护进程都使用 CRUSH 算法来有效地计算出对象存储的位置，而不是基于一个中心化的查找表格，而且随着 OSD 守护进程拓扑的变化，比如有新节点加入或旧节点退出，CRUSH 算法会重新在 OSD 上分布数据，不会由于单个 OSD 的故障而影响整个集群的存储。

Ceph 还利用 Monitor 集群来保证集群结构的高可靠性，Ceph 客户端在读/写数据之前，必须与 Monitor 通信来获得最新的集群运行图的副本。原则上来说，一个 Ceph 的存储集群可以只使用一个 Monitor，然而这就相当于引入了单点故障，如果这个单一的 Monitor 宕机，则 Ceph 客户端将无法正常读/写数据。因此为了保证 Ceph 的高可靠性和容错性，Ceph 支持 Monitor 集群来消除该单点故障，当一个 Monitor 失效时，由其他 Monitor 来接管。

Ceph 作为一个分布式存储系统，基于分布式算法和集群的概念，从架构上保证了去中心化并消除单点故障。

除了在架构上保证消除集群中的单点故障，Ceph 还要保证其集群中存储数据的高可靠性。保证数据的高可靠性主要有两种方式：数据冗余备份和纠删码机制。在 Ceph 中数据的冗余备份又分为两种：一种是 RBD 的冗余备份，另一种是 OSD 的备份机制。RBD 的冗余备份包括如下内容。

- RBD mirror，即在两个独立的 Ceph 集群间建立实时的数据镜像备份。
- RBD Snapshot，即 RBD 的快照，通过设置快照将增量数据定期备份到灾备中心，在灾难发生时，可以将数据文件回滚到某个快照状态。

RBD 数据的镜像和快照能成功恢复的前提是后端，即 OSD 端存储系统是正常的，而一旦存储系统被破坏了，镜像会丢失，快照也会失效，因此 OSD 端也有数据冗余的办法：副本和纠删码。OSD 端以备份副本和纠删码的方式来保证数据冗余，一旦发生数据损坏可以从剩下的数据中恢复完全的数据。

7.4.1 OSD 多副本

传统存储的可靠性都是依靠多副本实现的，Ceph 也不例外。用户给定一份数据，

Ceph 在后台自动存储多个副本（一般使用 3 个副本），从而保证在硬盘损坏、服务器故障、机柜停电等情况下，数据不会丢失，甚至数据仍能保持在线。Ceph 需要做的是及时进行故障恢复，将丢失的数据副本补全，以维持数据的高可靠性。

用户可以配置每个存储池的多副本策略，即每个存储池可以有各自的副本数量。而且 Ceph 提供的是强一致性副本策略，只有当数据的多个副本都写入之后，OSD 才告知给客户端写入完成。但强一致性副本策略也导致了延时的增加，因此副本数量不宜过多，基本上也不会异地多中心存储副本。副本定义的数量也就决定了只要超过副本数量的服务器宕机，整个存储系统就面临部分数据不可用的情况。

Ceph OSD 守护进程也像 Ceph 客户端一样使用 CRUSH 算法，OSD 使用 CRUSH 算法计算对象副本所存储的 OSD 并进行重新平衡。在一个典型的写情境下，Ceph 客户端使用 CRUSH 算法计算对象应该存储在哪里，映射对象到一个存储池和 PG 中，然后查找 CRUSH Map 来确定该 PG 的主 OSD。

客户端把对象写入相应的主 OSD 的 PG 后，该主 OSD 通过自身带有的 CRUSH Map 来确定副本所在的第二和第三 OSD，并且将对象写入相应的第二和第三 OSD 的 PG 中，一旦确定对象及其副本已经成功存储之后就发送响应给客户端。

基于 Ceph 这种本身所具有的多副本能力，Ceph OSD 进程代替 Ceph 客户端承担了提高数据高可靠性和高安全性的责任。

7.4.2　OSD 纠删码

Ceph 的多副本存储可以保证数据的高可靠性，但是针对大容量存储场景会耗费大量的存储空间，从而增加存储成本。针对这个问题，纠删码是通用的解决方案，尤其是一次写多次读的场景，比如镜像文件、多媒体影像等。纠删码是一种编码技术，用 1.5 副本就可以实现丢失任意两块数据都可以恢复出原始数据的效果，但纠删码的缺点是修复数据的代价太大。

副本策略和编码策略是保证数据冗余度的两个重要方法，纠删码属于编码策略的一种。虽然编码策略比副本策略具有更高的计算开销而且修复需要一定的时间，但其能极大减少存储开销的优势还是为自己赢得了巨大的空间。实际中，副本策略和编码策略也往往共存于一个存储系统中，比如在分布式存储系统中热数据往往通过副本策略保存，冷数据则通过编码策略保存，以节省存储空间。比如在上述 Cache Tiering

的实现里，Storage 层可以使用纠删码提高存储容量，而缓存层使用多副本解决纠删码引起的速度降低问题。

比如在以磁盘为单位的存储设备的存储系统中，假设磁盘总数为 n，编码策略通过编码 k 个数据盘，得到 m 个校验盘（$n=k+m$），保证丢失若干个磁盘（不超过 m 个）可以恢复出丢失磁盘数据。磁盘可以推广为数据块或任意存储节点。

Ceph 纠删码常用的编码是 RS (k, m)，k 块数据块，编码为 m 块校验块，可以容忍任意 m 块丢失。所以，为了保证数据一致性，纠删码的写操作需要至少完成 k 块才算写成功。Ceph 为保证这样的一致性，引入了回滚机制，任意操作都是可回滚的，保证在出错时，能够恢复为上一个完整的版本。

Ceph 默认的纠删码库是 Jerasure，Jerasure 库是第三方提供的中间件。在 Ceph 环境安装时，已经默认安装了 Jerasure 库。

纠删码基于一定高技术含量的算法，提供了和多副本近似的可靠性，同时减少了额外所需的冗余设备，从而提高了存储设备的利用率。但纠删码带来了计算量和网络负载等额外的负担，数据的重建非常耗费 CPU 资源，重建一个数据块需要通过网络读取多倍的数据并进行传输，网络负载也有数倍甚至数十倍的增加。因此纠删码适用的场景主要是镜像等冷数据的存储，而热数据可以通过缓存层使用快速设备去存储。

整体来看，若采用纠删码技术，则需要在容错能力、存储资源利用率和数据重建所需的代价之间做一个平衡。

7.4.3　RBD mirror

Ceph 在保障数据安全这方面做了非常多的工作。例如，在保存比特数据和在网络传输时采用了 CRC 进行数据的完整性检查；在数据落盘时使用日志来应对系统意外崩溃或硬件发生故障时可能出现的数据损坏；在 RADOS 对象层使用了 CRUSH 算法让数据能够在集群内进行自动复制；或者使用纠删码来实现对 RADOS 对象数据的冗余保存；在 PG 层使用了 PG 日志来应对副本之间的数据同步和恢复问题。同时，Ceph 将数据副本分布到不同的硬件，从而有效地避免了由于硬件故障而导致数据丢失的问题，从而实现数据的高可用性。

但是，这些都不能应对整个集群失效的情形，Ceph 需要有自己的灾备方案来实现不同集群间的数据备份。因此，Ceph 从 Jewel 版本开始引入了 RBD mirror 功能，为集群间的异地容灾和高可用性提供了较为可靠的解决方案。

由于集群间的距离更远，网络延迟大大增加，若仍使用集群内部的强一致性同步模型，主集群就需要等待所有备份完成更新才能继续执行写操作，这将会影响主集群的写性能。所以，集群间的镜像基于日志实现了最终一致性模型，它提供了基于时间点的故障恢复机制，这也大大降低了集群间延迟对主集群读/写性能的影响。在主集群内部，对于所有开启了 RBD 日志的存储池或 Image，它们的写操作会首先以日志形式保存在 RADOS 对象中，再根据 CRUSH 算法将数据真正保存到本地集群中。由于写日志的创建是严格有序的，远端集群可以读取主集群的写日志，再按顺序将修改重放到备份集群中。这样，一旦主集群发生失效，备份集群能有一份完整有效的最近数据，尽可能降低数据丢失的风险。而重放过的日志是可以被安全删除的，这样又能不断释放空间来保存更新的日志。

除了集群的日志机制，Ceph 还需要启动 rbd-mirror 服务来管理、同步镜像数据和连接镜像集群。它负责从远端集群拉取日志更新，并应用到当前集群中。由于 RADOS 实现了对象的 watch/notify 操作，rbd-mirror 可基于此获得远端镜像的状态变化和镜像日志更新的通知。在为 RBD Image 启动镜像功能时，主集群会在本地为该 Image 创建一个内部快照，并开始记录日志。当远端 rbd-mirror 服务监听到 Image 状态的变化时，它就会建立对应的 Image 镜像，开始读取并重放日志。

如图 7-19 所示，当客户端执行 I/O write 操作时，首先写入 RBD Image 的 journal，一旦写入 journal 完成就会向客户端发送 ACK 确认，然后 OSD 开始执行底层 RBD Image 的写入，同时 rbd-mirror 根据 journal 内容进行回放操作，同步到远端的 Ceph 集群中。

第 7 章 分布式存储与 Ceph

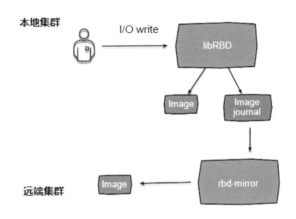

图 7-19 RBD mirror 工作流程

目前 RBD mirror 已经实现了多种常用的功能，例如可以选择对 Image 或存储池进行镜像，并支持两个集群间的相互备份，同时提供为已有的 Image 或存储池开启或关闭镜像功能。

RBD mirror 备份模式中最成熟的是 active/standby，即主集群负责读/写任务，从集群只负责镜像同步和读操作。用户可以通过命令降级（Demote）主集群，并提升从集群来切换同伴集群内的主从角色。在发生主集群失效时，用户也能操作从集群承担读/写任务，并回滚失效的主集群来重新达到一致的状态。

最新的 mimic 版本还支持 active/active 模式（或叫作 two-way mirroring），即不限制镜像集群间的主从角色，它通过现有的 exclusive-lock 机制来保证同一时刻只有获得锁的 Image 能够产生写操作，从而阻止同伴集群间写操作的竞争情况。

为了降低误操作带来的风险，rbd-mirror 还提供延时镜像更新和延时删除功能，给误修改和误删除带来一定的反应时间。

RBD mirror 目前仍然存在一定的局限性，例如镜像带来的性能开销仍然比较高，不支持多于两个集群的镜像功能，以及集群间镜像数据传输的带宽限制等，这将在未来得到解决。同时，社区也在持续倾听用户的使用反馈，从而不断提升镜像功能在不同场景中的易用性。

7.4.4 RBD Snapshot

全球网络存储工业协会（Storage Networking Industry Association，SNIA）对快照

的定义是：关于指定数据集合的一个完全可用拷贝，该拷贝包括相应数据在某个时间点（拷贝开始的时间点）的映像。快照可以是其所表示的数据的一个副本，也可以是数据的一个复制品。

简单来说，快照的功能一般就是基于时间点做一个标记，然后在某些需要的时候，将状态恢复到标记的那个点。

1. 快照模式

Ceph 有两种快照模式，内容如下。

- Pool Snapshot：存储池级别的快照，是给整个存储池做一个快照，该存储池中所有的对象都统一处理。存储池是 Ceph 中逻辑上的隔离单位，每个存储池都可以有自己不同的数据处理方式。
- Self Managed Snapshot：由用户管理的快照，即存储池中受影响的对象是受用户控制的。这里的用户是指 librbd 之类的应用。利用 rbd Snapshot 命令进行的操作实质上就是这种模式。

两种快照模式不能同时存在。一旦一个存储池创建了 RBD Image，就认为该存储池处于 Self Managed Snapshot 模式，不能再对存储池整体创建快照；反之对一个存储池整体创建了快照，就不能再在其中创建 RBD Image 了。

2. RBD 快照的导出和恢复

存储池级别的快照与 RBD 的快照实现原理基本相同，这里只以 RBD 快照为例。

在 Ceph 中，由 Image 提供块存储功能，Image 对应着卷的概念，一个 Image 就是一个卷。快照是对应某个 Image 在某一指定时刻的只读副本，用户可以创建 Image 的一系列快照，来记录 Image 的数据变化或状态变化。

创建好快照之后，不管我们对 Image 做什么改变，从快照中读到的数据都是创建快照时 Image 上的数据。如果 Image 在之后因被改变而导致数据损坏，则可以用快照去恢复 Image，这就是所谓的回滚。

例如，在时间点 v1 和 v2 对 Image 分别做了两个快照：

```
$ rbd snap create image@v1
$ rbd snap create image@v2
```

导出从 Image 创建到快照 v1 那个时间点的差异数据到本地文件 image_v1，代码如下：

```
$ rbd export-diff rbd/image@v1 image_v1
```

导出从快照 v1 到快照 v2 的差异数据到本地文件 image_v1_v2，代码如下：

```
$ rbd export-diff rbd/image@v2 --from-snap v1 image_v1_v2
```

导出从 Image 创建到当前时间的差异数据到本地文件 image_now，代码如下：

```
$ rbd export-diff rbd/image image_now
```

基于快照的恢复过程，或者说回滚，使用的就是刚刚创建或导出的那些备份文件，首先随便创建一个 Image，名称、大小都不进行限制，因为后面恢复的时候会覆盖大小信息，代码如下：

```
$ rbd create test --size 1
```

现在假如希望恢复到 v2 时的数据，那么可以直接基于快照 v2 做恢复，代码如下：

```
$ rbd import-diff image_v2 rbd/test
```

或者直接基于 v1 时间点的数据和后面增量的 v1_v2 数据（要按顺序导入）做恢复，代码如下：

```
$ rbd import-diff image_v1 rbd/test
$ rbd import-diff image_v1_v2 rbd/test
```

3．写时复制

可以做这样一个实验，创建一个 Image，写入 4MB 的数据，然后创建一个快照，可以看到该存储池中并没有创建新的对象，也就是说这时候 Ceph 并没有给该快照分配存储空间来创建对象。再向该 Image 中写入 4MB 的数据覆盖刚才写入的数据，此时才发现数据目录中多了一个 4MB 的文件。

由此可见，Ceph 使用了写时复制方式实现快照：先复制出原数据对象中的数据生成快照对象，然后对原数据对象进行写入。快照操作的粒度并不是整个 Image，而是数据对象。

这种方式又称为第一次写时复制（Copy On First Write，COFW），即在数据第一次写入某个存储位置时,先将原有的内容复制到另一个位置(为快照保留的存储空间,可以称为快照空间),再将数据写入存储设备中。而下次针对同一位置的写操作将不再触发写时复制。

从第一次写时复制的执行过程看,这种实现方式在第一次写入某个存储位置时需要完成一个读操作(读原位置的数据)、两个写操作(写原位置与写快照空间),对于写入频繁的场景,这种方式将非常消耗 I/O 资源。因此这种实现比较适合 I/O 以读操作为主的场景。此外,如果只需要针对某个有限范围内的数据进行写操作,那么这种写时复制的快照实现也是比较理想的选择,因为数据更改都局限在一个范围内,对同一份数据的多次写操作只会出现一次写时复制操作。

4. 克隆

上述快照是只读备份,多个快照或 Image 本身指向同一份数据。Ceph 也允许用户创建写时复制快照的数据备份,也就是克隆,这些克隆是可写的。

创建克隆就是将 Image 的某一个快照复制变成一个 Image。比如 imageA 有一个快照 Snapshot-1,克隆就是根据 imageA 的 Snapshot-1 克隆得到 imageB,imageB 此时的状态与 Snapshot-1 完全一致,区别是 imageB 此时可写,并且拥有 Image 的相应能力。

从用户角度来看,一个克隆和其他 RBD Image 没有区别,同样可以对它做快照、读/写、改变大小等操作,唯一的要求是,因为克隆是基于快照来创建的,所以在创建之前需要对该快照做好备份,以免快照被删除。克隆创建过程如图 7-20 所示。

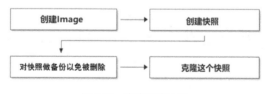

图 7-20 克隆创建过程

克隆只能基于快照创建,而且也是使用写时复制的方式实现的,通常将需要被克隆的快照称为 Parent,每个被克隆出来的子 Image 都保留对 Parent 的引用,用以读取原始数据。

从克隆读数据,本质上是从克隆出来的 RBD Image 中读数据,对于不是它自己的数据对象，Ceph 会从它的 Parent 上读，如果 Parent 上也没有，就继续找 Parent 的 Parent，直到获取到需要的数据对象。

对于向克隆中的对象写数据，Ceph 会首先检查该克隆上的数据对象是否存在。如果不存在，则从 Parent 上复制该数据对象，再执行数据写入操作。

随着快照和克隆的创建，克隆对 Parent 的引用链可能会变得很长。Ceph 提供了 flattern 方法将克隆与 Parent 共享的数据对象复制到克隆，并删除父子关系，之后，克隆与原来的 Parent 之间也不再有关系，真正成为一个独立的 Image。不过这是一个非常耗时的操作。

7.4.5 Ceph 数据恢复

Ceph 的高可靠性还体现在当集群系统出现故障时，能够及时地处理故障，以及能够对受影响的数据进行有效的恢复。

Ceph 的故障处理有以下 3 个步骤。

- 感知集群故障：Ceph 通过集群系统的心跳机制可以感知整个集群中各个节点的状态，判断哪些节点失效，这些失效的节点又影响了哪些 PG 的数据副本。
- 确定受故障影响的数据：Ceph 会根据新的集群节点状态计算和判断副本缺失的数据。
- 数据恢复：无论是故障节点重启还是故障节点永久失效，都要恢复受影响的数据副本。

1. 感知集群状态

Ceph 集群可以分为 MON 集群和 OSD 集群两大部分。其中 MON 集群由奇数个 Monitor 节点组成，这些 Monitor 节点通过前面提到的 Paxos 算法组成了一个决策者集群，对关键的集群事件，比如"OSD 节点离开"和"OSD 节点加入"，做出决策和广播。

OSD 集群节点的状态信息存放在 OSDMap 中，由 MON 集群统一管理，OSD 节点定期向 MON 和对等 OSD 发送心跳信息，声明自己处于在线状态，如图 7-21 所示。MON 接收到来自 OSD 的心跳消息后确认 OSD 在线；同时其他对等 OSD 也会根据心跳状态向 MON 报告该 OSD 是否发生故障。MON 根据心跳是否正常和其他故障报告判定 OSD 是否在线，同时更新 OSDMap 并向各个节点报告最新集群状态。比如某台服务器宕机，其上的 OSD 节点和 MON 集群的心跳超时，或者这些 OSD 的对等 OSD 发送的信息失败次数超过阈值后，这些 OSD 将被 MON 集群判定为离线。

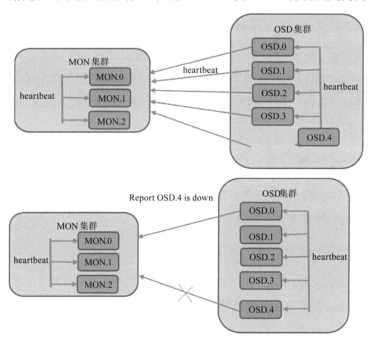

图 7-21 感知集群故障

MON 集群判定某个 OSD 节点离线后，会将最新的 OSDMap 通过消息机制随机分发给一个 OSD，客户端和对等 OSD 处理 I/O 请求的时候发现自身的 OSDMap 版本过低，会向 MON 请求最新的 OSDMap。经过一段时间的传播，最终整个集群的 OSD 都会接收到 OSDMap 的更新。

2. 确定需要恢复的数据

如前所述，Ceph OSD 的任何操作都会写一条记录。对数据对象的维护根据 PG 划分，每个 OSD 管理一定数量的 PG，客户端对数据对象的 I/O 请求，会由 CRUSH 算法均匀分布在各个 PG 中，PG 中维护了一份 pglog，用来记录对该 PG 中数据对象的操作，这些记录最终会被持久化记录到后端存储中。

pglog 每条记录包含了操作的对象信息和 PG 的版本号，pglog 主要是用来记录进行了什么操作的，比如修改、删除等，每次对数据对象的操作都会使版本号递增。

Ceph 使用版本控制的方式来标记一个 PG 内的每一次更新,每个版本包括一个 epoch,version:其中 epoch 是 OSDMap 的版本号,每当有 OSD 状态发生变化,如进行增加、删除等操作时,epoch 就会递增;version 是 PG 内每次更新操作的版本号,此版本号是递增的,由 PG 内的主 OSD 进行分配。

在默认情况下,pglog 保存 3000 条记录,会定期对超限的 pglog 进行清理操作。每个副本上都维护了 pglog,pglog 里最重要的两个指针就是 last_complete 和 last_update,在正常情况下,每个副本上这两个指针都指向同一个位置,但当出现机器重启、网络中断等故障时,故障副本的这两个指针就会有所区别,以便于来记录副本间的差异。在正常集群状态情况下,同一个 PG 的不同副本中的 pglog 是一致的,但是,一旦发生故障,不同副本间的 pglog 很可能会处于不一致的状态。

Ceph 在进行故障恢复的时候要进行 peering,peering 是以 PG 为单位进行的,在 peering 的过程中,PG 会根据 pglog 检查多个副本的一致性,即对比各个副本上的 pglog,并尝试计算 PG 的不同副本的数据缺失数目,根据各个副本上 pglog 的差异来构造缺失的记录数目,最后得到一份完整的对象缺失列表,在恢复阶段就可以根据缺失列表来进行恢复了。

在进行 peering 的过程中,I/O 请求会挂起,当 peering 完成进入恢复阶段时,I/O 操作可以继续进行,不过当 I/O 请求命中了缺失列表的时候,对应的对象会优先进行恢复,再进行 I/O 的处理。

由于 pglog 记录的数目有限制,当对比各个副本上的 pglog 时,如果发现副本落后太多,就无法再根据 pglog 来进行恢复了。当遇到这种情况时,就只能通过 backfill 操作复制整个 PG 的数据来进行恢复了。

3. 数据恢复

当 peering 完成后,PG 进入激活状态,可以开始接收数据 I/O 的请求,并根据 peering 的信息决定是否进行恢复或 backfill 操作。主 PG 将根据对象的缺失列表进行具体对象的数据复制,对于 Replica PG 缺失的数据主 PG 会通过 Push 操作推送,而对于主 PG 缺失的数据会通过 Pull 操作从副本获取。对于无法依靠 pglog 进行恢复的,PG 将进行 backfill 操作,进行数据的全量复制。在所有副本的数据都完全同步后,PG 被标记为 Clean 状态,数据恢复完成。

7.4.6　Ceph 一致性

多副本提高了数据的可靠性与可用性，但是同时带来了分布式系统的最大问题之一：数据一致性。Ceph 使用 pglog 来保证多副本之间的数据一致性。想要保证出现故障时能根据 pglog 的记录进行数据恢复，就必须保证 pglog 记录的顺序性。由于 Ceph 客户端的 I/O 操作都是发给主 OSD 的，所以保证同一 PG 内的读/写顺序性（pglog 的顺序性），也就保证了多副本之间的一致性。

另一个需要考虑的一致性问题是对同一对象文件的并发读/写操作，需要注意顺序性及对并发访问的控制，以免造成数据和逻辑错乱。

1）不同对象的并发控制

如果不同的对象基于 CRUSH 算法进入不同的 PG 中，则可以直接进行并发访问；如果不同的对象进入同一个 PG 中，则需要进行顺序控制，即先到达的 I/O 请求需要先处理，并先写 pglog。在 OSD PG 层处理时，处理线程中就会给 PG 加锁，一直到 queue_transactions 把事务传给 ObjectStore 层，才会释放 PG 的锁。因此当同一 PG 内的上一个请求还在 PG 层处理时，下一个请求会被阻塞在获取 PG 锁的等待中。可以看出，对同一个 PG 里的不同对象，是通过 PG 锁来进行并发控制的。并且对获取 PG 锁的阻塞等待，会导致 I/O 访问的延时增加。

2）同一个对象的并发顺序控制

同一个对象的并发顺序控制比较复杂，涉及两种情形：一种是单个客户端的情形，客户端对同一个对象的 I/O 处理是串行的，前一次读/写操作完成后才能进行后一次读/写操作；另一种是多个客户端的情形，多个客户端对同一对象的并发访问需要集群文件系统的支持，这里不再进行讨论。

这里主要以单个客户端访问 Ceph RBD 块设备的场景为例进行阐述。例如，同一个客户端对同一对象先后发送了两次异步写请求。

- 网络顺序的保证。

Ceph 客户端和 OSD 端的连接使用的是 TCP，TCP 使用序号来保证消息的顺序性。发送方发送数据时，TCP 给每个数据包分配一个序列号，接收方收到数据后会给发送方发送 ACK 进行确认。如果数据丢包，在一定的时间内没有收到确认，则重传该数据包。接收方利用序列号对接收的数据进行确认，检测对方发送的数据是否有丢失或乱序等，接收方一旦收到已经被顺序化的数据，它就将这些数据按正确的顺序重组成数据流并传递到应用层进行处理。因此当客户端对同一对象（同一 TCP 连接）发送两个 I/O 请求时，在 Ceph OSD 层收到消息时，已经是 TCP 层保证顺序的数据包了。

- 消息层的顺序保证。

Ceph 消息层也即 Ceph 的应用协议层，在处理网络连接时会检查每个消息头部的一个序列号 header.seq，以 Async Messenger 为例，这个序列号对于接收端来说就是 in_seq，接收端会把该序列号存入该连接的 in_seq，对于发送端来说就是 out_seq，发送端会把该连接的 out_seq 填入消息头部的序列号位置。

in_seq 是收到消息的序列号，当收到消息时，会检查该消息所带的 header.seq 是否等于当前保存的 in_seq+1，如果小于或等于 in_seq 表明收到旧的消息，如果大于 in_seq+1 表明消息丢失，如果既不是旧消息也没有丢失，则更新当前保存的 in_seq 为消息中的 header.seq。Ceph 的应答消息会带上收到消息的 in_seq，因此发送端收到应答消息后，就会得知 in_seq 序列号的消息已经成功处理完成。out_seq 是发送端生成的序列号，在发送消息时，message 的头部 header.seq 会带上该序列号。因此 Ceph 消息层，通过消息序列号的检查，即可知道是否有消息丢失或重复，如果没有收到接收端的 ACK，消息层会重发丢失的消息。这就在 TCP 层上更进一步保证了消息的顺序性。

当网络异常导致 TCP 连接断开后，发送端会调用 AsyncConnection::fault()，关闭 socket，调用 requeue_sent() 把没有收到 ACK 的消息从 sent 队列尾部弹出再重新从头部压入 out_seq 队列，而且 out_seq 会减去 sent 队列的大小。这样再重新建立连接时，重发的消息所带的 header.seq 还是跟之前的一样。

同样，当网络异常导致 TCP 连接断开后，接收端 tcp_read 失败后，也会调用 AsyncConnection::fault() 来关闭 socket。因此对于连接异常断开后再重新建立连接的情况，in_seq 也不会接着之前的序列号，仍然是取决于发送端生成的 out_seq（header.seq），以此保证消息的顺序性。

- PG 层的顺序保证。

OSD 端 PG 层对消息队列里请求的处理是划分为多个 shard 的，而且每个 shard

可以配置多个线程，PG按照取模的方式映射到不同的shard里，每个shard里的多个线程可能处理的是同一PG内的对象，因此，OSD在处理PG时，从消息队列里取出的时候就对PG加了写锁，而且在请求下发到存储后端才会释放锁，因此处理同一PG内下一个对象的线程会阻塞在pglock获取上。所以如果从消息队列里过来的消息有序，那么在OSD端PG这一层处理时也是有序的。

- 读/写锁。

对某一个对象进行写操作时，会在对象文件上加写锁，格式为ondisk_write_lock()，对某一个对象进行读操作时，会在对象文件上加读锁，格式为ondisk_read_lock()。读锁和写锁是互斥的，当一个对象正在进行写操作时，尝试ondisk_read_lock()会一直阻塞等待；同样，当一个对象正在进行读操作时，尝试ondisk_write_lock()也会一直阻塞等待。直到读/写操作完成，才会释放各自的读/写锁。因此对于同一个对象不会发生读/写冲突的问题。

这里的两个锁操作限制的是同一个对象上的读和写的并发，对于读和读、写和写的并发并没有进行限制。Ceph中写请求和读请求所走的路径不同，读请求由PG层直接调用Store层读接口，ondisk_read_lock()的加锁和解锁都由PG层处理，并不会把请求传给Store层处理。因此pglock即可保证对同一对象两个读请求的顺序性。而写请求会把请求传递给Store层进行写磁盘和日志的处理，ondisk_write_lock()在PG层加锁，在Store层写完后释放，由于PG层对PG加锁pglock，而且是请求都下发到Store层才释放pglock，因此同一个对象的两个写请求，是不会并发进入PG层进行处理的，必定是按照顺序前一个写请求经过PG层的处理后，到达Store层进行处理（由Store层线程来进行处理），然后后一个写请求才会进入PG层进行处理后下发到Store层。所以，同一个对象上的写请求，一定是按照顺序在PG层进行处理的。虽然pglock保证了对同一对象两个写请求在PG层的顺序性，但还需要其他Store层机制保证真正写磁盘和日志时的顺序性。对于同一PG内不同对象的写顺序也需要这样的保证机制。即当PG层以一定的顺序把同一PG内的请求传递给Store层时，Store层也必须保证同一PG内请求的顺序性。

- ObjectStore层的顺序保证。

以filestore journal writeahead为例，当写请求到达ObjectStore层后（入口queue_transactions）会取得请求所在PG的OpSequencer，如果之前没有生成（第一

次访问该 PG）则生成该 OpSequencer（每个 PG 有一个 osr，类型为 ObjectStore::Sequencer，osr→p 表示指向 OpSequencer）。

每个封装的写请求事务 op 都有一个递增的 seq 序列号，获得该序列号需要进行加锁操作，ObjectStore 层按照顺序获得序列号并把请求先放到 completions，同时放到 writeq 队尾，然后通知单线程（write_thread）去处理。在单线程中使用 aio 将 writeq 事务异步写到 journal 里，并将 I/O 信息放到 aio_queue，然后触发 write_finish_cond 通知 write_finish_thread 进行处理。因为 aio 并不保证 I/O 操作执行的顺序性，因此采用 op 的 seq 序列号来保证完成后处理的顺序性。在 write_finish_thread 里检查已经完成的 I/O 的 seq 序列号，如果某个 op 之前的 op 还未完成，那么这个 op 会等到它之前的 op 都完成后才一起按照 op 的 seq 序列号顺序放到 journal 的 finisher 队列里。因此单线程保证了写 journal 的顺序性，op 的 seq 序列号又保证了 op 放入 finisher 队列的顺序性。

在 journal 的 finisher 线程处理函数中，会将 op 按顺序放到 OpSequencer 的队列里，FileStore::OpWQ 线程池中的线程用 apply_lock 进行 OpSequencer 队列加锁操作后，会从队列中获取 op 进行处理（此时并没有出队列），然后写数据到文件系统的操作完成后，才会出队列，并释放 apply_lock。即通过 OpSequencer 队列锁 apply_lock 来控制同一个 PG 内写 I/O 到文件系统的并发，但是对于不同 PG 的写 I/O 是可以在 OpWQ 的线程池里进行并发处理的。

因此，FileStore 里先通过单线程来控制持久化写到 journal 的顺序性，通过 op 的 seq 保证放入 finish 队列（OpSequencer 队列）的顺序性，再通过 OpSequencer 队列加锁来保证同一 PG 内写数据到文件系统的顺序性，并且整个处理过程中都是通过 FIFO 来确保出入队列的顺序性的。由此可见，同一个对象的两次写请求按照顺序进入 FileStore 里进行处理，也是按照先后顺序处理完成的。

- 副本顺序的保证。

当 primary 将请求发送给副本 OSD 的时候，同一 PG 内对对象的访问也是有序的，副本端收到同一 PG 内对象访问的顺序与 primary 的顺序是一致的，副本端 PG 层和 ObjectStore 层的处理与 primary 一样，这样就保证了副本端与 primary 端对同一 PG 内的对象访问写 pglog 的顺序一致，写磁盘的顺序也一致。

7.4.7 Ceph Scrub 机制

Ceph 通过多副本策略来保证数据的高可靠性，而且副本间需要保证数据的一致性。但是当 PG 内有 OSD 的状态发生异常时，比如某个服务器宕机或 OSD 进程异常，则 PG 内一组 OSD 数据出现不一致的情况是有预期的；或者 PG 内 OSD 状态正常，但出现某些硬件故障，如磁盘出现坏道，这并不能被多副本根据 pglog 的数据恢复机制检测出来。因此，Ceph 需要提供一种机制去检查各个副本之间的数据是否一致，如果发现不一致就必须恢复，这种机制就是 Scrub。

Scrub 分为两类：普通 Scrub 和 Deep Scrub。普通 Scrub 只比较元数据信息，而 Deep Scrub 会真正地读取文件内容进行比较，但这样会造成很大的负担，会产生很多磁盘读取的 I/O 请求，而一旦数据不一致，在数据恢复时又会产生大量的磁盘写请求，因此 OSD 会一直处于较忙的状态。更严重的是，在 Scrub 过程中，会获取 pglock，这样客户端的 I/O 请求将会被挂起，从而将造成严重的读/写请求延迟。

如前所述，Ceph 是以 PG 为粒度来管理数据一致性的，Scrub 也是以 PG 为粒度进行触发的，并且是由 PG 内主 OSD 启动的。Scrub 是一个周期性事件，OSD 进程会定期调度 Scrub，如果满足条件就会将 PG 送入 scrub_wq 队列，等待 disk_tp 线程执行。在 Ceph OSD 进程中，由一个周期性的 timer 线程来检查是否需要对 PG 进行 Scrub，该 timer 线程以一定频率调度 Scrub 流程（需要根据如下因素：PG 是否 primary，Scrub 配置的时间段、系统当前负载等），主 OSD 预留 slot，并且发送消息让从 OSD 也预留 slot，主/从 OSD 均预留 slot 成功，将 PG 放入队列 scrub_wq。当然也可以通过命令行 "ceph pg scrub pgid" 来触发 Scrub。一个 PG 内包含成百上千个对象文件，Scrub 流程需要读取每个对象在一组 OSD 上所有副本的校验信息来进行比较，这期间等待校验的对象文件是不能被修改的，因此为了避免一次产生大量的信息，Scrub 流程会把一个 PG 内的所有对象文件划分成块，即一次只比较一个块的对象，Scrub 用对象文件名的哈希值部分作为块划分的依据，每次启动 Scrub 流程会找到符合本次哈希值的对象进行校验，这称为 chunky scrub。

为了避免 Scrub 占据 pglock 的时间过长，在正常情况下（没有数据恢复及集群和 PG 状态变化时），Scrub 也需要多次调度（状态机）才能完成对一个块对象集合的 Scrub 操作。当 Scrub 流程找到本次待校验对象集合后，主 OSD 会向各副本 OSD 发起请求来锁定在其他副本 OSD 上的这部分对象集合。因为主 OSD 与副本 OSD 的每个对象可能会存在版本上的差异，Scrub 发起者主 OSD 会附带一个待校验对象集合的版本信息发送给其他副本 OSD，直到副本节点与主节点的版本同步后才进行比较。

在待校验对象集合在主/副 OSD 上的版本同步后，发起者主 OSD 会要求所有节点都开始计算这个对象集合中对象文件的校验信息并进行反馈。校验信息包含对象文件的元信息，如文件大小、扩展属性等，汇总为 ScrubMap。发起者主 OSD 在发出请求后会进入 WAIT_REPLICAS 状态，由于副本 OSD 尚未返回，此次的 Scrub 操作会暂时执行完毕，Scrub 状态记录在 scrubber 中。当主 OSD 在收到各副本的 ScrubMap 反馈后，上次挂起的 Scrub 操作会重新被放入 scrub_wq 队列，等待线程池重新从队列获取并执行,此时 scrubber 的状态是 WAIT_REPLICAS,会继续比较各个 ScrubMap，如果有不一致的对象，则收集不一致的对象并发送给 MON，用户可以通过 MON 了解对象不一致的情况，并手动执行"ceph pg repair [pg_id]"命令来启动修复进程。当 ScrubMap 比较完成后，会对是否还有对象需要比较进行判断，如果还有新的对象需要做 Scrub，会将 PG 重新加入 scrub_wq 队列，这样避免了 Scrub 执行时间太长，导致 PG 的其他 I/O 挂死（Hang）的情况。在进入 Scrub 时，配置还会随机睡眠一下，这也是为了避免长时间占用 pglock。

7.5 Ceph 中的缓存

在存储性能加速的方法中，缓存是经常使用的一种方法。早期，因为数据盘读/写性能差，远远匹配不上 CPU 和 RAM 的性能而成为性能瓶颈，人们就在内存中划分出一块区域，用来暂时存储从硬盘上读取的数据或写入硬盘的数据，从而提高整体的性能。现在缓存已经被应用在各种各样的场景中，存储的世界已经离不开缓存了。

缓存技术在 Ceph 中也同样被广泛使用：在客户端，缓存用来暂存用户数据；在 RADOS GW 中，缓存用来暂存各种元数据；在 BlueStore 中，缓存用来暂存 BlueStore 中的元数据（包括地址映射等信息）及部分用户数据。由于缓存技术基本思想大致一样，所以这里只对客户端缓存进行介绍。

我们知道，Ceph 可以用一套存储系统同时提供对象存储、块存储和文件系统存储 3 种功能。其中对于块存储，有两种使用方式：基于内核模块（KRBD），通过用户态的 rbd 命令行工具，将 RBD 块设备映射为本地的一个块设备文件；或者以普通用户态库，如以 librbd 库的形式为 QEMU 虚拟机增加虚拟块设备。Ceph 块存储使用方式如图 7-22 所示。

图 7-22　Ceph 块存储使用方式

Ceph 社区提供了 KRBD 的驱动，由于 KRBD 的开发和特性的添加必须通过内核，同时加上虚拟机的流行，所以 librbd 库成为了 Ceph 块设备的主要使用方式。

在 KRBD 的访问模式中，用户可以通过内核的 Page Cache 来获得性能提升。而对于 librbd 模式，由于位于用户态空间，不能从内核的缓存中受益，所以 Ceph 特意实现了自己的缓存机制（RBDCache）。该缓存位于 librbd 库，当用户通过 librbd 库访问 RBD Image 时，可设置打开缓存，具体的设置选项如下。

- rbd_cache：是否打开 RBDCache。
- rbd_cache_size：缓存的大小。
- rbd_cache_max_dirty：缓存中脏数据的最大数量。
- rbd_cache_target_dirty：缓存中脏数据的目标大小，超出这个大小会触发脏数据并下刷到 OSD 端。
- rbd_cache_max_dirty_age：脏数据待在缓存中的最大时限，超过这个时限脏数据会被下刷到 OSD 端。
- rbd_cache_max_dirty_object：缓存中脏数据对象的最大个数。在 RBDCache 中，脏数据是以对象来进行组织的。
- rbd_cache_block_writes_upfront：如果设置为 true，则在需要下刷的数据下刷到 OSD 端完成之后才能继续写操作。
- rbd cache writethrough until flush：如果设置为 true，则首先进入写透模式，在收到首个刷新请求后切换到写回模式。

同时，librbd 支持预读或预取功能，以此优化小块的顺序读操作。此功能通常由 Guest 操作系统（在虚拟机的情况下）处理，但是虚拟机引导时可能不会发出高效的读请求。如果停用缓存功能，预读也会自动禁用。针对 librbd 预读提供了一些可配置选项，如下所示。

- rbd readahead trigger requests：触发预读的顺序读请求数量。
- rbd readahead max bytes：预读请求的最大尺寸，如果为零，则禁止预读。
- rbd readahead disable after bytes：从 RBD Image 预读规定的字节后，预读功能将被禁用，直到该 Image 被关闭。例如，只允许在启动虚拟机的时候预读，启动完成后预读就被关闭了。

基于上面的配置，librbd 可以提供以下两种缓存模式。

1）写透

在这种模式下，所有的写操作都先写到缓存中，再把数据持久化到 OSD 端之后才会返回上层，报告 I/O 请求已经完成操作。而对于读操作，则先查询数据是否位于缓存中，命中的话直接从缓存中读取数据，否则从 OSD 远端读取数据。

可以通过设置 rbd_cache=true 和 rbd_cache_max_dirty=0 来使用。

当使用这种模式时，如果数据还没有写入 OSD 端（缓存位于客户端本地），这时从缓存中读取数据不会有问题。但是如果多个客户端，一个读，一个写透，那么就有可能存在数据不一致的问题，即两个客户端读到的数据不一致。比如，运行 Google 文件系统，就不能打开 librbd 缓存。

2）写回

在客户端启用写回模式后，在写操作写入缓存后就会立即返回。换句话说，只有当脏数据大于设置的限额时，才会将缓存里的脏数据刷写到远端 OSD 节点。

通过设置 rbd_cache=true 和 rbd_cache_max_dirty=指定大小，就可以启动写回缓存。

很显然，我们也看到在写回启动后，脏数据存在于客户端缓存上。这部分数据是否安全呢？首先我们来考虑：如果系统正常关机或关闭对应的进程，这些缓存中的脏数据能被下刷到远端 OSD 吗？这要求对应的进程响应 SIGTERM 等信号，在退出之前调用 rbd_aio_flush 将数据下刷。

Librbd 通常是和虚拟机一起使用的，RBD Image 通过 librbd 挂载到虚拟机，从虚拟机内部看，RBD Image 是它的一个裸设备。使用 librbd 方式时的 I/O 路径如图 7-23

所示，从图中可以看出，QEMU 直接调用 librbd 的接口来对 RBD Image 进行读/写和控制操作。

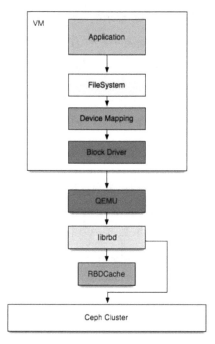

图 7-23　使用 librbd 方式时的 I/O 路径

RBDCache 与 Cache Tiering 的主要差异在于缓存的位置不同，Cache Tiering 是在 OSD 端进行数据缓存的，无论是块存储、对象存储还是文件存储都可以基于它来提高读/写速度，而 RBDCache 只是 RBD 层在客户端的缓存，只支持块存储。

作为客户端的缓存，RBDCache 可能会出现引入数据不一致的问题，比如多个客户端访问同一个块设备的场景，在一个客户端写入数据后，数据只是保存在自己的缓存里，并没有立即刷新到后端的存储设备，这时其他客户端就不可能获取到它最新写入的数据。

目前 RBDCache 的实现仍然只能使用内存作为缓存，这样也会带来另外一个问题，就是掉电后内存的数据就会丢失。所以 RBDCache 需要提供一些策略来使不断写回到后端的存储设备实现持久化，比如前面所说的当数据保存时间达到一定的阈值时就会将脏数据刷新到 OSD 端。

第 7 章 分布式存储与 Ceph

1）内核缓存与块设备缓存

Linux 内核中主要有两种缓存：Page Cache 和 Buffer Cache。Page Cache 为文件系统服务，Buffer Cache 则处于更下层的块设备层。另外还有一些块设备自身内部也带有缓存，这类缓存并不归内核管理，主要是由块设备自己管理的，比如传统磁盘上的控制器缓存。

这些缓存都是由内核中专门的数据回写线程负责来下刷到块设备中的，应用可以使用如 fsync、fdatasync 之类的系统调用来完成对某个文件数据的回写。它会触发系统中所有缓存的刷新，包括 Page Cache、Buffer Cache 和块设备缓存等（块设备上如果有电容，用来实现掉电后对缓存数据的回写，比如磁盘阵列卡，可以通过文件系统的 barrier 选项来关闭对块设备的刷新请求）。

RBDCache 可以认为是块设备内部自带的缓存，与传统硬件块设备提供缓存的目的一样，它们都面临掉电后缓存数据丢失的情况。RBDCache 同样也会被 fsync 等调用触发 flush，将数据持久化存储。这样如果虚拟机被关闭，fsync 会被调用，并且 RBDCache 会被持久化。

所以，对于 RBDCache 的实现来说，flush 的支持是关键，除了满足相关设置中指定的缓存回写大小或时间才会写回数据，利用 librbd 提供 flush 接口同样能将缓存中的脏数据全部写回。为了安全起见，Ceph 提供了 rbd cache writethrough until flush 的配置，在收到第一个刷新请求之前，使用写透模式，只有确认支持刷新，才会开启写回模式，这在一定程度上提高了数据的安全性。

但是，即使支持刷新，一旦系统非正常宕机，如果来不及下刷数据，这些缓存中的脏数据仍然会丢失。这就要求用户在启动缓存写回机制之前需要慎重考虑：如果用户的数据容不得半点丢失，那么缓存写回多半是不能用的。

2）KVM write barrier

依据上面的结论，缓存写透机制更安全，但是效率比较低。对于写操作，它相当于每写一次缓存，就调用 fsync 将数据持久化。只有数据被持久化之后，写操作才会被标识成功，缓存并不能改善性能。那么有没有一种方案，能在写透的安全性和写回的性能上折中呢？

答案是 KVM write barrier。新的 KVM 版本中，启用了"barrier-passing"功能，它能保证无论缓存是否启用，都能将 Guest 操作系统上同步写入的数据 100%写入持久存储。这意味着我们使用缓存的写回机制时就不用担心数据丢失的问题了。

图 7-24 所示为在 RBD Image 情况下的 barrier-passing 的工作机制。当不支持 barrier-passing 模式时，数据在写入 Guest 的 Page Cache 或 librbd 的 RBDCache 时就返回了；而在开启 barrier-passing 的模式下，无论有没有 Guest，数据都会一直到持久化状态才会被返回。

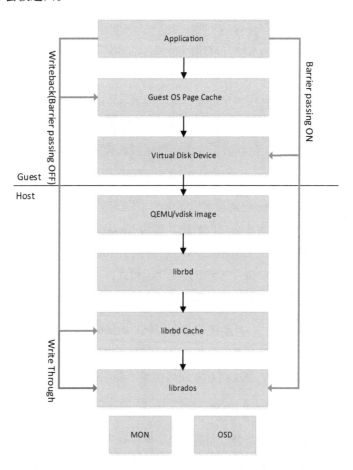

图 7-24 在 RBD Image 情况下的 barrier-passing 的工作机制

barrier-passing 具体的工作原理是根据每个事务来进行数据持久化。这样可以保证持久化的数据是一致的、可用的，基本过程如下。

（1）在一个会话中写入数据。

（2）发出 barrier request。

（3）会话中的所有数据被刷新到物理磁盘。

（4）继续下一个会话。

barrier-passing 与写透类似，但是它的效率更高。二者的区别在于，写透相当于每次写都会发 fsync，而 barrier-passing 是以事务为单位来发 fsync 的，一个事务经常会包含若干个写操作，因此其效率更高。

7.5.1 RBDCache 具体实现

RBDCache 的实现由两部分组成：一部分在 osdc 中，数据按照对象的形式进行缓存；另一部分在 librbd 中，主要负责任务的调度，如图 7-25 所示。

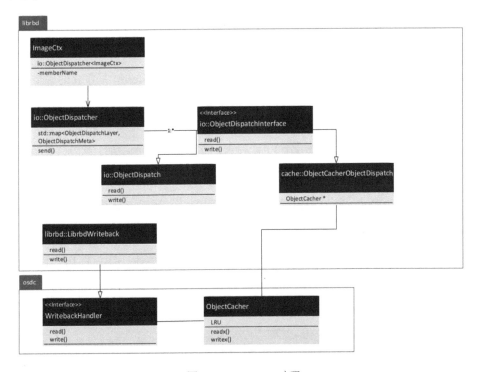

图 7-25　RBDCache 实现

缓存的具体存储与管理是在 osdc 中实现的。缓存算法使用 LRU 算法，即当缓存空间不够时，将最久未访问的数据下刷到 OSD 端，如图 7-26 所示。

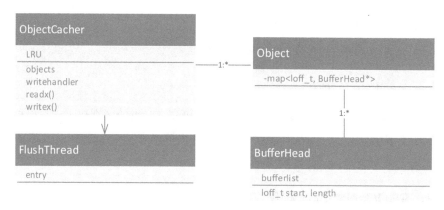

图 7-26　RBDCache 的 osdc 端实现

- BufferHead：缓存数据用 bufferlist 来标记内存中的位置，每一段缓存数据就是一个 BufferHead 对象。BufferHead 除了包含这个 bufferlist，还包含对应存储对象的起始地址和长度。另外，随着数据写入越来越多，BufferHead 也负责对相邻数据的整合。
- Object：对应一个存储对象，包含这个对象的 BufferHead。最重要的一个数据结构是 map 数据，记录从 offset 到 BufferHead 的映射关系。这样根据 offset 即可快速地查询到对应的缓存数据。
- ObjectCacher：主要包含几个 LRU 列表，负责 LRU 表的增加、移除、移动等操作，同时提供 FlushThread 的执行函数实体，负责定期将脏数据下刷到 OSD 端。

librbd 负责 RBDCache 在 RBD 端的 I/O 流程和逻辑，调用 osdc 提供的缓存接口，以及具体数据下刷的实现。

- ObjectDispatcher：这个类的最核心部分是一个 map 属性。RBD 将 I/O 分成几个层次，常用的是 Core 层和 Cache 层如图 7-27 所示。其中 Core 层对应向 OSD 远端发起的 I/O 请求，Cache 层则对应缓存操作。map 包含了对应的层次和属性。

图 7-27　RBD I/O 层次

当打开一个 Image 时，如果用户使用 RBDCache，则上面 Cache 对应的 dispatch 类才会被注册，否则不会被注册。注册之后，I/O 就会首先发送 ObjectCacherObjectDispatch 进行分发，否则直接发送到 ObjectDispatch，与远端 OSD 进行交互。

- ObjectDispatchInterface：是一个接口，dispatch 类都需要实现这些接口，包含读、写等操作。在这里，我们主要关注 Cache 和 Core 的两种具体实现。
- ObjectCacherObjectDispatch：是针对 Cache 的 dispatch 类实现，内部包含了 ObjectCacher 对象和 LibrbdWriteback 对象。当用户打开一个 Image 时，该类负责缓存的一系列初始化操作，包括初始化 ObjectCacher 对象和 LibrbdWriteback 对象。
- ObjectDispatch：是直接跟远端 OSD 进行交互的 dispatch 类实现，也就是对应 Core 层的 Dispatch。
- LibrbdWriteback：实现了 WritebackHandler，负责跟远端 OSD 打交道，进行读取和写入数据操作。缓存层调用它提供的接口读取或写入数据。

7.5.2 固态硬盘用作缓存

目前的 RBDCache 实现主要有以下几点不足。

- ObjectCacher 的实现是单线程模式。与之相反的是，librbd 和 osdc Objecter 上都是多线程模式。也就是说两个多线程过程中有一段单线程流程。
- 同一主机上的多个客户端之间数据不能共享，缓存是存在于每个读/写进程内部的。
- 不支持顺序写回操作。数据写入缓存是有顺序的，但是数据从缓存下刷到远端 OSD 没有顺序。这导致一旦客户端缓存出现问题将会丢失数据，后台 Image 很有可能处于不一致状态，所有数据将不可用。而对于支持顺序写回的缓存，客户端缓存数据丢失，后台 Image 数据仍然是一致的，只是丢了一部分数据。

基于这些不足及新技术的出现，英特尔提出了新的缓存实现：使用固态硬盘作为缓存。

固态硬盘的使用已经非常普遍，而且随着 Intel Optane 技术的出现，性能比普通固态硬盘性能提高了 10 倍或更多。与 RAM 相比，性价比更高。在这种情况下，出现了以固态硬盘作为客户端缓存的想法，比如英特尔正在 Ceph 社区推广的 Hyper Converge Cache 方案，在客户端，分配一个固态硬盘或一个固态硬盘分区，用来缓存写入远端的数据或预读的数据。我们可以称之为持久化缓存方案。

持久化缓存方案的实现至少分为两个阶段，第一阶段为只读缓存，正在完成；另一阶段是写回缓存，设计方案还在讨论中。

1）只读缓存

我们先看只读缓存的实现。从具体实现来看，可划分成两部分，如图 7-28 所示。首先在 librbd 内部使用了一个新的 ObjectDispatch 类来取代之前的 ObjectCacherObjectDispatch 类。另外，它新增了一个后台进程，用来管理固态硬盘上的缓存数据，以及和远端 OSD 的交互。两个进程间使用 domain socket 机制来进行交互。

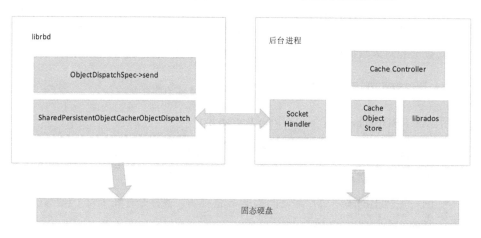

图 7-28　固态硬盘只读缓存实现

这样，在客户端所在的主机上，除了调用 librbd 本身的进程，还额外启动了一个后台进程。

在 librbd 端，用户启用了持久化缓存后，I/O 被发送给 SharedPersistentObjectCacherObjectDispatch，它首先会查询后台进程，查到数据在缓存固态硬盘上所在的位置，然后直接读取固态硬盘上的数据。

后台进程主要有以下功能。

- 管理缓存固态硬盘上的数据分布，以及从对象到地址的映射关系。
- 响应 librbd 的查询。如果数据存在于固态硬盘上，则直接返回地址信息；否则需要从远端 OSD 上读取数据，放到固态硬盘上，再返回对应的地址信息。
- 针对一定的策略，从远端 OSD 预读数据。
- 对数据的失效等进行管理。

因为所有缓存数据是根据存储池 ID 和 Object ID 以对象为单元来存储的，所以缓存固态硬盘上的数据可以被多个客户端共享。同时新的后台进程也会解决现有缓存单线程的问题。

2）写回缓存

第二阶段是实现写回缓存。为了提高缓存数据的安全性，现在已提出的设计是基于 Master/Slave 框架结构，多个客户端组成一个集群，分成 Master 和 Slave 角色。在正常情况下，所有写操作会把数据同时写到 Master 和 Slave 端，这样在一定程度上保证了客户端数据的安全性。当其中一个客户端宕机后，缓存会转换成只读模式。

7.6 Ceph 加密和压缩

7.6.1 加密

加密是将用户的明文数据通过加密，变成加密数据，在数据被窃取的时候起到防护作用。对于 Ceph 来说，从应用程序到存储设备的数据链路上来看，根据对数据加密的位置，现阶段主要有以下几种加密方式。

- 客户端加密：这包括应用程序本身的加密，以及更为广泛的通用加密模块。如 Linux 内核的 dmcrypt。这些加密都在客户端进行，意味着在网络上传送的都是加密数据，存储的也都是加密数据。
- 存储端加密：数据的加密与解密在存储端进行，存储设备负责管理密钥。在这种方法中，在网络上通过 HTTP 传递的都是明文数据，想要避免传递明文数据，需要使用 HTTPS。

Ceph 作为一个分布式存储系统，提供了存储端加密。根据用户数据在 Ceph 中的 I/O 路径，可以提供多种不同的加密方式。

1. 对象网关加密

这种方式是指客户端将数据传递到对象网关，网关将数据加密存储到 Ceph 集群。反之，密文数据从 Ceph 集群读取到对象网关，进行解密，然后传送到客户端。

对象网关加密支持以下 3 种模式的密钥管理。

1）用户提供密钥

在这种模式下，客户端将在每次 I/O 操作时将密钥一起传递给 Ceph。客户端需要自己负责管理这些密钥，并且需要记录对象加密时所使用的对应密钥。这种模式的实现细节读者可以参照 S3 Amazon SSE-C 文档。

2）密钥管理服务

这种模式下允许密钥保存在某个密钥管理服务中，Ceph 对象网关在需要的时候会通过统一接口去读取密钥。具体实现读者可以参考 S3 Amazon SSE-KMS 文档。理论上，任何符合这个文档的密钥管理服务都能用在 Ceph 中，但是现在只有 Barbican 的集成已经完成。

Barbican 是 OpenStack 的一个子项目，为存储安全提供密钥密码及证书管理，通过 RESTful 接口提供服务。Ceph 对象网关使用 Barbican 的过程为：首先，在需要时，对象网关向 Keystone 请求 token；拿到 token 后，对象网关向 Barbican 请求密钥，Barbican 确认 token 是否有效，如果有效，就把对应的密钥返回给对象网关；接下来，对象网关就可以使用密钥进行加密与解密了。

3）自动加密（只适用于测试）

我们可以在 ceph.conf 中设置默认的加密密钥，用来强制加密所有没有指定加密模式的对象。配置要求使用 64 位编码的 256 位密钥。例如：

```
rgw crypt default encryption key = 4YSmvJtBv0aZ7geVgAsdpRnLBEwWSWlMIGnRS8a9TSA=
```

2. OSD 端加密

这里所谓的 OSD 端加密，其实是对硬盘来进行加密的。基本原理是通过 Linux 内核 dmcrypt 模块，进行数据的加密与解密。

首先需要在创建 OSD 时，加入"--dmcrypt"选项，命令如下：

```
ceph-deploy osd create --dmcrypt vm02:vdb
```

该命令除了具有创建 OSD 的功能，还会在硬盘驱动的上层加入 dmcrypt 模块，这意味着所有的数据在写入硬盘之前，会经过 dmcrypt 模块进行加密与解密。

接下来，定义 CRUSH Map 使所有具有加密功能的 OSD 服务位于同一个存储池中，该存储池即具有了加密与解密功能。用户存储在该存储池的数据是被加密存储在硬盘上的。

严格来说，dmcrypt 的功能不在 Ceph 代码范围内，它可以被视为硬盘驱动的一部分。另外，如果使用 FileStore，也可以在文件系统级别加入对数据的加密支持。

7.6.2 压缩

压缩的本质是用更小的数据量表示更多的数据，根据元数据是否完整分为有损压缩和无损压缩。无损压缩通常是通过对数据中的冗余信息进行处理来减小数据体积的，因此是可逆的。无损压缩实现的基础是现实世界的数据存在大量冗余，而通过对数据的编码，就能尽量减少这种冗余。

Ceph 提供基于服务器端的无损压缩，当对象上传到 Ceph 时，对数据进行压缩，然后存储压缩数据。Ceph 现在支持的压缩算法有 snappy、zlib、zstd 和 lz4。根据用户数据在 Ceph 中的 I/O 路径，Ceph 可以在下面这些位置提供压缩服务。

1. 对象网关

Ceph 对象网关中，Zone 用来表示一个独立的对象存储区域，Zone 包含了桶，桶里依次存放了对象，Placement Target 用于指定桶和对象的存储池，Placement Target 可以让 Zone 同时拥有多组不同的存储池。如果不配置 Placement Target，桶和对象将会存储到网关实例所在 Zone 配置的默认存储池中。

Ceph 基于一个 Zone 的 Placement Target 来提供压缩功能。可以使用下列命令来启动压缩功能：

```
$ radosgw-admin zone placement modify --rgw-zone=default --placement-id=default-placement --compression=zlib
{
```

```
    ...
    "placement_pools": [
        {
            "key": "default-placement",
            "val": {
                "index_pool": "default.rgw.buckets.index",
                "data_pool": "default.rgw.buckets.data",
                "data_extra_pool": "default.rgw.buckets.non-ec",
                "index_type": 0,
                "compression": "zlib"
            }
        }
    ],
    ...
}
```

设置之后,所有上传到桶的新对象都会使用新的 Placement Target,即使用新的压缩算法。需要注意的是,每个对象在写入时会记录自己对应的压缩算法和属性,改变 Placement Target 不会对现有对象的解压缩有影响,也不会导致现有对象重新压缩。

另外,对象网关还提供用于查看基于桶的数据统计信息的接口。下面的命令可以查看实际的存储空间及存储对象的大小,用户可以自己计算出压缩比例:

```
$ radosgw-admin bucket stats --bucket=<name>
{
...
    "usage": {
        "rgw.main": {
            "size": 1075028,
            "size_actual": 1331200,
            "size_utilized": 592035,
            "size_kb": 1050,
            "size_kb_actual": 1300,
            "size_kb_utilized": 579,
            "num_objects": 104
        }
    },
...
}
```

2. BlueStore

BlueStore 支持在线的压缩方式，即在读或写 I/O 的路径中进行同步的压缩和解压缩。针对每个存储池，用户可以设置相应的压缩参数。

- 压缩算法：默认不进行设置，不使用压缩。其他可支持的压缩算法包括 lz4、snappy、zlib 与 zstd。

- 压缩模式（Compression Mode）：压缩模式和每个写操作自带的 hint 一起来决定是否对该请求进行压缩。现有模式包括 None，不进行压缩；Passive，除非写请求自带压缩 hint，否则不进行压缩；Aggressive，除非写请求中有不压缩的 hint，否则全部进行压缩；Force，无视其他，对所有写请求全部进行压缩。压缩模式的存在，主要是为了让 BlueStore 中的压缩和对象网关中的压缩可以协同工作。同一份数据经过对象网关压缩后，就没有必要在 BlueStore 中进行二次压缩了。

- 压缩比例：数据块压缩之后的大小和原始数据大小的比例。只有压缩比等于或低于该比例，压缩才会进行。否则，如果一份数据经过压缩后没有达到一定的压缩比例，该数据不会进行压缩，而将直接存储原始数据。例如，该比例设置为 0.7，则在写操作中，只有那些经过压缩后的数据是原始数据的 70%，或者更少的数据才能被压缩后进行存储。

- 最小 blob 大小（Compression Min blob Size）：如果需要压缩的数据块小于该值，则不进行压缩，原文存储。该值针对硬盘驱动器和固态硬盘可以设置不同大小。

- 最大 blob 大小（Compression Max blob Size）：如果需要压缩的数据块大于该值，则会分成若干个数据块进行压缩。该值针对硬盘驱动器和固态硬盘可以设置不同大小。

3. FileStore

同加密一样，FileStore 依靠文件系统本身的压缩功能来提供压缩功能。例如，前面提到的 Btrfs 已经内置了压缩功能，那么在 FileStore 中，可以使用 Btrfs 来作为存储后端，如图 7-29 所示。

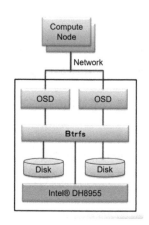

图 7-29　使用 Btrfs 作为存储后端

7.6.3　加密和压缩的加速

第 4 章已经介绍过，针对存储的数据面处理，英特尔分别提供了基于硬件和软件的加速方案：QAT 和 ISA-L。ISA-L 的支持在 2016 年已经实现，至于基于 QAT 的加密和压缩加速，最新的代码也已经支持。

7.7　QoS

QoS 最早起源于网络通信，是指一个通信网络能够利用各种基础技术，为特定应用提供更好的服务能力。简单来说就是如何设置规则，共享资源。随着 Ceph 的成熟，特别是在 OpenStack 将 Ceph 作为存储后端之后，Ceph 的 QoS 就变得更加重要了。

7.7.1　前端 QoS

前端 QoS 是指在客户端实现 QoS，是最简单、最常用的，我们以 OpenStack Cinder + Ceph RBD 为例进行说明。

虽然 Ceph RBD 目前还不支持 QoS，但是 OpenStack 可以提供前端 QoS，它提供如下参数。

- total_bytes_sec：虚拟机每秒允许读/写的总带宽。
- read_bytes_sec：顺序读带宽上限。
- write_bytes_sec：顺序写带宽上限。

- total_iops_sec：虚拟机每秒允许的总 IOps。
- read_iops_sec：随机读 IOps 上限。
- write_iops_sec：随机写 IOps 上限。

这些参数可以简单地控制 IOps 和带宽，并根据读/写进行细分。但是在客户端实现 QoS 有以下问题。

- 不能最大化利用系统资源。对于目前的公有云，前端 QoS 可以很好满足需求，只要客户的 QoS 不超过存储系统提供的资源。即使一段时间内只有这个客户自己在使用，公有云服务商也不会将客户的 QoS 升级。但是在私有云情况下，在保证每个客户端 QoS 的前提下，要尽量使用所有系统资源。
- 存储系统除了客户端读/写操作，往往内部也有读/写操作，比如定期的 Scrub、Repair、故障时的恢复等。如果 QoS 在前端，在异常情况下，往往不能满足需求。

7.7.2 后端 QoS

2007 年 Sage 等提出在 ObjectStore 这一层支持 QoS。当时 ObjectStore 的文件系统是 EBOFS——Ceph 最早的本地文件系统。实现原理是在 EBOFS 的磁盘调度队列中引入客户端的信息。采用基于权重的轮询方式调度 I/O。这种方式存在的问题在于，过于与 EBOFS 融合，无法做到迁移，比如 XFS、Btrfs、BlueStore 或 KVStore。所以这个方案没有被采用。

正是考虑到 QoS 的实现要灵活，所以才会有基于 OSD 的 dmClock。由于 dmClock 是基于 mClock 的，所以先简单了解一下 mClock 的原理。

1. mClock

mClock 是基于时间标签的 I/O 调度算法，由 VMware 于 2010 年在 OSDI 的论文 *mClock: handling throughput variability for hypervisor IO scheduling* 中提出，是用于集中式管理的存储系统。mClock 使用预留值或最小值（Reservation）、权重（客户端共享 I/O 资源的比重，满足所有客户端预留值或最小值之后按照这个分配系统剩余资源）、上限值（Limit，任何时候都不要超过该值）作为 QoS Spec（Quality of Service Specifications）。客户端必须提供预留值或最小值、权重、上限值，服务器端根据输入参数进行调度。

算法的基本思路是：客户端提供 QoS Spec 给服务器端，服务器端根据 QoS Spec 选择合适的 I/O 进行处理。首先选择满足预留值或最小值的客户端，如果都满足则按照权重进行选择，但是保证不能超过上限值。

在论文中，给出了 3 个公式：

$$R_i^r = \max\{R_i^{r-1} + 1/r_i, t\}$$

$$W_i^r = \max\{W_i^{r-1} + 1/w_i, t\}$$

$$L_i^r = \max\{L_i^{r-1} + 1/l_i, t\}$$

其中，r_i、w_i、l_i 表示客户端 i 的 QoS Spec 值。R_i^{r-1} 表示客户端 i 最近一次被服务器作为 Reservation 类执行 I/O 的时间戳，$1/r_i$ 表示步长（r_i 即 IOps，只要满足在 1/IOps 执行一次 I/O，就会满足 IOps），t 表示当前系统时间戳。如果 $R_i^{r-1} + 1/r_i > t$，那么表示客户端 i 的预留值或最小值已经满足。将第一个 I/O 系统时间戳作为其时间戳。如果所有客户端的预留值或最小值满足，那么就会根据权重进行选择。

权重比较特殊，是相对时间值的。我们只关注 I/O 之间的 W 大小，而不关注与系统时间戳的关系。但是新的客户端加入时第一个 W 肯定是系统时间戳。这样客户端的 W 标准不一致会造成有些客户端达不到调度，所以需要进行调整。遍历所有客户端，找到最小的 W 值。当前所有 W 均减去最小值，然后选择最小的 W（权重越大，分到的相应 IOps 也就越大，那么 $1/w$ 就越小）。

相比较前后端 QoS，mClock 考虑的因素就更充分了。

- 客户端是一个抽象的概念，可以是真实的客户端也可以是后端服务，如 Scrub、Repair 等。
- 前后端 QoS 在某些情况下不能充分使用存储系统而导致资源浪费，而 mClock 中的权重可以在满足预留值或最小值之后，充分利用存储系统的剩余资源。

2. dmClock

dmClock 是 mClock 的分布式版本，需要在每个服务器都运行一个 mClock 服务端，将 QoS Spec 分到不同的服务器共同完成。其公式为

$$R_i^r = \max \{ R_i^{r-1} + p_i/r_i, t \}$$

$$W_i^r = \max \{ W_i^{r-1} + q_i/w_i, t \}$$

$$L_i^r = \max \{ L_i^{r-1} + q_i/l_i, t \}$$

上面的公式是针对某个服务器的。其中，p_i 和 q_i 是包含在 I/O 命令中的信息。因为分布式系统中存在多个服务器，发往同一个服务器的两次 I/O 之间其他服务器可能已经完成了预留值或最小值，所以需要服务器将每次 I/O 完成调度信息后基于预留值或最小值，以及权重返还给客户端，客户端分别叠加（p_i 和 q_i），包含在 I/O 命令中发送给服务器。服务器根据这些信息和上面的 dmClock 公式选择预留值或最小值和权重模式，以及是否已经达到上限值。

3. dmClock 在 OSD 的实现

QoS 后端的实现应该与 Ceph 代码松耦合，做成插件的形式。dmClock 的本质是在 I/O 队列中选择符合条件的 I/O，所以最简单的方式就是设计新的 I/O 队列。由于 OSD 内部已经存在这样的 I/O 队列（基于优先级和权重），所以就基于 dmClock 设计了新的队列，仅仅根据配置文件需要基于优先级、权重、dmClock 选择相应的队列。

OSD 的 I/O 队列在内部也是进行分组的（根据 PG 进行分组），并没有存在一个统一的 I/O 队列。所以在同一个 OSD 内部 mClock 也可能是 dmClock。

7.7.3 dmClock 客户端

如前所述，mClock 是 C/S 架构，需要客户端提供 QoS Spec。对于 dmClock 的客户端，其客户端不仅要提供静态的 QoS Spec，而且还要根据服务器的返回结果，实时生成动态的 QoS Spec 传递到服务器。目前客户端的设计还没有最终定稿，但是有以下 3 种方案可供选择。

- 分成两大类：客户端 I/O 和 OSD 内部 I/O（或继续分类，如 replicated OP、Scrub、Recovery 等）。
- 以存储池或 RBD Image 为粒度，设置 QoS Spec。
- 为每一个 Ceph 的用户设置 QoS Spec。

3 种方案有利有弊。第一种方案的优点是保证内部 OSD 操作不影响正常 I/O 操作，对于单用户的 Ceph 集群而言这是很重要的。因为社区很多人都提到过 Recovery 或 Backfill 会影响正常 I/O 操作，从而导致延时严重变长。缺点是对于多用户或多应用不友好。

第二种方案可能考虑到 QoS 的需求目前基本来自 RBD，基于存储池的粒度可以将 Ceph FS 也考虑进去。缺点是粒度太大，而且如果是基于存储池，由于 Ceph 没有中心节点的概念，那么如何做到精确控制也是一个需要考虑的问题。对于 RBD 来说这个问题基本没有，因为目前基本只有一个客户端读/写，这个客户端类似于中心控制节点。

第三种方案是来自公有云的，花多少钱买多少资源。缺点是不太适合私有云。

至于选择哪一种方案（或全部实现，然后采用参数来选择具体的方案），目前还没有结论。

总结来说，对于 Ceph 的 QoS 来说，主要存在以下两个问题。

1）合理的参数

dmClock 前提就是提供预留值或最小值、权重、上限值的，无论哪种客户端，给出合理的 QoS Spec 都是很难的，特别是私有云项目，既要考虑不同应用的需求，又要充分使用系统。举一个最简单的例子，如何控制客户端 I/O 和 OSD 内部 I/O，目前而言 Ceph 做的都不是太好，虽然有很多参数可供选择。

2）I/O 大小

QoS 是从 IOps 角度来考虑的，I/O 数据大小基本是 16KB 以下。那么对于大数据 I/O，比如 64KB 的数据用 IOps 就不太友好，所以需要考虑 I/O 数据大小的因素。

7.8 Ceph 性能测试与分析

作为一个存储系统，性能分析一直是 Ceph 的重要话题之一，不仅涉及如何最大化利用硬件资源、企业向客户的 SLA 的制定与交付、集群性能问题的发现与解决等方面，还在 Ceph 的开发与持续优化过程中有着不可替代的作用。

Ceph 作为一个分布式、全功能的存储系统，其部署与使用极其灵活，但要进行性能测试与分析时会比较麻烦，不同的部署方式、硬件环境、软件配置，甚至测试方法都会带来不同的结果。这就需要我们更加谨慎,一方面尽可能按照真实的使用方式进行标准化测试,另一方面需要从各个角度获取全面的数据,也要仔细权衡数据量、准确性和分析目的。目前已有的工具链已经能大体满足测试分析上的需求。

下面将从测试工具和数据收集两方面进行介绍,也会给出一些综合测试平台的示例。而对一些潜藏在系统深层,或者只在某些极端情况下才会出现的问题的分析,需要对 Ceph 的实现机制有一定的了解,这里只介绍基本的分析思路和一些高级工具,以及这些工具存在的缺点和限制因素。

7.8.1 集群性能测试

Ceph 实现了三类基本的存储接口供用户使用,分别是块存储(RBD)、文件存储(Ceph FS)和对象存储(RGW),下面主要介绍如何对这三类接口进行性能测试。

1. 块存储性能测试

Ceph 中的块存储又称为 RADOS 块设备,其最简单的测试方法是直接挂载到操作系统中作为单纯的块设备进行测试。这种方式最接近客户端,也可以利用操作系统中安装的基准测试工具,其表征性能数据也最为准确。但是缺点是容易受到非 Ceph 模块的影响。例如,虚拟机操作系统中的内核 QEMU 或者主机操作系统中的 KRBD,这会导致在不同的操作系统或不同内核配置下测试结果存在差异。

UNIX dd 是一种能够在 UNIX 和类 UNIX 操作系统中转换和复制设备文件的命令行工具,可以作为简易的块设备测试工具。UNIX dd 可以调节的参数包括读/写块大小和数量等,如图 7-30 所示。

```
ubuntu@vm2:~$ sudo dd if=/dev/zero of=/dev/vda bs=512M count=1 oflag=direct
1+0 records in
1+0 records out
536870912 bytes (537 MB, 512 MiB) copied, 19.766 s, 27.2 MB/s
```

(1)测试写

图 7-30 UNIX dd 命令

```
ubuntu@vm2:~$ sudo dd if=/dev/vda of=/dev/null bs=512M count=1 iflag=direct
1+0 records in
1+0 records out
536870912 bytes (537 MB, 512 MiB) copied, 13.0135 s, 41.3 MB/s
```

(2)测试读

图 7-30 UNIX dd 命令(续)

fio 是一个在 Linux 下使用非常广泛的 I/O 测试工具,它基于不同的测试引擎可以产生多种类型的测试压力,并获得非常详细的性能数据。其作者 Jens Axboe 是 Linux 内核的维护者,主要负责内核中的块设备部分,fio 原本也是他用于模拟块读/写负载能力而开发的。

由于 fio 的灵活性非常高,可以配置的参数很多,所以使用起来相对复杂一些。通常来说,对操作系统中块设备进行测试可以使用 libaio 引擎,该引擎调用了 Linux 内核的异步读/写接口,它可以在较小的开销下对内核块设备产生很高的并行读/写压力。

在进行测试之前,首先需要新建一个测试文件 test.fio,用于定义多个测试场景,如图 7-31 所示。

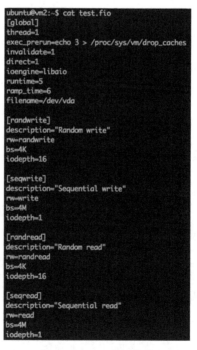

图 7-31 test.fio 测试文件

其中,global 节定义了全局配置,配置了 I/O 引擎 libaio,测试设备/dev/vda,使用 pthread 模式,在初始化时清空内核的 Buffer Cache,采用直接模式读/写,以及配置了预热时间与测试时间。之后的 4 节里面,通过配置读/写模式、块大小和队列深度建立了不同的测试场景（随机写、顺序写、随机读、顺序读），fio 测试结果如图 7-32 所示。

```
ubuntu@vm2:~$ sudo fio test.fio --section=randwrite
randwrite: (g=0): rw=randwrite, bs=4K-4K/4K-4K/4K-4K, ioengine=libaio, iodepth=16
fio-2.2.10
Starting 1 thread
randwrite : Saving output of prerun in randwrite.prerun.txt
Jobs: 1 (f=1): [w(1)] [100.0% done] [0KB/1145KB/0KB /s] [0/286/0 iops] [eta 00m:00s]
randwrite: (groupid=0, jobs=1): err= 0: pid=2550: Wed May 23 02:05:57 2018
  Description  : ["Random write"]
  write: io=5680.0KB, bw=1130.6KB/s, iops=279, runt=  5024msec
    slat (usec): min=6, max=2020, avg=51.50, stdev=81.44
    clat (msec): min=12, max=176, avg=57.13, stdev=18.38
     lat (msec): min=12, max=176, avg=57.19, stdev=18.38
    clat percentiles (msec):
     |  1.00th=[   19],  5.00th=[   29], 10.00th=[   35], 20.00th=[   43],
     | 30.00th=[   48], 40.00th=[   52], 50.00th=[   57], 60.00th=[   61],
     | 70.00th=[   65], 80.00th=[   72], 90.00th=[   81], 95.00th=[   88],
     | 99.00th=[  110], 99.50th=[  113], 99.90th=[  123], 99.95th=[  178],
     | 99.99th=[  178]
    bw (KB  /s): min=    0, max= 1200, per=89.81%, avg=1014.80, stdev=361.59
    lat (msec) : 20=1.35%, 50=33.10%, 100=64.27%, 250=2.35%
  cpu          : usr=2.07%, sys=6.05%, ctx=2981, majf=0, minf=62
  IO depths    : 1=0.1%, 2=0.1%, 4=0.3%, 8=0.6%, 16=211.7%, 32=0.0%, >=64=0.0%
     submit    : 0=0.0%, 4=100.0%, 8=0.0%, 16=0.0%, 32=0.0%, 64=0.0%, >=64=0.0%
     complete  : 0=0.0%, 4=100.0%, 8=0.0%, 16=0.1%, 32=0.0%, 64=0.0%, >=64=0.0%
     issued    : total=r=0/w=1405/d=0, short=r=0/w=0/d=0, drop=r=0/w=0/d=0
     latency   : target=0, window=0, percentile=100.00%, depth=16

Run status group 0 (all jobs):
  WRITE: io=5680KB, aggrb=1130KB/s, minb=1130KB/s, maxb=1130KB/s, mint=5024msec, maxt=5024msec

Disk stats (read/write):
  vda: ios=40/2951, merge=0/0, ticks=16/173780, in_queue=174616, util=99.23%
```

图 7-32　fio 测试结果

可以看到 fio 提供了较多的性能数据，其中比较重要的有 I/O 数据总量、I/O 数据带宽、IOps、各类延迟、实际队列深度及实际运行时间。

除了基于块设备，还可以选择直接调用 librbd 接口进行性能测试，例如基于 python RBD 模块自行开发测试程序，也可以选择已有的工具。这样做的好处是可以得到更精确的 Ceph 集群性能，忽略 QEMU/KVM 及不同操作系统的影响，简化测试场景。

最新版本的 fio 还提供了 rbd 引擎来执行对 librbd 的性能测试，其内部实现机制就是调用了 librbd 的 C 模块接口。在正确安装配置 Ceph 客户端服务，创建好 RBD 存储池和卷（如 testrbd/test-img）后，只需要为 fio 配置好 Ceph 用户名、存储池名和卷名即可，其他的场景配置和最终性能数据格式都与 libaio 引擎类似。基于 rbd 引擎的 test_rbd.fio 文件配置如图 7-33 所示。

```
ubuntu@vm2:~$ cat test_rbd.fio
[global]
thread=1
exec_prerun=echo 3 > /proc/sys/vm/drop_caches
invalidate=1
direct=1
runtime=3
ioengine=rbd
clientname=admin
pool=testrbd
rbdname=testimg

...
```

图 7-33　基于 rbd 引擎的 test_rbd.fio 文件配置

Ceph RBD 客户端模块本身也内置了简单的性能测试命令 rbd bench，如图 7-34 所示。在创建好 RBD 存储池和卷（如 rbd/test-img）后，可以直接进行测试。

```
root@539d2756c366:/# rbd bench --io-type write rbd/test-img --io-pattern rand
--io-total 256M --io-threads 16 --io-size 4K
bench  type write io_size 4096 io_threads 16 bytes 268435456 pattern random
  SEC       OPS   OPS/SEC   BYTES/SEC
    1      7008   7024.00  28770304.75
    2     10688   5352.00  21921792.57
    3     14480   4832.00  19791872.52
    4     18432   4612.00  18890752.50
    5     22272   4457.60  18258330.08
    6     26432   3884.80  15912141.22
    7     30192   3900.80  15977677.22
    8     33712   3846.40  15754854.81
    9     37456   3804.80  15584461.21
   10     40960   3737.60  15309210.00
   11     44608   3635.20  14889779.59
   12     49264   3814.40  15623782.81
   13     53296   3916.80  16043213.22
   14     57232   3955.20  16200499.62
   15     60880   3984.00  16318464.43
   16     64912   4060.80  16633037.24
elapsed:    16  ops:     65536  ops/sec:  3876.95  bytes/sec: 15879996.63
```

图 7-34　rbd bench

2．文件存储性能测试

启动 Ceph 文件存储服务后，通过内核驱动或用户空间文件系统（FUSE）挂载到系统目录，如/root/cephfs，即可使用标准化的文件系统测试工具进行性能测试，如 Blogbench、Bonnie++、Dbench 等。以 Bonnie++为例，通过系统用户 root 对挂载的 Ceph FS 目录“~/cephfs”进行文件读/写（512MB）和文件系统元数据读/写（包括创建、删除文件，以及查看文件信息）的性能测试。Bonnie++测试结果如图 7-35 所示。

```
root@3b4f8f79e3a3:~# bonnie++ -u root -d ~/cephfs -f -s 512 -r 256
Using uid:0, gid:0.
Writing intelligently...done
Rewriting...done
Reading intelligently...done
start 'em...done...done...done...done...done...
Create files in sequential order...done.
Stat files in sequential order...done.
Delete files in sequential order...done.
Create files in random order...done.
Stat files in random order...done.
Delete files in random order...done.
Version  1.97       ------Sequential Output------ --Sequential Input- --Random-
Concurrency   1     -Per Chr- --Block-- -Rewrite- -Per Chr- --Block-- --Seeks--
Machine        Size K/sec %CP K/sec %CP K/sec %CP K/sec %CP K/sec %CP  /sec %CP
3b4f8f79e3a3   512M           23127  11 23458  12           +++++ +++ 10543 102
Latency                       18265us   26201us                 27us     104ms
Version  1.97       ------Sequential Create------ --------Random Create--------
3b4f8f79e3a3        -Create-- --Read--- -Delete-- -Create-- --Read--- -Delete--
              files  /sec %CP  /sec %CP  /sec %CP  /sec %CP  /sec %CP  /sec %CP
                 16   512   4  2721   7   484   4   517   4  1019   4   729   4
Latency               435ms   30227us     103ms     464ms   17733us   84745us
1.97,1.97,3b4f8f79e3a3,1,1527084647,512M,,,,23127,11,23458,12,,,+++++,+++,10543,102
,16,,,,,512,4,2721,7,484,4,517,4,1019,4,729,4,,18265us,26201us,,27us,104ms,435ms,30
227us,103ms,464ms,17733us,84745us
```

图 7-35　Bonnie++测试结果

3. 对象存储性能测试

Ceph 的对象存储分别兼容 Amazon S3 和 OpenStack Swift API 两套 API，所以对象存储测试可以利用 swift-bench 测试工具，或者更加通用的 COSBench。这里以 swift-bench 为例进行测试。在部署好 Ceph 集群，启动 Ceph 对象存储服务后，首先初始化测试用户和密钥，命令如下：

```
$ radosgw-admin user create -uid="benchmark" -display-name="benchmark"
$ radosgw-admin subuser create -uid="benchmark" -subuser=benchmark:swift
-access=full
```

然后通过 pip 安装 swift 和 swift-bench，命令如下：

```
$ pip install swift swift-bench
```

接下来，创建 swift-bench 配置文件 sf.conf，设置连接 Ceph 集群的方式，命令如下：

```
[bench]
auth = http://127.0.0.1:8000/auth/v1.0
user = benchmark:swift
key = guessme
auth_version = 1.0
```

最后即可执行测试（64 线程，对象大小 4KB，数量 1000 个），结果如图 7-36 所示。

```
root@3b4f8f79e3a3:~# swift-bench -c 64 -s 4096 -n 1000 -g 100 ./sf.conf
swift-bench 2018-05-23 22:17:43,951 INFO Auth version: 1.0
swift-bench 2018-05-23 22:17:44,385 INFO Auth version: 1.0
swift-bench 2018-05-23 22:17:46,551 INFO 1 PUTS [0 failures], 0.5/s
swift-bench 2018-05-23 22:17:47,768 INFO 1000 PUTS **FINAL** [0 failures], 296.9/s
swift-bench 2018-05-23 22:17:47,768 INFO Auth version: 1.0
swift-bench 2018-05-23 22:17:48,734 INFO 100 GETS **FINAL** [0 failures], 104.7/s
swift-bench 2018-05-23 22:17:48,734 INFO Auth version: 1.0
swift-bench 2018-05-23 22:17:50,044 INFO 1000 DEL **FINAL** [0 failures], 771.0/s
swift-bench 2018-05-23 22:17:50,044 INFO Auth version: 1.0
```

图 7-36 swift-bench 测试结果

在上面的测试结果中，只要乘以对象大小就可以计算出当前集群中对象存储的数据吞吐量了。例如，写对象时，296.9/s 乘以对象大小 4KB，即 1.16MB/s。

7.8.2 集群性能数据

在有了合适的测试工具后，通过集群的测试结果就能发现一些明显不达标或不稳定的表征指标。为了定位甚至解决这些问题，往往需要深入集群内部获取更加详细的性能数据进行分析。这些数据来源主要有三类：一是来自 Ceph 内部组件的性能状况汇报；二是 Ceph 组件自身占用系统资源的详细情况；三是集群级别的性能数据。

1. Ceph 组件性能

Ceph 各组件的性能数据往往和其具体的实现逻辑息息相关，这需要 Ceph 自身提供支持。好在 Ceph 对性能问题非常重视，提供了非常详细的内部性能数据，并提供了外部接口以供提取和监控。

其中最重要的是 Ceph Perf Counters。Ceph 设计了一套框架来标准化内部性能度量的定义和获取，所有 Ceph 组件都支持 Perf Counters。使用命令 "$ceph daemon <admin-socket> perf schema" 即可获得 socket 所对应的 Ceph 组件（如 osd.0）内所有 Perf Counters 的定义，如图 7-37 所示。

其中 AsyncMessenger 为 osd.0 组件的子系统名，其下显示了两个性能度量。在具体的度量定义中，type 定义了度量类型（metric_type），分为总量（Gauge）、平均和计数度量，还定义了数据类型（value_type），目前只有浮点和整数两种类型。units 定义了度量的具体单位。

```
root@3b4f8f79e3a3:~# ceph daemon osd.0 perf schema | head -n
{
    "AsyncMessenger::Worker-0": {
        "msgr_recv_messages": {
            "type": 10,
            "metric_type": "counter",
            "value_type": "integer",
            "description": "Network received messages",
            "nick": "",
            "priority": 0,
            "units": "none"
        },
        "msgr_send_messages": {
            "type": 10,
            "metric_type": "counter",
            "value_type": "integer",
            "description": "Network sent messages",
            "nick": "",
            "priority": 0,
            "units": "none"
        },
```

图 7-37　获取 osd.0 内的 Perf Counters 定义

命令“$ceph daemon <admin-socket> perf dump”可以获得组件内所有性能的度量值，如图 7-38 所示。还可以用命令“$ceph daemon <admin-socket> perf reset <name>”清空已有的度量值，从而能够获取某个特定时间段的性能数据。

```
root@3b4f8f79e3a3:~# ceph daemon osd.0 perf dump | head -n
{
    "AsyncMessenger::Worker-0": {
        "msgr_recv_messages": 1335137,
        "msgr_send_messages": 1320041,
        "msgr_recv_bytes": 4479335461,
        "msgr_send_bytes": 1461285868,
        "msgr_created_connections": 73,
        "msgr_active_connections": 15,
        "msgr_running_total_time": 426.097899932,
        "msgr_running_send_time": 134.415986898,
        "msgr_running_recv_time": 154.313459531,
        "msgr_running_fast_dispatch_time": 115.007736803
    },
    "AsyncMessenger::Worker-1": {
        "msgr_recv_messages": 95402,
        "msgr_send_messages": 95676,
        "msgr_recv_bytes": 856188403,
        "msgr_send_bytes": 197716298,
        "msgr_created_connections": 131,
```

图 7-38　获取 osd.0 内所有性能的度量值

2. 系统资源占用

Ceph 集群中各组件的硬件资源占用情况在优化集群部署、硬件配置决策、性能瓶颈分析优化中有着不可替代的作用，其重要性不言而喻。从其获得途径来讲，分为组件内部和操作系统两种机制。

Ceph 在开发过程中使用了现有类库，或者利用自身的资源管理机制对内部的资源使用状况进行汇报。例如，通过命令“$ceph daemon <osd-socket> dump_mempools”，

Ceph 可以对内部重要数据结构的数量和内存占用情况进行汇总。通过 tcmalloc 的堆栈分析工具，Ceph 可以获取内存中堆栈状况的摘要，如图 7-39 所示。

```
root@3b4f8f79e3a3:~# ceph tell osd.0 heap stats
2018-05-24 18:41:52.357 7feb96249700 -1 WARNING: all dangerous and experimental
2018-05-24 18:41:52.389 7feb96249700 -1 WARNING: all dangerous and experimental
osd.0 tcmalloc heap stats:------------------------------------------------
MALLOC:      289704520 (  276.3 MiB) Bytes in use by application
MALLOC: +            0 (    0.0 MiB) Bytes in page heap freelist
MALLOC: +      9815648 (    9.4 MiB) Bytes in central cache freelist
MALLOC: +     13126352 (   12.5 MiB) Bytes in transfer cache freelist
MALLOC: +     20685960 (   19.7 MiB) Bytes in thread cache freelists
MALLOC: +      1847456 (    1.8 MiB) Bytes in malloc metadata
MALLOC:   ------------
MALLOC: =    335179936 (  319.7 MiB) Actual memory used (physical + swap)
MALLOC: +    127033344 (  121.1 MiB) Bytes released to OS (aka unmapped)
MALLOC:   ------------
MALLOC: =    462213280 (  440.8 MiB) Virtual address space used
MALLOC:
MALLOC:           5710              Spans in use
MALLOC:             52              Thread heaps in use
MALLOC:           8192              Tcmalloc page size
------------------------------------------------
```

图 7-39　获取内存中堆栈状况的摘要

想要获得更详细的内存占用情况，可以使用“tcmalloc heap profiler”命令查看各数据结构的占用情况，如图 7-40 所示。

```
root@3b4f8f79e3a3:~/ceph/obj-x86_64-linux-gnu/out# google-pprof --text ../bin/ceph-osd \
> osd.0.profile.0001.heap
Using local file ../bin/ceph-osd.
Using local file osd.0.profile.0001.heap.
Total: 0.1 MB
     0.0  46.3%  46.3%      0.0  46.3% ceph::logging::Log::create_entry
     0.0  21.4%  67.7%      0.0  21.4% AsyncConnection::AsyncConnection
     0.0   5.0%  72.7%      0.0   5.0% std::__uninitialized_copy::__uninit_copy (inline)
     0.0   4.5%  77.2%      0.0   4.5% MOSDFastDispatchOp::MOSDFastDispatchOp (inline)
     0.0   3.7%  80.9%      0.0   8.7% OpTracker::create_request
     0.0   3.5%  84.4%      0.0   3.5% std::__cxx11::basic_string::reserve
     0.0   3.4%  87.8%      0.0   3.4% __gnu_cxx::new_allocator::allocate (inline)
     0.0   2.8%  90.6%      0.0  24.1% AsyncMessenger::add_accept
     0.0   2.7%  93.2%      0.0   2.7% std::swap (inline)
     0.0   1.4%  94.6%      0.0   1.4% ceph::Formatter::create
     0.0   1.1%  95.7%      0.0   2.3% OSD::ms_verify_authorizer
     0.0   1.0%  96.7%      0.0   1.3% __gnu_cxx::new_allocator::construct (inline)
```

图 7-40　查看内存中各数据结构的占用情况

除了内存占用，Ceph 还支持使用 oprofile 工具对操作系统资源的使用情况进行汇报。

在操作系统级别，可以使用 htop、iotop 和 iftop 分别查看 CPU、I/O 和网络资源的使用状况。这些工具使用非常广泛，帮助文档也非常详细，这里不再进行展开介绍。

3. Ceph 集群性能

Ceph 作为一个分布式存储系统，若以各组件为单位手动写脚本收集汇总性能数据是非常低效的。在完善模块级别的性能度量功能后，Ceph 也开始注意与第三方监控工具的集成，把重心转向集群级别性能数据收集与展示上。

从 kraken 版本开始，Ceph 推出了新的组件 Ceph manager 用于集群的监控和管理，并从 Luminous 版本开始成为了核心组件。通过采用 Ceph manager 组件的方式，Ceph 集群可以与 Promethus 和 Zabbix 等监控工具集成。前面介绍的 Ceph Perf Counters 中的数据定义和度量值可以从各 OSD、MON 等组件上传至 Ceph manager，再由 Promethus 插件上传至监控系统。而通过 Zabbix 插件，Ceph 集群可以向 Zabbix 汇报集群服务状态、集群 I/O 状况和存储空间占用情况。Zabbix 还可以用于集中监控整个集群的 CPU、I/O 和网络等硬件资源的使用情况，这大大简化了上述集群性能数据的收集、分析和展示工作的流程。同时，Ceph 社区还在开发新的 iostat 插件用于对集群 I/O 性能的集中监控。

此外，Ceph 目前提供了一些简易的命令，用于收集集群性能数据。例如，“$ceph osd perf ”用于对 OSD 中数据提交的延迟进行汇总，以及“$ceph osd pool stats”用于对各存储池 I/O 吞吐量进行监控，如图 7-41 所示。

```
root@3b4f8f79e3a3:~/cephfs# ceph osd perf
osd commit_latency(ms) apply_latency(ms)
  2                  1                 1
  0                  2                 2
  1                  1                 1
```

（1）ceph osd perf

```
root@3b4f8f79e3a3:~/cephfs# ceph osd pool stats
pool default.rgw.log id 6
  client io 10.5KiB/s rd, 0B/s wr, 10op/s rd, 5op/s wr

pool testrbd id 9
  client io 189B/s rd, 41.4KiB/s wr, 0op/s rd, 20op/s wr
```

（2）ceph osd pool stats

图 7-41　用于收集集群性能数据和对各存储池 I/O 吞吐量进行监控的 Ceph 命令

7.8.3　综合测试分析工具

前面介绍了目前有哪些标准化测试工具，以及各类可以获取集群性能数据的方法，但是真实的测试流程往往会复杂得多。这不仅需要对各类测试工具与性能数据获取工具的学习、使用与集成，要在每轮测试完成后从各集群节点中汇总数据，分析和可视化结果，还需要还原集群状态，以便进行多轮测试，或者比较不同集群在各种部署方式、配置、硬件下的表现。如果没有一个综合工具去协助 Ceph 集群的测试和管理，人们往往需要花费非常高的学习和开发成本。现有的综合测试工具主要有 Ceph 官方的 CBT（Ceph Benchmark Tool）和英特尔开发的 CeTune。

1. CBT

CBT 是一个纯命令行工具，起初是 Ceph 开源社区代码开发时使用的性能测试工具，在功能完善后开放提供给下游用户使用。它主要集成了 radosbench、fio-librbd、fio-kvmrbd、fio-krbd、COSBench、collectl 等测试工具，能够对 Ceph 集群的配置、部署、还原进行管理，还负责对测试数据结果的收集与归档，基本能满足日常集群测试中多数场景的需求。

以三节点集群（cephmul0、cephmul1、cephmul2）为例。首先，CBT 需要用一个配置文件来描述集群部署情况和测试用例，如图 7-42 所示。

```
vagrant@cephmul0:~/cbt$ cat mytests.yaml
cluster:
    user: 'ceph-admin'
    head: "cephmul0"
    clients: ["cephmul0"]
    osds: ["cephmul0", "cephmul1", "cephmul2"]
    osds_per_node: 1
    use_existing: True
    iterations: 1
    pool_profiles:
        rbd:
            pg_size: 64
            pgp_size: 64
            replication: 3
benchmarks:
    librbdfio:
        time: 30
        vol_size: 128
        mode: [randwrite]
        op_size: [4096]
        iodepth: [64]
        pool_profile: "rbd"
```

图 7-42　CBT 配置文件

配置文件 mytests.yaml 描述了集群各服务的分布情况、连接各节点的操作系统用户、用于测试存储池，以及具体的测试场景（图 7-42 的例子中使用了 librbdfio 模块）。当需要 CBT 来托管集群的创建时，可以配置 use_existing 为 False，并增加其他相关配置。当需要遍历不同写入方式、写大小和写深度进行测试时，可以在 librbdfio 模块对应的 mode、op_size 和 iodepth 列表中增加测试项。在定义完测试配置后，即可直接运行测试命令，测试结果如图 7-43 所示。

```
vagrant@cephmul0:~/cbt$ ./cbt.py --archive=../archive ./mytests.yaml
20:10:10 - DEBUG    - cbt      - Settings.cluster:
    {'archive_dir': '../archive',
     'clients': ['cephmul0'],
     'conf_file': 'None/ceph.conf',
     'head': 'cephmul0',
     'iterations': 1,
     'osds': ['cephmul0', 'cephmul1', 'cephmul2'],
     'osds_per_node': 1,
     'pool_profiles': {'rbd': {'pg_size': 64, 'pgp_size': 64, 'replication': 3}},
     'tmp_dir': '/tmp/cbt.59521',
     'use_existing': True,
     'user': 'ceph-admin'}
20:10:10 - DEBUG    - cbt      - Nodes : ceph-admin@cephmul2,ceph-admin@cephmul1,ceph-admin@cephmul0
20:10:10 - DEBUG    - cbt      - Nodes : ceph-admin@cephmul0
20:10:10 - DEBUG    - cbt      - Nodes : ceph-admin@cephmul2,ceph-admin@cephmul1,ceph-admin@cephmul0
20:10:10 - INFO     - cbt      - Deleting /tmp/cbt.59521/None
```

图 7-43 CBT 测试结果

该测试命令可以增加参数“-c ceph.conf ”，从而在测试时向集群注入不同的 Ceph 配置。整个测试过程包括准备集群、检查集群健康、测试和数据收集阶段。若在 clients 中配置了多个客户端，CBT 还可以进行多客户端同步测试来最大化集群压力。测试完成后，集群内所有的性能数据会集中保存在 --archive 配置的归档目录下，如图 7-44 所示。

```
vagrant@cephmul0:~/archive/results/00000000/id-5903140437816847037$ ls
benchmark_config.yaml       historic_ops.out.cephmul2  output.0.cephmul0
collectl.cephmul0           idle_monitoring.cephmul0   output.0_clat.1.log.cephmul0
collectl.cephmul1           idle_monitoring.cephmul1   output.0_iops.1.log.cephmul0
collectl.cephmul2           idle_monitoring.cephmul2   output.0_lat.1.log.cephmul0
historic_ops.out.cephmul0   json_output.0.cephmul0     output.0_slat.1.log.cephmul0
historic_ops.out.cephmul1   output.0_bw.1.log.cephmul0
```

图 7-44 CBT 性能数据保存的位置

在归档目录里能够看到 fio 在各客户端的输出结果，以及各个节点的闲时基础性能数据和测试时性能数据的情况，具体可以使用“collect”命令进行回放。例如，查看 cephmul0 节点的测试时内存占用情况，如图 7-45 所示。

```
vagrant@cephmul0:~/archive/results/00000000/id-5903140437816847037$
collectl -p collectl.cephmul0/cephmul0-20180607-201149.raw.gz -sm -oT
#         <-----------Memory----------->
#Time     Free Buff Cach Inac Slab  Map
20:11:51    5G   8M 125M  17M  67M   1G
20:11:52    5G   8M 126M  17M  67M   1G
20:11:53    5G   8M 126M  17M  67M   1G
20:11:54    5G   8M 126M  17M  67M   1G
20:11:55    5G   9M 370M  24M  67M   2G
20:11:56    5G  14M 378M  36M  67M   2G
20:11:57    5G  19M 386M  48M  67M   2G
20:11:58    5G  25M 395M  61M  67M   2G
20:11:59    5G  30M 404M  74M  67M   2G
20:12:00    5G  35M 412M  86M  68M   2G
20:12:01    5G  41M 421M 100M  68M   2G
20:12:02    5G  46M 430M 113M  68M   2G
```

图 7-45 查看 cephmul0 节点的测试时内存占用情况

由于集群测试配置和 ceph.conf 文件分离，单组测试场景可以批量应用于不同的 Ceph 配置，加上集群能够在测试流程中自动重建和 CBT 纯命令行接口的设计，CBT 非常容易与其他集成测试工具结合使用来达到更高的自动化和规模化程度。此外，

CBT 还能模拟 OSD 节点失效情况，为集群健壮性测试提供可能。CBT 目前的缺点主要是相关文档和错误处理还不够全面，使用时需要花费一定的学习成本。

2. CeTune

CeTune 是一个基于网页的 Ceph 集群测试工具。与 CBT 相似，它同样集成了集群测试和集群管理功能。但由于其具备了直观的图形操作界面，所以使用起来更加简单方便，并且错误处理也更加完善。例如，在集群部署阶段，CeTune 能够在网页中提示所配置的设备无法访问，节点无法连接，及其可能导致的原因等信息，如图 7-46 所示。

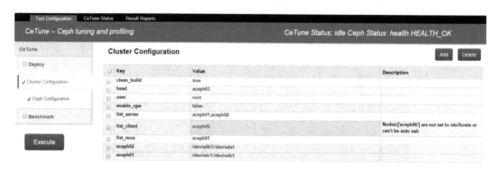

图 7-46 CeTune 配置错误信息显示

CeTune 同样也能对 Ceph 集群配置进行集中管理。在调整完配置后即可执行测试用例。CeTune 集成了 COSBench、vdbench 和 fio 等通用测试工具，可以对 Ceph 块存储、对象存储和文件存储三大接口，以及基于 QEMU/KVM 等多种客户端进行性能测试。由于 CeTune 具备了直观的图形界面，所以降低了用户对具体测试工具的学习成本，CeTune Benchmark 配置如图 7-47 所示。

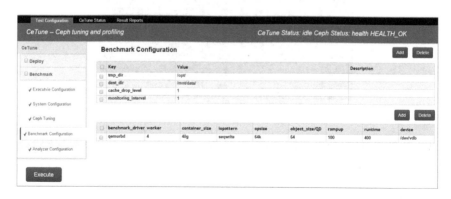

图 7-47 CeTune Benchmark 配置

第 7 章 分布式存储与 Ceph

在测试完毕后，CeTune 能够收集非常详细的性能数据，不仅包括各个节点的 CPU、内存、网络等硬件资源的使用情况，还支持收集前面提到的 Ceph Perf Counters 内的数据。其优点是能够将数据直接展示为折线图、柱状图，相对于 CBT 的纯数据收集，CeTune 更加便于用户直观地定位集群问题和进行性能优化，如图 7-48 所示。

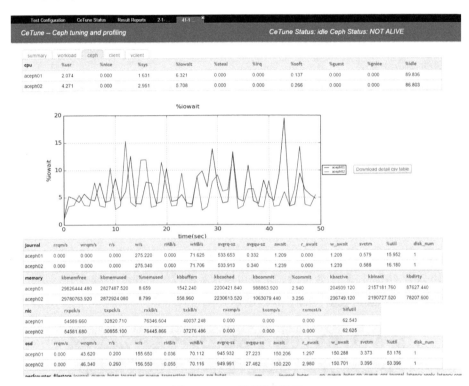

图 7-48　Ceph 性能数据显示

7.8.4　高级话题

性能测试可以暴露集群中存在的问题，其表现形式多种多样，或者是性能指标不符合预期，或者是系统不稳定。错误往往可以通过其对应的错误日志定位到具体模块以了解大致原因。而性能问题往往通过定位难以获得。例如，当发现 Ceph 集群的读/写操作延迟很高或吞吐量很低时，其 I/O 路径的任何位置都有可能造成性能瓶颈。

Ceph 集群本身就是一个多层次、多模块、分布式的软件系统，对于一些难以界定的性能问题，我们可能需要从纵向或横向，深入软件内部或执行流程细节上来分析和解决。同时，这也需要对 Ceph 内部实现机制有更深入的了解。

1. 分层分析

纵向来讲，一个复杂软件的架构往往是层次化的，每个层次提供了不同的抽象级别，实现了高内聚；高层次与各个低层次保持低耦合关系，从而降低了各个层次的开发、测试和维护难度，也有利于更好地分工。例如，在 Ceph 中就可以分为应用层（如 RBD、RGW 和 Ceph FS）、LIBRADOS 层、OSD 层，其中应用层和 LIBRADOS 层包含了集群的内部通信过程。OSD 层内部实现了对 PG 的管理，最终到达 ObjectStore 所管理的存储设备层。

Ceph 的各个层次在实现过程中都可能会存在性能问题。前面介绍了从顶层（即应用层）通过 3 种接口进行标准化测试的方法。实际上 Ceph 还提供了对各个内部层次进行测试的工具，通过比较各个软/硬件层次的性能数据，就基本能够定位到性能问题所在的层次。

- LIBRADOS 层。

我们可以绕过应用层，直接在 RADOS 层进行性能测试，从而获取到 Ceph 底层对象的读/写性能。其中，rados bench 主要用于 RADOS 层的性能测试。该命令默认进行 16 线程 4MB 对象的读/写测试，也可以指定测试时间和读/写模式等，并可以获得详细的 IOps 和延迟数据，如图 7-49 所示。

```
root@d6dfdbc1eb55:~/profile_vstart# rados --pool testpool bench 10 write
hints = 1
Maintaining 16 concurrent writes of 4194304 bytes to objects of size 4194304 for up to 10 seconds or
0 objects
Object prefix: benchmark_data_d6dfdbc1eb55_249971
  sec Cur ops   started  finished  avg MB/s  cur MB/s last lat(s)  avg lat(s)
    0       0         0         0         0         0           -           0
    1      16        56        40   159.958       160    0.301621    0.331442
    2      16       103        87   173.961       188    0.261447     0.32262
    3      16       152       136   181.298       196    0.341597    0.326412
    4      16       206       190   189.963       216    0.292593    0.326197
    5      16       251       235   187.966       180    0.323668    0.328512
    6      16       298       282   187.966       188    0.337944    0.328947
    7      16       353       337   192.537       220    0.269602    0.329217
    8      16       398       382   190.966       180     0.32902    0.329265
    9      16       448       432   191.966       200    0.235686    0.328232
   10      16       494       478   191.167       184    0.293141    0.328359
Total time run:         10.1008
Total writes made:      495
Write size:             4194304
Object size:            4194304
Bandwidth (MB/sec):     196.023
Stddev Bandwidth:       17.7689
Max bandwidth (MB/sec): 220
Min bandwidth (MB/sec): 160
Average IOPS:           49
Stddev IOPS:            4.44222
Max IOPS:               55
Min IOPS:               40
Average Latency(s):     0.326259
Stddev Latency(s):      0.054861
Max latency(s):         0.546083
Min latency(s):         0.042184
Cleaning up (deleting benchmark objects)
Removed 495 objects
Clean up completed and total clean up time :0.192105
```

图 7-49　rados bench

rados bench 的测试内容比较单一，无法更精细地控制读/写对象的大小和读/写比例。此时可以使用 rados load-gen 命令，但是需要自行对性能数据进行汇总，如图 7-50 所示。

```
root@d6dfdbc1eb55:~/profile_vstart# rados -p testpool load-gen \
> --num-objects 10 \
> --min-object-size 4M \
> --max-object-size 4M \
> --max-ops 16 \
> --min-op-len 4M \
> --max-op-len 4M \
> --percent 5 \
> --target-throughput 2000 \
> --run-length 2
run length 2 seconds
preparing 10 objects
load-gen will run 2 seconds
    1: throughput=0MB/sec pending data=0
READ : oid=obj-5APsVLez1ZYBAzC off=0 len=4194304
READ : oid=obj-0eq4100o5KHboIF off=0 len=4194304
READ : oid=obj-GCfHZoNwgRR9Ai4 off=0 len=4194304
op 2 completed, throughput=3.95MB/sec
READ : oid=obj-AxatLru_UyS0fpW off=0 len=4194304
op 0 completed, throughput=7.89MB/sec
READ : oid=obj-kHd72xspMy3pIwY off=0 len=4194304
op 1 completed, throughput=11.8MB/sec
READ : oid=obj-GCfHZoNwgRR9Ai4 off=0 len=4194304
```

图 7-50　rados load-gen

- OSD 层。

Ceph 还提供了在 OSD 层的写入性能测试，可以获得相关的性能数据。该命令比较简单，但也可以输入参数配置不同的总写入大小和单块大小，如图 7-51 所示。

图 7-51　OSD 层写入性能测试

- ObjectStore 层。

OSD 服务中的 ObjectStore 层负责管理所有存储后端，包括 FileStore、BlueStore 和 MemStore 等。社区单独为它提供了 fio 测试引擎实现，足以可见其重要性。由于 ObjectStore 作为 OSD 的子模块，并未提供任何公共接口，所以 ObjectStore 的 fio 测试引擎需要自行编译，这里不再提供示例，其源码和详细文档位于 Ceph 代码的 src/test/fio 目录中。

- 设备层。

Ceph 集群中的读/写数据最终会落入磁盘及通过网络设备传输，所以网络连接和磁盘设备的性能即是整个集群性能的基础。简单的网络和磁盘性能测试可以分别使用 netcat/nc 和 dd 命令。更加精细的测试可以使用 iperf 命令测试网络连接性能，并使用 fio 的 libaio 引擎测试块设备性能。

2. 追踪

除了进行纵向的分层性能分析，还可以通过横向的方式对各个请求的实际执行过程进行追踪。通过获得请求在各个步骤中的执行开销，可以直接定位到有性能问题的代码、物理主机或设备上。Ceph 在其 OSD 组件中实现了 op-tracker 机制，可以追踪 OSD 最近执行操作的各阶段开销，如图 7-52 所示。

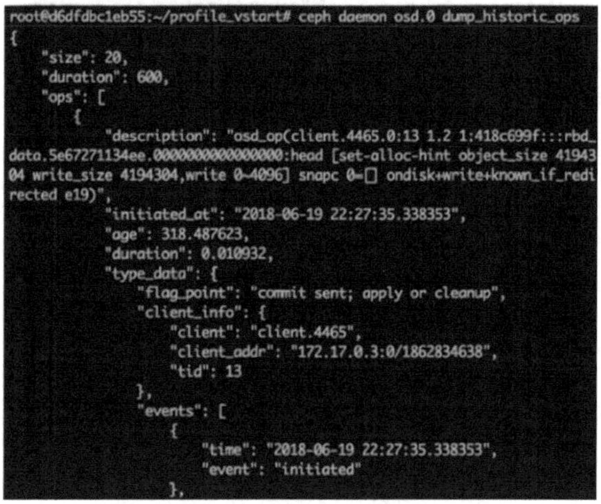

```
root@d6dfdbc1eb55:~/profile_vstart# ceph daemon osd.0 dump_historic_ops
{
    "size": 20,
    "duration": 600,
    "ops": [
        {
            "description": "osd_op(client.4465.0:13 1.2 1:418c699f:::rbd_
data.5e67271134ee.0000000000000000:head [set-alloc-hint object_size 41943
04 write_size 4194304,write 0~4096] snapc 0=[] ondisk+write+known_if_redi
rected e19)",
            "initiated_at": "2018-06-19 22:27:35.338353",
            "age": 318.487623,
            "duration": 0.010932,
            "type_data": {
                "flag_point": "commit sent; apply or cleanup",
                "client_info": {
                    "client": "client.4465",
                    "client_addr": "172.17.0.3:0/1862834638",
                    "tid": 13
                },
                "events": [
                    {
                        "time": "2018-06-19 22:27:35.338353",
                        "event": "initiated"
                    },
```

图 7-52　追踪 OSD 最近执行操作的各阶段开销

图 7-52 中的命令追踪了最近 600s 内最后 20 个 osd_op 的操作，对于各个操作还记录了更详细的信息。其中最重要的是，它记录了 osd_op 操作内每个事件发生的时间节点。通过对这些时间节点的汇总分析，可以大致定位到 OSD 中操作缓慢的原因。

若需要更加细致的分析，则需要使用 LTTng 高性能追踪工具。单纯的日志记录方式存在性能和格式问题，所以不适用于请求追踪，而 LTTng 采用了通用的 Common Trace Format 格式，并使用了无锁设计，能在更小的开销下产出更多的数据，使其更加适用于追踪和性能分析。Ceph 的各个模块都加入了 LTTng 追踪点，可以在编译时选择开启 LTTng 功能，并在运行时使用 LTTng-tools 进行收集。由于 LTTng 会产生大量的数据，不可避免会有一定的开销，而且还需要做大量工作去分析产生的数据，所以其主要场景是在开发中使用的。

LTTng 仅仅是一个单主机的追踪数据生产者。但是在一个分布式系统中，一次完整的追踪往往需要横跨多个组件，组件间也会采用迥异的消息格式和协议进行互通，而一个完善的追踪系统还要提供集群追踪数据的收集、解析和展示功能。于是 Ceph 又基于 LTTng 实现了 blkin，它能够让集群产生与 Zipkin 格式兼容的分布式追踪数据，实现了最基础的分布式追踪。

但是，blkin 的功能比较有限，仅仅覆盖了 Ceph 少数请求的执行流程，缺少对追踪的抽样，其配置、收集、展示与分析功能都是完全割裂的。这也导致了 blkin 的实际可用程度不高。目前 Ceph 社区希望使用更加通用的 OpenTracing API 替代当前的 blkin 实现，从而可以利用更加成熟的分布式追踪工具。

7.9 Ceph 与 OpenStack

Radhat 架构师 Keith Tenzer 在某篇文章中讨论了如何将 Ceph 与 OpenStack 集成，以及为什么 Ceph 非常适合 OpenStack。

Ceph 提供统一的分布式存储服务，能够基于带有自我修复和智能预测故障功能的商用 X86 硬件进行横向扩展。它已经成为软件定义存储事实上的标准，许多供应商都提供了基于 Ceph 的软件定义存储系统。Ceph 不仅局限于 Red Hat、Suse、Mirantis、Ubuntu 等公司，SanDisk、富士通、惠普、戴尔、三星等公司现在也提供了集成解决方案，甚至还有大规模的由社区构建的环境（如 CERN，即欧洲核子研究组织），为上万个虚拟机提供存储服务。

Ceph 绝不局限于 OpenStack，这正是 Ceph 越来越受欢迎的原因。Ceph 在 OpenStack 存储领域占有很高的份额，2016 年 4 月的 OpenStack 用户调查报告显示，Ceph 占 OpenStack 存储的 57%，然后是 LVM（本地存储）占 28%，NetApp 占 9%。如果我们先不看 LVM，则 Ceph 远远领先于其他存储公司。

产生这种局面的原因有很多，最重要的有以下 3 个。

- Ceph 是一个横向扩展的统一存储平台。OpenStack 最需要的存储能力有 2 个方面：能够与 OpenStack 本身一起扩展，并且扩展时不需要考虑是块、文件还是对象。传统存储供应商则需要提供 2 个或 3 个不同的存储系统来实现这些功能。
- Ceph 具有成本效益。Ceph 使用 Linux 作为操作系统，而不是专有的操作系统。用户不仅可以选择任意公司购买 Ceph 服务，还可以选择从哪里购买硬件，可以是同一供应商也可以是不同的供应商。用户甚至可以从单一供应商购买 Ceph +硬件的集成解决方案。
- 和 OpenStack 一样，Ceph 也是开源项目，能够允许进行更紧密的集成和跨项目开发。

1）Ceph 块存储

OpenStack 中有 3 个地方可以和 Ceph 块设备进行结合。

- Glance。

Glance 是 OpenStack 中的镜像服务。在默认情况下，镜像存储在本地，然后在被请求时复制到计算节点，来缓存镜像，但每次更新镜像时，都需要再次复制。

Ceph 可以为 Glance 提供存储后端，允许镜像存储在 Ceph 中，而不是存储在控制节点和计算节点上。这大大减少了抓取镜像时的网络流量，从而提高了性能。此外，它使不同 OpenStack 部署之间的迁移变得更简单。

- Cinder。

Cinder 是 OpenStack 中的块存储服务。Cinder 提供了关于块存储的抽象，并允许供应商通过提供驱动程序进行集成。在 Ceph 中，每个存储池可以映射到不同的 Cinder 后端，允许创建如金、银或铜的存储服务，用户可以设定金是三副本的快速固态硬盘磁盘，银是二副本的，铜则是使用纠删码的慢速磁盘。

Ceph 可以配置为 Cinder 的存储后端，来提供虚拟机的块存储，也可以作为 Cinder 的备份存储后端，用来备份 Cinder 的卷数据，命令如下：

```
$Cinder.conf

volume_driver = cinder.volume.drivers.rbd.RBDDriver
```

```
backup_driver= cinder.backup.drivers.ceph
```

- Nova。

在默认情况下，Nova 将虚拟 Guest Disks（装有客户操作系统的磁盘）的镜像存储在本地的 Hypervisor 上（表现为文件系统的一个文件，通常位于/var/lib/nova/instances/<uuid>/），但是这会带来两个问题：镜像存储在根文件系统下，过大的镜像文件会填满整个文件系统进而引发计算节点崩溃；磁盘崩溃会引发虚拟 Guest Disks 丢失，从而虚拟机无法恢复。

Ceph 可以直接与 Nova 集成来作为虚拟 Guest Disks 的存储后端。此时，当创建 Guest Disks 时，通过 RBD 来创建 Ceph Image，然后虚拟机通过 librbd 访问 Ceph Image。

Ceph 块设备与 Nova、Cinder、Glance 的具体集成流程及配置细节读者可以参看 Ceph 官方文档。

2）Ceph 对象存储

- Keystone。

Ceph Object Gateway（RADOS GW）可以与 Keystone 集成用于认证服务，经过 Keystone 认证的用户就具有访问 RADOS GW 的权限，Keystone 验证的 token 在 RADOS GW 中同样有效。

- Swift。

RADOS GW 为应用访问 Ceph 集群提供了一个与 Amazon S3 和 Swift 兼容的 RESTful 风格的网关，所以可以通过 RADOS GW 来实现 OpenStack Swift 存储接口。对于 Ceph 与 Swift 的对比这里不做赘述。

3）Ceph 文件系统

目前 OpenStack 中能够与 Ceph FS 集成的项目为 Manila，OpenStack Manila 项目从 2013 年 8 月份开始进入社区视野，主要由 EMC、NetApp 和 IBM 的开发者驱动，是一个提供文件共享服务 API 并封装不同后端存储驱动的大帐篷（Big Tent）项目。目前 Manila 中已经有 Ceph FS 驱动的实现。

第 8 章

OpenStack 存储

从第一个版本 Austin 至今，OpenStack 已经成长了 8 年。作为一个 IaaS 范畴的云平台，完整的 OpenStack 系统首先具有如图 8-1 所示的最基本视图，它向我们传递了这样的信息——OpenStack 通过网络将用户和网络背后丰富的硬件资源分离开来。

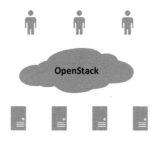

图 8-1　OpenStack 基本视图

OpenStack 一方面负责与运行在物理节点上的 Hypervisor 进行交互，实现对各种硬件资源的管理与控制，另一方面为用户提供一个满足要求的虚拟机。

作为 AWS 的一个跟随者，OpenStack 内部的体系结构不可避免地体现着 AWS 各个组件的痕迹。

OpenStack 比较重要的组件有计算、对象存储、认证、用户界面、块存储、网络和镜像服务等。每个组件都是多个服务的集合，一个服务意味着运行中的一个进程，根据部署 OpenStack 的规模，决定了是选择将所有服务运行在同一个机器上还是多个机器上。

1）计算

计算的项目代号是 Nova，它根据需求提供虚拟机服务，如创建虚拟机或对虚拟机做热迁移等。从概念上看，它对应于 AWS 的 EC2 服务，而且它实现了对 EC2 API 的兼容。现今，Rackspace 和惠普提供的商业计算服务正是建立在 Nova 之上的，NASA 内部使用的也是 Nova。

2）对象存储

对象存储的项目代号是 Swift，它允许存储或检索对象，也可以认为它允许存储或检索文件，它能以低成本的方式通过 RESTful API 管理大量无结构数据。它对应于 AWS 的 S3 服务。现今，KT、Rackspace 和 Internap 都提供基于 Swift 的商业存储服务，许多公司的内部也使用 Swift 来存储数据。

3）认证

认证的项目代号是 Keystone，为所有 OpenStack 提供身份验证和授权服务，跟踪用户及他们的权限，从而提供一个可用服务及 API 的列表。

4）用户界面

用户界面的项目代号是 Horizon，它为所有 OpenStack 的服务提供一个模块化的基于 Django 的界面，通过这个界面，无论是最终用户还是运维人员都可以完成大多数的操作，比如启动虚拟机、分配 IP 地址、动态迁移等。

5）块存储

块存储的项目代号是 Cinder，提供块存储服务。Cinder 最早是由 Nova 中的 nova-volume 服务演化而来的，当时由于 Nova 已经变得非常庞大并拥有众多功能，也由于卷服务的需求会进一步增加 nova-volume 的复杂度，如增加卷调度，允许多个 volume driver 同时工作，同时考虑到需要 nova-volume 跟其他 OpenStack 项目进行交互，比如将 Glance 中的镜像模板转成可启动的卷，所以 OpenStack 新成立了一个项目 Cinder 来扩展 nova-volume 的功能。Cinder 对应于 AWS EBS 块存储服务。

6)网络

网络的项目代号是 Neutron,用于提供网络连接服务,允许用户创建自己的虚拟网络并连接各种网络设备接口。

Neutron 通过插件的方式对众多的网络设备提供商进行支持,如 Cisco、Juniper 等,也支持很多流行的技术,如 Open vSwitch、OpenDaylight 和软件定义网络等。与 Cinder 类似,Neutron 也来源于 Nova,即 nova-network,它最初的项目代号是 Quantum,但由于存在商标版权冲突问题,后来经过提名投票评选更名为 Neutron。

7)镜像服务

镜像服务的项目代号是 Glance,它是 OpenStack 的镜像服务组件,相对于其他组件来说,Glance 功能比较单一且代码量也比较少,而且由于新功能的开发数量越来越少,近来在社区的活跃度也没有其他组件那么高,但它仍是 OpenStack 核心项目之一。

Glance 主要提供一个虚拟机镜像的存储、查询和检索服务,通过提供一个虚拟磁盘映像的目录和存储库,为 Nova 的虚拟机提供镜像服务。它与 AWS 中的 Amazon AMI catalog 功能相似。

现在以创建虚拟机为例,来介绍这些核心组件是如何相互配合完成工作的。用户首先接触到的是界面,也即 Horizon。通过 Horizon 上的简单界面操作,一个创建虚拟机的请求即被发送到 OpenStack 系统后端。

既然要启动一个虚拟机,就必须指定虚拟机操作系统的类型,必须下载启动镜像以供虚拟机启动使用,这件事情是由 Glance 来完成的,而此时 Glance 所管理的镜像是有可能存储在 Swift 上的,所以需要与 Swift 进行交互得到需要的镜像文件。

在创建虚拟机的时候,自然而然地需要 Cinder 提供块存储服务及 Neutron 提供网络服务,以便该虚拟机有卷可以使用,能被分配 IP 地址与外界网络进行连接,而且之后该虚拟机资源的访问要经过 Keystone 的认证之后才可以继续。至此,OpenStack 的所有核心组件都参与了创建虚拟机的操作。

在 OpenStack 管理与控制的各种硬件资源中,存储是最重要的资源之一。

Nova 实现了 OpenStack 虚拟机世界的抽象,并利用主机的本地存储为虚拟机提供"临时存储"(Ephemeral Storage),如果虚拟机被删除了,挂在这个虚拟机上的任何临时存储都将自动释放。存放在临时存储上的数据是高度不可靠的,任何虚拟机和主机发生故障都可能会导致数据丢失。因此,基于临时存储的虚拟机没有确切的归属,在它生命周期终止的时候,所有存储在它身上的数据及一切的痕迹都将消失。

而基于 SAN、NAS 等不同类型的存储设备,对象存储与块存储引入了"永久存储"(Persistent Storage),共同为这个虚拟机世界的主体——虚拟机,提供了存储空间。

8.1 Swift

Swift 前身是 Rackspace Cloud Files 项目,由 Rackspace 于 2010 年贡献给 OpenStack,当时与 Nova 一起作为 OpenStack 最初仅有的两个项目。

8.1.1 Swift 体系结构

作为对象存储的一种,Swift 比较适合存放静态数据。所谓的静态数据是指长期不会发生更新的数据,或者在一定时期内更新频率比较低的数据。例如,虚拟机的镜像、多媒体数据及数据的备份。如果需要实时地更新数据,那么 Swift 并不是一个特别好的选择,在这种情况下,Cinder 块存储更为合适。

既然是对象存储,Swift 所存储的逻辑单元就是对象而不是我们通常概念中的文件。在一个传统的文件系统实现里,文件通常由两部分来共同描述:文件本身的内容及与其相关的元数据。而 Swift 中的对象涵盖了内容与元数据两部分的内容。

如图 8-2 所示,与其他 OpenStack 项目一样,Swift 提供了 RESTful API 作为访问的入口,存储的每个对象都是一个 RESTful 资源,拥有一个唯一的 URL,我们可以发送 HTTP 请求将一些数据作为一个对象传给 Swift,也可以从 Swift 中请求一个之前存储的对象,至于该对象是以何种形式存储的且存储于何种设备的什么位置,我们并不需要去关心。

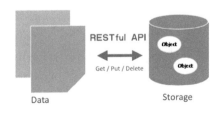

图 8-2 对象存储

如图 8-3 所示，Swift 架构可以划分为两个层次：访问层（Access Tier）与存储层（Storage Nodes）。访问层的功能类似于网络设备中的 Hub，主要包括两个部分：代理服务节点（Proxy Node）与认证（Authentication）。分别负责 RESTful 请求的处理与用户身份的认证。

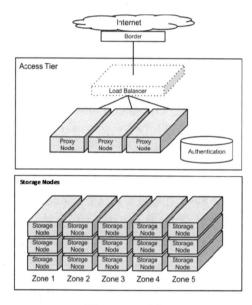

图 8-3　Swift 架构

在 Proxy Node 上运行的 Proxy Server 用来负责处理用户的 RESTful 请求，在接收到用户请求时，需要对用户的身份进行认证，此时用户所提供的身份资料会被转发给认证服务进行处理。Proxy Server 可以使用 Memcached（高性能的分布式内存对象缓存系统）进行数据和对象的缓存，来减少数据库读取的次数，提高用户的访问速度。

存储层由一系列的物理存储节点组成，负责对象数据的存储，Proxy Node 在接收到用户的访问请求时，会将其转发到相应的存储节点上。为了在系统出现问题的情况下有效地将故障隔离在最小的物理范围内，存储层在物理上又分为如下一些层次。

- Region：地理上隔绝的区域，也就是说不同的 Region 通常在地理位置上被隔绝开来。例如，两个数据中心可以划分为两个 Region。每个 Swift 系统默认至少有一个 Region。
- Zone：在每个 Region 的内部又划分了不同的 Zone 来实现硬件上的隔绝。一个 Zone 可以是一个硬盘、一台主机、一个机柜或一个交换机，我们可以简单理解为一个 Zone 代表了一组独立的存储节点。
- Storage Node：存储对象数据的物理节点，基于通用标准的硬件设备提供了不低于专业存储设备水平的对象存储服务。
- Device：可以简单理解为磁盘。
- Partition：这里的 Partition 仅仅是指在 Device 上的文件系统中的目录，和我们通常所理解的硬盘分区是完全不同的概念。

每个 Storage Node 上存储的对象在逻辑上又由 3 个层次组成：Account、Container 及 Object。Swift 对象组织结构如图 8-4 所示。

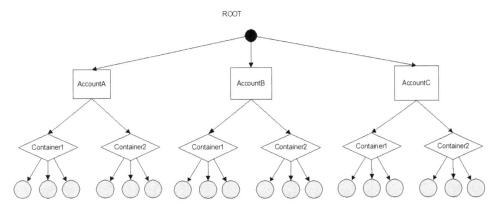

图 8-4　Swift 对象组织结构

这里每一层包含的节点数都没有限制，可以任意进行扩展。Account 在对象的存储过程中实现顶层的隔离，代表的并不是个人账户，而是租户，一个 Account 可以被多个个人账户共同使用；Container 代表了一组对象的封装，类似文件夹或目录，但是 Container 不能嵌套，并不能包含下级的 Container；位于最后一个层次的是具体的对象，由元数据和内容两部分组成。Swift 要求一个对象必须存储在某个 Container 中，因此一个 Account 应该至少有一个 Container 来提供对象的存储。

与上述的 3 层组织结构相对应，Storage Node 上运行了 3 种服务。

- Account Server：提供 Account 相关服务，包括 Container 列表及 Account 的元数据等。Account 的信息被存储在一个 SQLite 数据库中。
- Container Server：提供 Container 相关服务，包括 Object 的列表及 Container

的元数据等。与 Account 一样，Container 的信息也被存储在一个 SQLite 数据库中。

- Object Server：提供对象的存取和元数据服务，每个对象的内容会以二进制文件的形式存储在文件系统中，元数据会作为文件的扩展属性来存储，也就是说，存储对象的物理节点上，本地文件系统必须支持文件的扩展属性，有些文件系统（如 ext3）的文件扩展属性默认是关掉的。

为了保证数据在某个存储硬件损坏的情况下也不会丢失，Swift 为每个对象建立了一定数量的副本（默认为 3 个），并且每个副本存放在不同的 Zone 中，这样即使某个 Zone 发生故障，Swift 仍然可以通过其他 Zone 继续提供服务。

在 Swift 中，副本是以 Partition 为单位的。也就是说，对象的副本其实是通过 Partition 的副本来实现的。Swift 管理副本的粒度是 Partition，并非是单个对象。

既然一个对象并不是只保存了一份，那么对象和其副本之间的数据一致性问题就必须得到解决，对象内容更新的时候副本也必须同时得到更新，而且其中一份损坏时必须能迅速复制一份来完整替换。

Swift 通过以下 3 种服务来解决数据一致性的问题。

- Auditor：通过持续扫描磁盘来检查 Account、Container 和 Object 的完整性，如果发现数据有损坏的情况，Auditor 就会对文件进行隔离，然后通过 Replicator 从其他节点上获取对应的副本用以恢复本地数据。
- Updater：在创建一个 Container 的时候需要对包含该 Container 的 Account 的信息进行更新，使得该 Account 数据库里面的 Container 列表包含这个新创建的 Container。同样在创建一个新的 Object 的时候，需要对包含该 Object 的 Container 的信息进行更新，使得该 Container 的数据库里面的 Object 列表包含这个新创建的 Object。但是当 Account Server 或 Container Server 繁忙的时候，这样的更新操作并不是在每个节点上都能成功完成。对于那些没有成功更新的操作，Swift 会使用 Updater 服务继续处理这些失败的更新操作。
- Replicator：负责检测各个节点上的数据及其副本是否一致。当发现不一致时会将过时的副本更新为最新版本，并且负责将标记为删除的数据真正从物理介质上删除。

到目前为止，我们可以看到有 Proxy Server 处理用户的对象存取请求，有认证服务负责对用户的身份进行认证，当 Proxy Server 接收到用户请求后，会把请求转发给存储节点上的 Account Server、Container Server 与 Object Server 进行具体的对象操作，而对象与其各个副本之间数据的一致性则由 Auditor、Updater 与 Replicator 来负责。

虽然对象最终是以文件的形式存储在存储节点上的，但是 Swift 中并没有"路径"及"文件夹"这样传统文件系统中的概念，那么剩下的问题就是，Swift 如何将对象与真正的物理存储位置相映射？Swift 引入了环的概念来解决这个问题。

环记录了存储对象与物理位置之间的映射关系，Account、Container 和 Object 都有自己独立的环，当 Proxy Server 接收到用户请求时，会根据所操作的实体（Account、Container 或 Object）寻找对应的环，来确定它们在存储服务器集群中的具体位置。Account、Container 和 Object 在环中的位置信息，也由 Proxy Server 来进行维护。

环通过 Zone、Device、Partition 和 Replica 的概念来维护映射信息。每个 Partition 的位置由环来维护，并存储在映射中。环需要在 Swift 部署时使用"swift-ring-builder"工具手动进行构建，之后每次增减存储节点时，都需要重新平衡环文件中的项目，以保证系统因此而发生迁移的文件数量最少。

现在，图 8-4 中的 Swift 架构可以演化为如图 8-5 所示的形式。

Proxy Server 是运行在 Proxy Node 上的 WSGI Server，Account Server、Container Server 与 Object Server 是运行在存储节点上的 WSGI Server，Proxy Server 收到用户 HTTP 请求后，将请求路由到相应的 Controller（AccountController、ContainerController 与 ObjectController），Controller 会从对应的环文件中获取到请求数据所在的存储节点，然后将这个请求转发给该节点上的 WSGI Server（Account Server、Container Server 与 Object Server）。

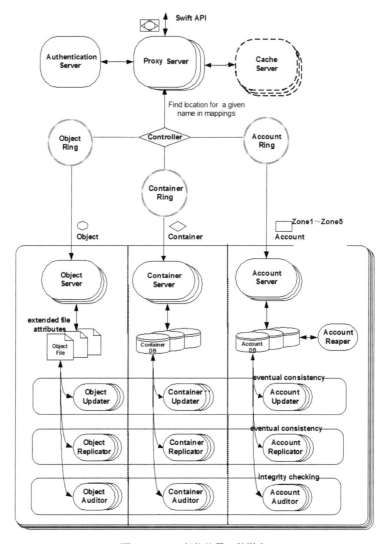

图 8-5 Swift 架构的另一种形式

由上述的 Swift 架构可以看出 Swift 的设计有很多优点，如下所示。

- 极高的数据持久性：数据的持久性是指数据存储到系统中，到某一天数据丢失的可能性。比如 Amazon S3 的数据持久性是 11 个 9，即如果存储 1 万个（4 个 0）文件到 S3 中，1000 万（7 个 0）年之后，可能会丢失其中 1 个文件。Swift 通过采用副本等冗余技术实现了极高的数据持久性。
- 完全对称的系统架构：Swift 中的节点完全对称，即使一个存储节点宕机，也不会影响 Swift 提供的服务，不存在单点故障。
- 无限的可扩展性：因为 Swift 采用了完全对称的系统架构，简单地增加节点即可实现系统的扩容，系统会自动完成数据迁移等工作，使各存储节点重新达到平衡状态，也可以线性地提高系统性能和吞吐率。

Swift 提供了类似 Amazon S3 的服务，可以作为网盘类产品的存储引擎，也非常适合用于存储日志文件和作为数据备份仓库，在 OpenStack 中，它可以与镜像服务 Glance 相结合，为其存储镜像文件。

8.1.2 环

Swift 通过引入环来实现对物理节点的管理，包括记录对象与物理存储位置间的映射，物理节点的添加和删除等。

针对决定某个对象存储在哪个节点上的问题，最常规的做法是采用哈希算法，如果存储节点的数量固定，普通的哈希算法就能满足要求，但是因为 Swift 可以通过增减存储节点来实现无限的可扩展性，所以存储节点的数量可能会发生变动，此时所有对象的哈希值都会改变，这对于部署了极多节点的 Swift 来说使用普通的哈希算法不太现实。因此 Swift 采用了一致性哈希算法来构建环。

1. 一致性哈希算法

假设有 N 台存储节点，为了使负载均衡，需要把对象均匀地映射到每个节点上，这通常使用哈希算法来实现：对于普通的哈希算法，首先计算对象的哈希值 Key，再计算 Key mod N（Key 对 N 取模）的结果，得到的余数即为数据存放的节点。例如，N 等于 2，则将值为 0、1、2、3、4 的 Key 按照取模的结果分别存放在 0、1、0、1、0 号节点上。如果哈希算法是均匀的，数据就会平均分配在两个节点中。如果每个数据的访问量比较平均，负载也会平均分配到两个节点上。

当然，这只是理想中的情况。在实际使用中，当数据量和访问量进一步增加，两个节点无法满足需求的时候，就需要增加一个节点来服务用户的访问请求，此时 N 增加为 3，映射关系变为 Key mod（N+1），上述的哈希值为 2、3、4 的对象就需要重新分配。如果存储节点的数量，以及对象的数量很多时，迁移带来的代价会非常大。

为了降低节点增减带来的代价，Swift 采用了一致性哈希算法，在存储节点的数量发生改变时，尽量减少对已经存在的对象与节点间的映射关系进行改变，从而大大减少需要迁移的对象数量。

一致性哈希算法的过程由如下几个步骤组成。

- 计算每个对象名称的哈希值并将它们均匀地分布到一个虚拟空间上，一般用 2^{32} 标识该虚拟空间。
- 假设有 2^m 个存储节点，那么将虚拟空间均匀分成 2^m 份，每一份长度为 $2^{(32-m)}$。
- 假设一个对象名称哈希之后的结果是 n，那么该对象对应的存储节点即为 $n/2^{(32-m)}$，转换为二进制位移操作，就是将哈希之后的结果向右位移（$32-m$）位。

在图 8-6 中以 $m=3$ 为例，演示了具体的映射过程。一般将虚拟空间用一个环表示，这也是 Swift 用环来表示从对象到物理存储位置的映射的原因。

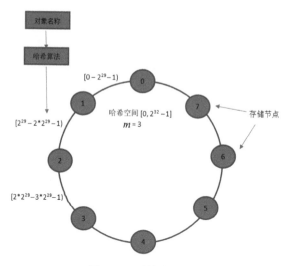

图 8-6　一致性哈希算法

2. 环数据结构

Swift 中所谓的环就是基于一致性哈希算法构造的环，环包括以下 3 种重要的数据结构（信息），如图 8-7 所示。

- 设备表：Swift 将所有 Device 进行编号，设备表中的每一项都对应一个 Device，其中记录了该 Device 的具体位置信息，包括 Device ID、所在的 Region、Zone、IP 地址及端口号，以及用户为该 Device 定义的权重等。

- 当 Device 的容量大小不一致时,可以通过权重保证 Partition 均匀分布,容量较大的 Device 拥有更大的权重,也容纳更多的 Partition。例如,一个 1TB 大小的 Device 有 100 的权重而一个 2TB 大小的 Device 将有 200 的权重。
- 设备查询表(Device Lookup Table):存储 Partition 的各个副本(默认为 3 个)与具体 Device 的映射信息。设备查询表中的每 1 列对应 1 个 Partition,每 1 行对应 Partition 的 1 个副本,每个表格中的信息为设备表中 Device 的编号,根据这个编号,可以在设备表中检索到该 Device 的具体信息(Device ID、IP 地址及端口号等信息)。
- Partition 移位值(Partition Shift Value):表示在哈希之后将 Object 名字进行二进制位移的位数。

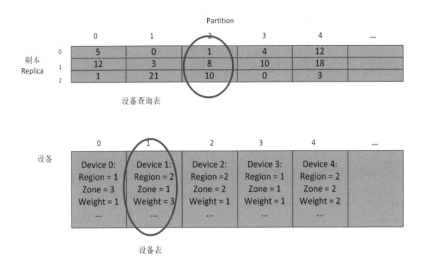

图 8-7 环数据结构

为了减少由于增加、减少节点所带来的数据迁移量,Swift 在对象和存储节点的映射之间增加了 Partition 的概念,使对象到存储节点的映射过程,变成了由对象到 Partition 再到存储节点的映射过程。Partition 的个数一旦确认,在整个运行过程中是不会改变的,所以对象到 Partition 的映射是不会发生变化的。在增加或减少节点的情况下,通过改变 Partition 到存储节点的映射过程来完成数据的迁移。

而对象到 Partition 这层映射是通过哈希算法及二进制位移操作的,Partition 到存储节点的映射是通过设备查询表完成的。

3. 构建环

Swift 使用 swift-ring-builder 工具构建一个环,所谓构建环就是构建设备查询表的过程。构建过程分为 3 个步骤。

- 创建环文件命令如下:
```
swift-ring-builder <builder_file> create <part_power> <replicas> <min_part_hours>
```

其中,2^{part_power} 是 Partition 的个数,replicas 是副本的个数,builder_file 是环的名称,min_part_hours 表示单位为小时,一般设置为 24h,表示某个 Partition 在移动后必须等待指定的时间后才能再次移动。

- 添加设备到环中命令如下:
```
swift-ring-builder <builder_file> add \
[r<region>] z<zone>-<ip>:<port>/<device_name>_<meta> <weight>
```

其中,region 和 zone 分别表示 Region 和 Zone 的编号,ip:port 表示该设备所在节点的 IP 地址及提供服务的端口号,device_name 是该设备在该节点的名称(如 sdb1),meta 是该设备的元数据,其结构是字符串,weight 是该设备的权重。

这个步骤里,并没有任何 Partition 被实际分配到新设备上,直到执行下面的 "rebalance" 操作才被分配。这样做的目的是能够一次增加多个设备然后批量地将 Partition 重新分配。

- 分配 Partition 命令如下:
```
swift-ring-builder <builder_file> rebalance
```

rebalance 操作会根据 builder file 的定义将 Partition 分配到不同的设备上。在 rebalance 之后,需要把生成的环文件复制到所有运行相应服务(Account、Container 或 Object)的节点上,然后用该环文件作为参数启动相应的服务。

8.1.3 Swift API

Swift 以 RESTful API 的形式提供自己的 API,如图 8-5 所示,Proxy Server 负责接收并转发用户的 HTTP 请求。

Swift API 主要提供如下几个功能。

- 存储对象，对象的个数并没有限制。单个对象的大小默认的最大值是 5GB，这个最大值用户可以自行设置。
- 对于超过最大值的对象，可以通过大对象（Large Object）中间件进行上传和存储。
- 压缩对象。
- 删除对象，可以批量删除对象。

Swift 的对象逻辑上分为 Account、Container 和 Object 3 个层次，Swift API 也可以被分为针对 Account 的操作、针对 Container 的操作及针对 Object 的操作，比如针对 Account 可以列出其中所有的 Container。

如果从客户端 swiftclient 算起，Swift API 的执行过程主要包括几个阶段：swiftclient 将用户命令转换为标准 HTTP 请求；Paste Deploy（Paste 的 Deploy 组件，OpenStack 使用 Paste Deploy 来完成 WSGI 服务器和应用的构建）将请求路由到 Proxy-Server WSGI Application；根据请求内容调用对应的 Controller（AccountController、ContainerController 或 ObjectController）处理请求，该 Controller 会将请求转发给特定存储节点上的 WSGI Server（Account Server、Container Server 或 Object Server）；Account Server、Container Server 或 Object Server 接收 Proxy Server 转发的 HTTP 请求并处理。

8.1.4 认证

Swift 通过 Proxy Server 接收用户 RESTful API 请求时，首先需要通过认证服务对用户的身份进行认证，认证通过后，Proxy Server 才会真正处理用户的请求并响应。

Swift 支持外部和内部两种认证方式。一般来说，外部的认证是指向 Keystone 服务去认证，内部的认证是指通过 Swift 的 WSGI 中间件 Tempauth 来认证用户。无论通过哪种方式，用户首先需要向认证系统提交自己的 credentials，认证系统会返回用户一个文本形式的 token。这个 token 有一定的时效性，token 验证的结果会被缓存，用户可以在 token 尚未过期的时间内通过在请求中指定 token 来访问 Swift 服务。

具体使用哪种认证方式，用户可以在 Proxy Server 的 Paste Deploy 配置文件 /etc/swift/proxy-server.conf 中进行设置，命令如下：

```
[pipeline:main]
```

```
pipeline = catch_errors gatekeeper healthcheck proxy-logging cache
container_sync    bulk    tempurl    ratelimit    tempauth    container-quotas
account-quotas slo dlo proxy-logging proxy-serve
```

Swift 默认采用 Tempauth 认证方式。因为是采用 WSGI 中间件的形式，所以我们可以很容易地使用一个自己的认证服务替换 Keystone 或 Tempauth。以 Keystone 为例，Swift 认证过程如图 8-8 所示。

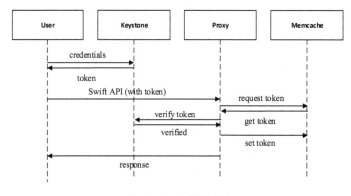

图 8-8 Swift 认证过程

如果使用 Tempauth，需要在 proxy-server.conf 的 tempauth 部分定义用户的信息，其格式如下：

```
user_<account>_<user> = <key> [group] [group] [...] [storage_url]
```

key 就是密码。group 有两种：一种是.reseller_admin，具有对任何 Account 操作的权限，另一种是.admin，只能对所在 Account 进行操作。如果没有设置这两种 group 的任何一种，则该用户只能访问.admin 与.reseller_admin 所允许的 Container。storage_url 用于在认证之后向用户返回 Swift 的 URL。如下是 proxy-server.conf.sample 中提供的示例：

```
user_admin_admin = admin .admin .reseller_admin
user_test_tester = testing .admin
user_test2_tester2 = testing2 .admin
user_test_tester3 = testing3
```

如果希望使用 keystone 进行认证。那么需要在 pipeline 中指定 authtoken 及 keystoneauth 中间件，并且 authtoken 需要排在 keystoneauth 之前，也需要在 proxy-server.conf 中进行相应的配置。

8.1.5 对象管理与操作

我们已经知道 Swift 通过 Account、Container 与 Object 3 个层次进行对象的组织与管理,同时对象最终将以二进制文件的形式存储在物理节点上,那么这里的问题就是 Swift 如何去描述一个对象,并将抽象的对象与实际的具体文件联系起来。

1. DiskFile

通常,为了描述一个 Account、Container 或 Object,我们应该以"class Account"的形式去定义一个类,并将相关的操作进行封装,但是在 Swift 中,只有"class AccountController",各个 Controller 去处理接收的 HTTP 请求,并操作保存在存储节点上的相应文件。

在 ObjectController 与物理文件之间,Swift 提供了 DiskFile 类作为桥梁,所有针对具体对象文件的操作都被封装在 DiskFile 类里面,因此我们可以将 DiskFile 类作为 Swift 对对象的描述,DiskFile 类的部分属性如下。

- name,值为/<account>/<container>/<obj>。
- disk_chunk_size,每次操作文件的块大小。
- device_path,比如/srv/node/node['device']。
- data_file,存放 Object 的文件路径。
- datadir,Object 数据文件所在的目录,比如/srv/node/node['device']/objects/。
- metadata,对象的元数据。

DiskFile 类封装的文件操作都对应了针对对象的 RESTful API,如表 8-1 所示。

表 8-1 Object RESTful API

方 法	URI	描 述
GET	/v1/{account}/{container}/{object}{?signature,expires,multipart-manifest}	下载 object 的内容且获取该 object 的元数据
PUT	/v1/{account}/{container}/{object}{?multipart-manifest,signature,expires}	用传递进来的数据内容及元数据创建或替换一个 object
COPY	/v1/{account}/{container}/{object}	复制一个 object

续表

方法	URI	描述
DELETE	/v1/{account}/{container}/{object}{?multipart-manifest}	永久性删除一个 object
HEAD	/v1/{account}/{container}/{object}{?signature, expires}	获取 object 的元数据
POST	/v1/{account}/{container}/{object}	创建或更新 object 的元数据

但是，不同的存储介质或不同的文件系统对文件的操作方式可能会有些差异，我们无法用一个 DiskFile 类涵盖所有的情况，为了支持不同的存储后端，Swift 引入了可插拔后端（Pluggable Backends，PBE）的概念。

可插拔后端通过实现特定的 DiskFile 类去支持新的存储后端，因为 ObjectController 负责响应 RESTful API 并通过 DiskFile 类进行具体的文件操作，所以所有的 DiskFile 类实现必须要满足 ObjectController 处理流程的需要，官方文档中的"Back-end API for Object Server REST APIs"给出了需要实现的接口的详细描述，比如所有的 DiskFile 类必须实现对象内容和元数据的读/写。

Swift 提供了一个简单的示例，实现一个内存文件系统的后端接口：swift.obj.mem_diskfile。按照上面文档中的要求实现了一个新的 DiskFile 类，swift.obj.mem_server 定义了新的 ObjectController，它继承于 swift.obj.server.ObjectController，我们可以修改 Paste Deploy 文件/etc/swift/object-server.conf 中的 [app:object-server]，使其使用新的 ObjectController 即可，命令如下：

```
[pipeline:main]
pipeline = healthcheck recon object-server

[app:object-server]
# 默认为 Object，使用 swift.obj.server.ObjectController
use = egg:swift#mem_object
```

2. Storage Policy

对象最终以二进制文件的方式存储在物理节点上，并且 Swift 通过创建多个副本等冗余技术达到了极高的数据持久性，但是副本的采用是以牺牲更多的存储空间为代价的，那么这里的另外一个问题就是能否通过其他的技术来减少对存储空间的占用。

Swift 在 Kilo 版本中实现了纠删码技术来减少对存储空间的占用。纠删码技术将数据分块，再对每一块加以编码，从而减少对存储空间的需求，并且还可以在某一块数据被损坏的情况下根据其他块的数据将其恢复。其实是通过消耗更多计算和网络带宽资源来减少对存储资源的消耗的。

为了能够让纠删码和现有的基于副本的实现并存，Storage Policy 应运而生。一个 Storage Policy 可以简单理解为一种存储方式或策略，比如要求为每一个 Partition 创建两个副本。

通过为每个 Storage Policy 配备一个 Object 环，Swift 实现了对采用不同 Storage Policy 的 Object 采取不同的存储方式。

纠删码的实现在 Kilo 中还只是作为 beta 版本发布的，但是可以说纠删码是 Storage Policy 提出的主要原因和动力，Storage Policy 也被设计成一种通用的实现。

举例来说，一个 Swift 的部署可能会存在这样两个 Storage Policy：一个要求每个 Partition 都有 3 个副本，另外一个只要求有两个副本，后者服务级别比较低。另外还可以存在一个 Storage Policy 包含固态硬盘硬件设备，从而使得应用这个 Storage Policy 的用户都能实现较高的存储效率。

使用 Storage Policy 的核心问题就是如何确定一个 Object 的 Storage Policy。我们知道 Swift 按照 Account、Container 和 Object 3 个层次来组织对象，一个新创建的 Object 必然包含在一个 Container 中。Swift 要求每个 Container 都有和它相关联的一个 Storage Policy。这种关联是多对一的，也就是说，多个 Container 可以关联到同一个 Storage Policy 上。这种关联关系在 Container 创建时确立，并且不可改变。这样，在某一个 Container 里面创建的 Object 都将采用这个 Container 所关联的 Storage Policy。

我们可以通过/etc/swift.conf 文件来配置 Storage Policy，命令如下：

```
# Storage Policy 指定了关于如何存储和对待 Object 的一些属性。每一个 Container
# 都与一个 Storage Policy 相关联。这种关联方式是通过为每个 Container 指定一个
# Storage Policy 的名字来实现的。Storage Policy 的名字区分大小写
# Storage Policy 的索引在配置文件中每个 Storage Policy section 的
# header 部分指定。索引被内部代码使用
# 索引为 0 的 Storage Policy 预留给在 Storage Policy 出现之前创建的 Container
# 使用
```

```
# 可以为索引为 0 的 Storage Policy 指定一个名字以便在元数据中使用
# 但是索引为 0 的 Storage Policy 的环文件的名字永远是 "object.ring.gz", 这是
# 为了兼容在 Storage Policy 出现之前创建的 Container
# 如果没有指定 Storage Policy, 那么一个名为 "Policy-0", 索引为 0 的 Storage
# Policy 会被自动创建
# 使用 "default" 关键字指定默认的 Storage Policy。在创建新的 Container 时如果
# 没有指定 Storage Policy 那么就使用默认的 Storage Policy 与其关联
# 如果没有指定默认的 Storage Policy, 则将索引为 0 的 Storage Policy 视为默认值
# 如果创建了多个 Storage Policy 则必须指定一个索引为 0 的 Storage Policy 及一个
# 默认的 Storage Policy

# storage-policy:0
[storage-policy:0]
name = Policy-0
default = yes

# 下面的 section 示范了如何创建一个名字为 "silver" 的 Storage Policy
# 每个 Storage Policy 都有一个 Object 环, 创建这个环时所指定的副本个数也就是
# 这个 Storage Policy 的副本个数
# 在这个例子中, "silver" 可以有一个比上述 "Policy-0" 高的或低的副本数量
# 这个 Storage Policy 的环文件名字是 "object-1.ring.gz"
# 如果把 "silver" 作为默认的 Storage Policy, 那么当一个 Container 被创建时,
# 如果没有指定 Storage Policy, 那么这个 Container 就会与 "silver" 相关联
# 但是如果 Swift 访问的是一个在 Storage Policy 出现之前创建的 Container, 那么该
# Container 所关联的依然是索引号为 0 的 Storage Policy
#[storage-policy:1]
#name = silver
```

以 Policy-0 为例,"[storage-policy:0]"说明这个 Storage Policy 的索引是 0。Storage Policy 的内部实现是用索引而不是名字来检索的。

"name = Policy-0"说明这个 Storage Policy 的名字叫作"Policy-0"。

"default = yes"说明这个 Storage Policy 是默认的 Storage Policy。

我们看到在定义"Policy-0"之后,在注释里面又定义了一个名字为"silver"、索引号为 1 的 Storage Policy。

Storage Policy 和 Object 环之间的 1∶1 映射是通过索引号来建立的。索引号为 0

的 Storage Policy 对应的环文件的名字为 object.ring.gz。索引号为 1 的 Storage Policy 对应的环文件的名字为 object-1.ring.gz，以此类推。

那么如何在创建一个 Container 的时候指定使用何种 Storage Policy 呢？这通过一个特殊的 Request header ——"X-Storage-Policy"来实现。如果通过"X-Storage-Policy"指定了所使用的 Storage Policy 的名字，那么这个 Container 就和该 Storage Policy 相关联。否则就关联到默认的 Storage Policy 上。

8.1.6 数据一致性

到目前为止，我们主要介绍的是如何在磁盘上存储数据并向用户提供 RESTful API，看起来这并不是难以解决的问题，但是为了能够应用于实际的云环境中，Swift 必须考虑应该如何解决数据的损坏或硬件的故障等问题。

Swift 通过为对象引入多个副本来保障一个数据的损坏或部分硬件的故障不会引起该数据的丢失，并通过 Storage Policy 来降低多个副本带来的存储资源消耗，但是由此却引入了另外一个问题：同一个对象与多个副本之间的一致性如何得到保证？

1. NWR 策略

Swift 保证数据一致性的理论依据是 NWR 策略（又称为 Quorum 仲裁协议），其中，N 为数据的副本总数，W 为更新一个数据对象时需要确保成功更新的份数，R 为读取一个数据时需要读取的副本个数。

如果 $W + R > N$，那么就可以保证某个数据不能被两个不同的事务同时读/写。否则，如果有两个事务同时对同一数据进行读/写，那么在 $W + R > N$ 的情况下，至少会有一个副本发生读/写冲突。

如果 $W > N/2$，那么可以保证两个事务不能并发写同一个数据，否则，至少会有一个副本发生写冲突。

既然 Swift 使用了多个副本来保证数据的高持久性，那么 N 必须大于 1，如果 N 为 2，那么只要有一个数据损坏或存储节点发生故障，就会有数据单点的存在，一旦这个数据再次出错，就可能永久丢失，所以 N 应该大于 2。但是 N 越高，系统的整体成本也就越高，所以 Swift 默认采用了 $N=3$、$W=2$、$R=2$ 的设置，表示一个对象默认有 3 个副本，至少需要更新 2 个副本才算写成功，至少读 2 个副本才算读成功。如

果 $R=1$,则可能会读取到旧版本的数据。

2. Auditor、Updater 与 Replicator

有时同一数据的各个副本之间会出现不一致的情况,比如更新一个 Object 时,根据 NWR 策略,只要有两个副本更新成功,这个更新操作就被认为是成功的,剩下的那个没有更新成功的副本就会与其他两个副本不一致。那么就需要有一种机制来保证各个副本之间的一致性。

Swift 中引入了 3 种后台进程来解决数据的一致性问题:Auditor、Updater 和 Replicator。Auditor 负责数据的审计,通过持续地扫描磁盘来检查 Account、Container 和 Object 的完整性,如果发现数据有损坏,Auditor 就会对文件进行隔离,然后从其他节点上获取一份完好的副本来取代,而复制副本的任务则由 Replicator 来完成,此外,前面已经提及,在环的 rebalance 操作中,需要 Replicator 来完成实际的数据迁移工作。类似地,在 Object 删除的时候,也是由 Replicator 来完成实际的删除操作的。

Updater 负责对那些因为负荷不足而导致失败的 Account 或 Container 进行更新操作。Updater 会扫描本地节点上的 Container 或 Object 数据,然后检查相应的 Account 或 Container 节点上是否存在这些数据的记录,如果没有就将这些数据的记录推送到该 Account 或 Container 节点上。只存在 Container 和 Object 对应的 Updater 进程,而不存在 Account 对应的 Updater 进程。

8.2 Cinder

Cinder 前身是 Nova 中的 nova-volume 服务,在 Folsom 版本发布时,从 Nova 中剥离出来作为一个独立的 OpenStack 项目存在。

8.2.1 Cinder 体系结构

与 Nova 利用主机本地存储为虚拟机提供的临时存储不同,Cinder 类似于 Amazon 的 EBS,为虚拟机提供持久化的块存储能力,实现虚拟机存储卷的创建、挂载与卸载、快照等生命周期管理。

不同于 Swift 在存储数据与具体存储设备和文件系统之间引入了"对象"的概念作为一层抽象,Cinder 则是在虚拟机与具体存储设备之间引入了一层"逻辑存储卷"

的抽象，因此 Swift 提供的 RESTful API 主要是用于对象的访问，Cinder 提供的 RESTful API 则主要是针对逻辑存储卷的管理，Cinder 架构如图 8-9 所示。

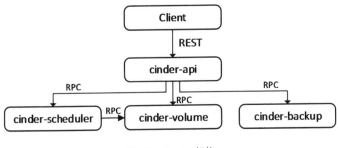

图 8-9　Cinder 架构

由图 8-9 可以看出，目前的 Cinder 主要由 cinder-api、cinder-scheduler、cinder-volume 及 cinder-backup 几个服务组成，它们之间通过高级消息队列协议（Advanced Message Queuing Protocol，AMQP）进行通信，各服务的功能如下。

- cinder-api 是进入 Cinder 的 HTTP 接口。
- cinder-volume 是运行在存储节点上管理具体存储设备的存储空间，每个存储节点上都会运行一个 cinder-volume 服务，多个这样的节点便构成了一个存储资源池。
- cinder-scheduler 会根据预定的策略（如不同的调度算法）选择合适的 cinder-volume 节点来处理用户的请求。在用户的请求没有指定具体的存储节点时，会使用 cinder-scheduler 选择一个合适的节点，如果用户请求已经指定了具体的存储节点，则该节点上的 cinder-volume 会进行处理，并不需要 cinder-scheduler 的参与。
- cinder-backup 用于提供存储卷的备份，支持将块存储卷备份到 OpenStack 存储后端，如 Swift、Ceph、网络文件系统等。

如前所述，Cinder 在虚拟机与具体存储设备之间引入了"逻辑存储卷"的抽象，但 Cinder 本身并不是一种存储技术，也并没有实现对块存储的实际管理和服务，它只是提供了一个中间的抽象层，为后端不同的存储技术，比如 DAS、NAS、SAN、对象存储及分布式存储系统等，提供了统一的接口，不同的块存储服务厂商在 Cinder 中以驱动的形式实现这些接口来与 OpenStack 进行整合。Wiki 页面上列举了包括 NetApp、IBM、华为、EMC 在内的众多存储厂商及很多开源块存储系统对 Cinder 的支持细节。更为细化的 Cinder 架构如图 8-10 所示。

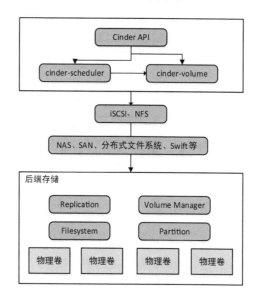

图 8-10　更为细化的 Cinder 架构

Cinder 默认使用 LVM 作为后端存储，它由 Heinz Mauelshagen 于 Linux 2.4 内核中实现。

通常我们在 Linux 系统里使用 fdisk 工具来分割并管理磁盘的分区，比如将磁盘 /dev/sda 分割为 /dev/sda1 与 /dev/sda2 两个分区来分别满足不同的需求，但是这种方式非常生硬，比如我们需要重新引导系统来使分区生效。

而 LVM 通过在操作系统与物理存储资源之间引入逻辑卷的抽象来解决传统磁盘分区管理工具的问题。LVM 将众多不同的物理存储器资源组成卷组，卷组可以理解为普通系统中的物理磁盘，但是卷组上并不能创建或安装文件系统，而是需要 LVM 从卷组中创建一个逻辑卷，然后将 ext3、ReiserFS 等文件系统安装在这个逻辑卷上，我们可以在不重新引导系统的前提下通过在卷组里划分额外的空间为这个逻辑卷动态扩容。

由 4 个磁盘分区组成的 LVM 系统如图 8-11 所示，LVM 在由这 4 个磁盘分区组成的卷组上创建了多个逻辑卷作为逻辑分区，如果需要为一个逻辑分区扩充存储空间，只需从剩余空间上分配一些给该逻辑分区使用即可。

第 8 章 OpenStack 存储

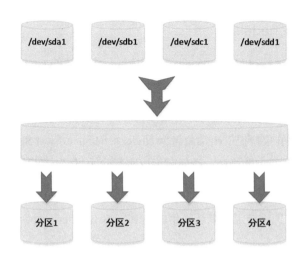

图 8-11　LVM 示例

除了 LVM，目前 Cinder 以驱动的形式还支持将众多存储技术或存储厂商的设备作为存储后端，比如 SAN、Sheepdog、EMC 及华为等厂商的设备。

SAN 采用光纤通道技术，通过光纤通道交换机连接存储阵列和服务器主机，建立专用于数据存储的区域网络。但是光纤通道设备价格比较昂贵，为了降低成本，SAN 可以使用基于 IP 地址的 iSCSI 协议建立，并不受 SCSI 的布局限制。SCSI 通常要求设备互相靠近且使用 SCSI 总线连接，而 iSCSI 可用于服务器主机和存储设备在 TCP/IP 网络上进行大量数据的可靠传输。

Sheepdog 是一个类似于 Ceph 的分布式存储系统开源实现，由 NTT 的 3 名日本研究员开发。

8.2.2　Cinder API

Cinder 中每个 API 都对应了一种资源，这些 API 的实现主要涵盖了对卷、卷类型（Volume Type）及 Snapshot 的管理操作。

卷类型是用户自定义的卷的一种标识，Cinder 提供了相关的 API 可以来自由地创建、删除卷类型。

Snapshot 是一个卷在某一个特定时间点的快照，因此，Snapshot 是只读的、不可以被改变的。Snapshot 可以用来创建一个新的卷。

341

8.2.3 cinder-scheduler

Cinder 的调度服务 cinder-scheduler 用于选择一个合适的 cinder-volume 节点，来处理用户有关卷生命周期的请求。

cinder-scheduler 选择的方式可以有很多种，为了便于后期的扩展，Cinder 将一个调度器必须要实现的接口提取出来命名为 cinder.scheduler.driver.Scheduler，只要继承类 Scheduler 并实现其中的接口，我们就可以实现一个自己的调度器。

不同的调度器是不可以共存的，需要在 /etc/cinder/cinder.conf 中通过 "scheduler_driver" 选项指定，默认使用的是 FilterScheduler，命令如下：

```
scheduler_driver = cinder.scheduler.filter_scheduler.FilterScheduler
```

FilterScheduler 的工作流程如图 8-12 所示。

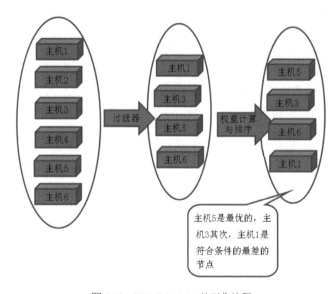

图 8-12　FilterScheduler 的工作流程

FilterScheduler 首先使用指定的过滤器（Filter）得到符合条件的 cinder-volume 节点，比如卷有足够的存储空间，然后对得到的主机列表进行权重计算与排序，获得最佳的一个主机。完整来说这个过程可以分为以下几个阶段。

（1）通过 cinder.scheduler.rpcapi.SchedulerAPI 发出 RPC 请求。

通常 OpenStack 项目中各个服务代码所在的目录都会有一个 rpcapi.py 文件，其中定义了该服务所能提供的 RPC 接口。对于 cinder-scheduler 服务来说，其他服务将 cinder.scheduler.rpcapi 模块导入就可以使用其中定义的接口来远程调用 cinder-scheduler 提供的服务了。cinder-scheduler 注册的 RPC Server 接收到 RPC 请求后，再由 cinder.scheduler.manager.SchedulerManager 真正地完成选择 cinder-volume 节点的操作。

（2）从 SchedulerManager 到调度器（类 Scheduler）。

类 SchedulerManager 用于接收 RPC 请求，在一些参数验证之后，将请求交由具体的调度器来处理，它在 RPC 客户端和具体调度器之间起到一个桥梁的作用。

类 SchedulerManager 在初始化的时候会根据配置文件/etc/cinder/cinder.conf 中选项 scheduler_driver 的值初始化相应的调度器。

（3）过滤和权重计算与排序。

过滤就是使用配置文件指定的各种过滤器去过滤不符合条件的主机，权重计算与排序则是指对所有符合条件的主机计算权重并排序从而得出最佳的一个。Cinder 中已经实现了几种不同的过滤和权重计算与排序，所有过滤的实现位于 cinder/scheduler/filters 目录中，所有权重计算和排序的实现位于 cinder/scheduler/weighs 目录中。

我们可以在配置文件中指定使用哪些过滤和权重计算与排序，命令如下：

```
scheduler_default_filters=AvailabilityZoneFilter,CapacityFilter,CapabilitiesFilter
scheduler_default_weighers=CapacityWeigher
```

8.2.4 cinder-volume

Cinder 中卷的生命周期由 cinder-volume 服务来管理。

创建好的卷一般通过 iSCSI Target 的方式展现给 Nova，这样 Nova 可以通过 iSCSI 协议将其连接到计算节点上以供虚拟机使用。Cinder 支持多种提供 iSCSI Target 的方法，包括 IET、ISER、LIO 及 TGT（Linux SCSI Target Framework）等，默认使用的是 TGT。

OpenStack 在 H 版本中引入了 QoS 特性，并在 Cinder 中提供了一个 QoS Spec 框

架,每个 QoS Spec 与卷类型相联系,用户在创建一个卷时可以将该卷与一个卷类型相联系,即可间接使该卷与特定 QoS Spec 相联系。

1. iSCSI Target

iSCSI Target 基于 iSCSI 协议能够以较低的门槛实现 SAN 的应用,在 OSI 7 层模型中,iSCSI 属于传输层的协议,规定了 iSCSI Target 和 iSCSI Initiator 之间的通信机制。iSCSI Target 通常是指存储设备,比如存放数据的硬盘或磁盘阵列,iSCSI Initiator,是指能够基于 iSCSI 协议访问 Target 的客户端软件。

在 OpenStack 中,Cinder 创建好卷之后通常以 iSCSI Target 方式提供给 Nova,Nova 通过 iSCSI 协议将该卷连接到计算节点上以供虚拟机使用,iSCSI Target 方式如图 8-13 所示。

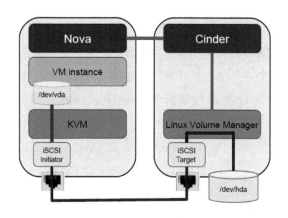

图 8-13　iSCSI Target 方式

2. Driver

为了支持不同的后端存储技术与设备,Cinder 创建了一个 Driver 框架,将所有 Driver 需要实现的接口包含在 cinder.volume.driver.VolumeDriver 类中,我们可以在 Cinder 配置文件中指定使用哪种后端存储的 Driver 框架,还可以指定以哪种方式提供 iSCSI Target,Cinder 默认使用的是 LVMISCSIDriver 类,命令如下:

```
volume_driver = cinder.volume.drivers.lvm.LVMISCSIDriver
iscsi_helper = tgtadm
```

cinder.volume.manager.VolumeManager 类在初始化时会根据配置文件的设置初

始化指定的 Driver，以默认的 LVMISCSIDriver 为例，VolumeManager、VolumeDriver 与 iSCSI Target 方式的关系如图 8-14 所示。

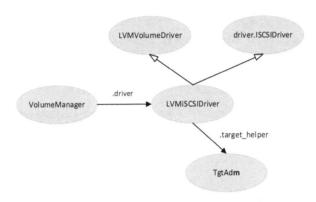

图 8-14　VolumeManager、VolumeDriver 与 iSCSI Target 方式的关系

3．卷类型

Cinder 可以支持多个或多种存储后端并存，每个存储后端都有自己的名字，但是这个名字不要求是唯一的，可以被共用，此时 cinder-scheduler 会根据过滤器来选择在哪个存储后端上创建卷。

存储后端的名字通过卷类型的 extra-specs 来设置。卷类型是卷的一种标识，我们可以自由地创建和删除。Cinder 中与卷类型相关的资源或 API 有两种：type 和 extra_specs。针对 type 的操作有创建、删除、查询等，针对 extra_specs 的操作主要就是 set 与 unset，set 表示传入一个 Key/Value 对，unset 只需传入一个 key 值，表示删除与这个 key 值相匹配的 extra_specs。

存储后端的名字是通过指定 volume_backend_name 的键值来进行设置的，命令如下：

```
$ cinder type-create lvm
$ cinder type-list
$ cinder type-key lvm set volume_backend_name=LVM_iSCSI
$ cinder extra-specs-list
```

上述命令创建了一个存储后端类型"lvm"，并且指定它的名字为"LVM_iSCSI"。每个存储后端在配置文件中都有一组相关的配置，比如使用 DevStack 部署时，默认命令如下：

```
default_volume_type = lvmdriver-1
enabled_backends = lvmdriver-1
[lvmdriver-1]
volume_group = stack-volumes-lvmdriver-1
volume_driver = cinder.volume.drivers.lvm.LVMVolumeDriver
volume_backend_name = lvmdriver-1
```

我们必须设置 enabled_backends 选项来指定使用的存储后端，如果有多个，则需要使用逗号来隔开，比如"enabled_backends=lvmdriver-1,lvmdriver-2,lvmdriver-3"。上述命令中存储后端"lvmdriver-1"的名字与相关配置组"[lvmdriver-1]"的名字相同，但它们之间并没有必然的联系。

4. QoS Spec

通常，QoS 是网络的一种安全机制，用于解决网络延迟和阻塞等问题，但是在 OpenStack 中，QoS 不仅是指网络的服务质量，而是涵盖了 OpenStack 提供的所有资源，包括 CPU、Memory、Disk IO 等。

Cinder 中与 QoS 相关的实现在 Havana 版本时被引入，并提供了一个 QoS Spec 框架，我们可以创建一个 QoS Spec，它设定了一组用于描述存储后端服务质量的参数，命令如下：

```
$ cinder qos-create read_qos consumer="front-end" read_iops_sec=1000
```

read_qos 为该 QoS Spec 的名字，consumer 指定这个 Spec 是面向前端还是存储后端的。

Cinder 中一个卷只能与卷类型相关联，而不能与 QoS Spec 相关联，所以为了将卷与 QoS Spec 相关联，我们必须首先创建一个卷类型，然后将其与 QoS Spec 进行关联，命令如下：

```
$ cinder qos-associate [qos-spec-id] [type-id]
```

在创建一个卷时将该卷与这个卷类型相关联，这样就可以间接使该卷与特定的 QoS Spec 进行关联，此后在该卷附加到一个虚拟机上时，即可实现该虚拟机的限速，如果存储后端本身就支持 QoS Spec 中的设定，如速度限制，那么也可以通过将 consumer 指定为"back-end"来通过存储后端实现。

8.2.5 cinder-backup

cinder-backup 用于将卷备份到其他存储系统上，目前支持的备份存储系统有 Swift、Ceph、TSM（IBM Tivoli Storage Manager）、GlusterFS 等，默认为 Swift。

不同的备份存储系统以 Driver 的形式得以支持，通过配置文件的 backup_driver 选项指定使用的 Driver，命令如下：

```
backup_driver = cinder.backup.drivers.swift
```

从 Mitaka 版本开始，backup 服务和 volume 服务解除了紧耦合，不再需要将它们装在同一台主机上。cinder-backup 服务在接收到请求后可以挑选任意一个 backup 主机来提供备份服务。cinder-backup 服务主要完成如下工作。

- 创建备份：cinder-backup 通过 RPC 请求 cinder-volume 服务提供需要备份的卷（get_backup_device）。如果需要备份的卷处于 available 状态，则直接把该卷返回给 cinder-backup；如果需要备份的卷正在被使用，则先根据该卷创建一份快照或克隆卷，返回快照或克隆卷给 cinder-backup。cinder-backup 收到备份卷后，把备份卷挂载到本机，将数据备份到后端存储。
- 恢复备份：cinder-backup 将需要进行数据还原的卷挂载到本机，然后将数据从备份存储读出，恢复到卷上。
- 删除备份：cinder-backup 直接调用 Backup Driver 中的接口来删除备份。

第 9 章 容器存储

在什么场景下使用虚拟机，在什么场景下使用物理机。这些问题并没有一个统一的标准答案，因为它们都有自身最适用的场景，在此场景下，它们都是不可替代的。

原本是没有虚拟机的，所有的应用都直接运行在物理机上，计算和存储资源都难以增减，要么资源不够用，要么就是把过剩的资源浪费掉，所以现在虚拟机被广泛地使用，而物理机的使用场景被极大地压缩到了像数据库系统这样的特殊应用上。

原本也没有容器，大部分的应用都运行在虚拟机上，只有少部分特殊应用仍然运行在物理机上。但现在所有的虚拟机技术方案，都无法回避两个主要的问题，一个是Hypervisor 本身的资源消耗与磁盘 I/O 性能的降低，另一个是虚拟机仍然还是一个独立的操作系统，对很多类型的应用来说都显得太重了。所以，容器技术出现并逐渐火热，所有应用可以直接运行在物理机的操作系统上，可以直接读/写磁盘，应用之间通过计算、存储和网络资源的命名空间进行隔离，为每个应用形成一个逻辑上独立的"容器操作系统"。

9.1 容器

容器技术最早可以追溯到 1979 年 UNIX 系统中的 chroot，最初是为了方便切换root 目录，为每个进程提供文件系统资源的隔离。

第 9 章 容器存储

2000 年，BSD 吸收并改进了 chroot 技术，发布了 FreeBSD Jails。FreeBSD Jails 除了文件系统隔离，还添加了用户和网络资源等的隔离，每个 Jail 还能分配一个独立的 IP 地址，进行一些相对独立的软件安装和配置操作。

2001 年，Linux 发布了 Linux VServer，VServer 依旧是延续了 Jails 的思想，在一个操作系统上隔离文件系统、CPU 时间、网络地址和内存等资源，每个分区都被称为一个安全上下文（Security Context），内部的虚拟化系统被称为 VPS。

2004 年，作为 Solaris 10 中的特性，原 SUN 公司发布了 Solaris 容器，它包含了系统资源控制和 Zone 提供的二进制隔离，Zone 作为在操作系统实例内一个完全隔离的虚拟服务器存在。

2005 年，SWsoft 公司发布了 OpenVZ，与 Solaris Containers 类似，OpenVZ 通过打了补丁的 Linux 内核来提供虚拟化、隔离、资源管理和检查点功能。OpenVZ 标志着内核级别的虚拟化真正成为主流，之后不断有相关的技术被加入内核中。

2006 年，Google 发布了 Process Container，Process Container 记录和隔离每个进程的资源使用（包括 CPU、内存、硬盘 I/O、网络等），后改名为 cgroups（Control Groups），并在 2007 年被加入 2.6.24 的 Linux 内核版本中。

2008 年出现了第一个比较完善的 LXC 容器技术，基于已经被加入内核的 cgroups 和 Linux Namespaces 实现。不需要打补丁，LXC 就能运行在任意 vanila 内核的 Linux 上。

2011 年，CloudFoundry 发布了 Warden，和 LXC 不同之处在于，Warden 可以运行在任何操作系统上，作为守护进程运行，还提供了管理容器的 API。

2013 年，Docker 诞生，Docker 最早是 dotCloud（Docker 公司的前身，是一家 PaaS 公司）内部的项目，和 Warden 类似，Docker 最初也使用了 LXC，后来才使用自己的 libcontainer 替换了 LXC。和其他容器技术不同的是，Docker 围绕容器构建了一套完整的生态系统，包括容器镜像标准（Image Spec）、容器 Registry、REST API、CLI、容器集群管理工具 Docker Swarm 等。

2014 年，CoreOS 创建了 rkt，为了改进 Docker 在安全方面的缺陷，重写了一个容器引擎，相关的容器工具产品包括服务发现工具 etcd 和网络工具 flannel 等。

2016 年，微软发布了基于 Windows 的容器技术 Hyper-V Container，原理与 Linux 的容器技术类似，Hyper-V Container 可以保证在某个容器里运行的进程与外界是隔离的，兼顾了虚拟机的安全性和容器的轻量级。

9.1.1 容器技术框架

容器技术框架如图 9-1 所示。

图 9-1 容器技术框架

服务器层包含了容器运行时的两种场景，泛指容器运行的环境。资源管理层的核心目标是对服务器和操作系统的资源进行管理，以支持上层的容器运行引擎。应用层泛指所有运行于容器上的应用程序，以及所需的辅助系统，包括监控、日志、安全、编排、镜像仓库等。

运行引擎主要指常见的容器系统，包括 Docker、rkt、Hyper、CRI-O 等，负责启动容器镜像、运行容器应用和管理容器实例。运行引擎又可以分为管理程序（Docker Engine、OCID、hyperd、rkt、CRI-O 等）和运行时环境（runC/Docker、runV/Hyper、runZ/Solaris 等）。需要注意的是，运行引擎是单机程序（类似虚拟化中的 KVM 和 Xen），运行于服务器操作系统之上，接受上层集群管理系统的管理。

容器的集群管理系统类似于针对虚拟机的集群管理系统，它们都是通过对一组服务器运行分布式应用，细微的区别是，针对虚拟机的集群管理系统需要运行在物理服务器上，而容器集群管理系统既可以运行在物理服务器上，也可以运行在虚拟服务器上。常见的容器集群管理系统有 Kubernetes、Docker Swarm、Mesos，其中 Kubernetes 的地位可以与 OpenStack 相比。围绕 Kubernetes，CNCF 基金会已经建立了一个非常强大的生态体系，这是 Docker Swarm 和 Mesos 都不具备的。而 CNCF 基金会本身也正在向容器界的 OpenStack 基金会发展。

容器集群技术的演进如下所示。

2013 年 7 月，Mesosphere 发布了名为 Marathon 的开源项目，旨在让用户在同一组服务器上，更智能地运行多种应用程序和服务。

2014 年 6 月，Google 开源了 Kubernetes。

2014 年 12 月，Docker 公司发布了名为 Swarm 的容器集群管理工具。Swarm 主要作用是把若干台 Docker 主机抽象为一个整体，并且通过一个统一的入口去管理这些 Docker 主机上的各种 Docker 资源。Swarm 与 Kubernetes 相比更加轻便，但是具有的功能更少了。

2015 年 4 月，CoreOS 公司推出了容器网络接口规范 CNI，功能涵盖了 IPAM、L2 和 L3，目的是定义一个标准的接口规范，使 Kubernetes 在增加或删除 Pod 的时候，能够按照规范向 CNI 实例提供标准的输入并获取标准的输出，再将输出作为 Kubernetes 管理这个 Pod 的网络的参考。

2015 年 5 月，Docker 发布了容器网络模型 CNM，Libnetwork 是 CNM 的原生实现。与 CNI 相比，CNM 的优点就是原生，和 Docker 容器生命周期紧密结合，但是缺点也是原生，被 Docker "绑架"。

2015 年 6 月，Docker 公司与 Linux 基金会等联合推出开放容器标准规范 OCI。总的来说，如果容器以 Docker 作为标准，那么 Docker 接口的变化将导致社区中的所有相关工具都要更新，不然就无法正常使用；如果没有标准，这将导致容器实现的碎片化，出现大量的冲突和冗余。这两种情况都是社区不愿意看到的，OCI 就是在这个背景下出现的，它的使命就是推动容器标准化，使容器能够运行在任何的硬件和操作系统上，相关的组件也不必绑定在任何的容器运行时上。

目前 OCI 主要有两个标准文档：容器运行时标准（Runtime Spec）和容器镜像标准。如图 9-2 所示，这两个协议通过 OCI Runtime filesystem bundle 的标准格式连接在一起，OCI 镜像可以通过工具转换成 bundle，然后 OCI 容器引擎通过识别这个 bundle 来运行容器。

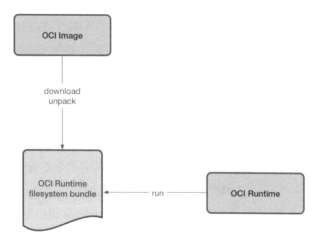

图 9-2　OCI 容器运行时标准和容器镜像标准

2015 年 7 月，Google 主导成立了云原生计算基金会 CNCF（隶属于 Linux 基金会），旨在推动以容器为中心的云原生系统。从 2016 年 11 月开始，CNCF 维护了一个名为 Cloud Native Landscape 的 repo，汇总目前比较流行的云原生技术，并加以分类，希望能为企业构建云原生体系提供参考。

2016 年 3 月，Google 将 Kubernetes 捐赠给了 CNCF 基金会。

2016 年 6 月，Docker 公司在 Docker 1.12 版本中将 Swarm 整合到 Docker Engine 中。

2016 年 9 月，Mesosphere 发布了 DC/OS 1.8 版本，包含了 DC/OS 全局容器运行时，它允许用户不用依赖 Docker daemon 就可以部署 Docker 镜像。

2017 年 3 月，CoreOS 和 Docker 分别将 rkt 和 containerd 捐赠给 CNCF 基金会。

2017 年 7 月，OCI 发布了容器运行时标准和容器镜像标准的 1.0 版本。微软 Azure 发布了 ACI（Azure Container Instance）服务。

2017 年 12 月，标准化容器存储接口规范（CSI）发布，CSI 的主要目的是使存储提供商只需要编写一个插件，就能在大部分的容器编排系统上进行工作。

Kubernetes 的存储卷插件是内置的，也就是说这些插件是和 Kubernetes 核心一起连接、编译、构建和发布的。向 Kubernetes 中加入一种新的存储系统的支持（也就是一个存储卷插件），需要将代码提交到 Kubernetes 仓库中。但是对于很多插件开发者来说，跟随 Kubernetes 的发布流程是一件很痛苦的事情。

Flex Volume Plugin 尝试通过向外部卷插件暴露基于 exec 的 API 的方式来解决上述问题。虽然它使第三方存储供应商避开了写入 Kubernetes 核心代码的风险，但是却需要访问节点和 Master 的 root 文件系统。

此外，Flex 未解决插件依赖问题：卷插件经常需要很多外部需求（如 mount 和文件系统工具等）。插件经常假设这些依赖已经安装在宿主机操作系统中了，但是很可惜的是经常并不是这样的（安装这些依赖也是需要对节点的 root 文件系统进行访问的）。

CSI 解决了上述所有问题，它允许在 Kubernetes 核心代码之外进行开发，用户可以使用标准的 Kubernetes 存储原语（物理卷、PVC（Persistent Volume Claim）、StorageClass）来进行容器化部署。

CSI 插件由第三方开发和管理，CSI 插件作者提供了各自的介绍，用于在 Kubernetes 上部署他们的插件。Kubernetes 尽可能减少干涉 CSI 卷插件的打包和发布规范，只是规定了发布 CSI 插件的最低要求。

2018 年 2 月，RedHat 以 2.5 亿美元收购了 CoreOS。

2018 年 3 月，CNCF 技术监督委员会通过投票表决的方式，认定 Kubernetes 成为该基金会的首个毕业项目。

2018 年 8 月，CNCF 宣布开放源码监控工具 Prometheus 从孵化状态毕业。

2018 年 11 月，Docker CE 发布了 v18.09.0 稳定版本，Kubernetes 发布了 v1.12 稳定版本，同时 KubeCon+CloudNativeCon 在上海举行。

9.1.2 Docker

Docker 的思想来自集装箱，集装箱解决了什么问题？在一艘大船上，货物被规整地摆放起来，并被集装箱标准化，集装箱和集装箱之间不会互相影响，从而不再需要专门运送水果的船和专门运送化学品的船，只要这些货物在集装箱里封装好，就可以用一艘大船全部运走。现在流行的云计算就类似于大货轮，而 Docker 就类似于集装箱。

不同的应用程序可能会有不同的应用环境,比如.net开发的网站和PHP开发的网站依赖的软件就不一样,如果把它们依赖的软件都安装在一个服务器上就需要调试很久,而且很麻烦,还可能会造成一些冲突。这时,为了隔离.net开发的网站和PHP开发的网站,我们可以在服务器上创建不同的虚拟机,在不同的虚拟机上放置不同的应用。但是虚拟机的开销比较高,Docker则可以实现类似的应用环境的隔离,并且开销比较小。

如果开发软件的时候用的是Ubuntu,但是运维人员管理的都是Centos,运维人员在把软件从开发环境转移到生产环境的时候就会遇到一些环境转换的问题。这时,开发者可以通过Docker把开发环境直接封装后转移给运维人员,运维人员直接部署给他的Docker就可以了,而且部署速度快。

Docker使用客户—服务器模型,客户端接收用户的请求,然后发送给服务器端,服务器端收到消息后,执行相应的动作,包括编译、运行、发布容器等。其中,客户端和服务器端既可以运行在相同的主机上,也可以运行在不同的主机上,它们之间可以通过REST API、socket等进行交互,Docker架构如图9-3所示。

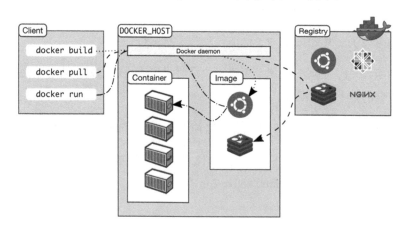

图 9-3 Docker 架构

1）Docker 守护进程

Docker守护进程（Dockerd）始终监听是否有新的请求到达。当用户调用某个命令或API时,这些调用将被转化为某种类型的请求发送给守护进程。Docker守护进程管理各种Docker对象,包括镜像、容器、网络、卷、插件等。

2）Docker 客户端

Docker 客户端是 Docker 用户与守护进程进行交互的主要方式。当我们在命令行界面输入 docker 命令时，Docker 客户端将封装消息并传递给守护进程，守护进程根据消息的类型来采取不同的行动。

3）Docker 仓库

Docker 仓库存储着 Docker 的镜像。Docker Hub 和 Docker cloud 是公共的 Docker 仓库，任何人都可以将自己的本地镜像上传到公共仓库，或者下载公共仓库的镜像到本地。我们可以使用配置文件来指定 Docker 仓库的位置，默认的仓库是 Docker Hub。

例如，当我们想从仓库拉取 nginx 镜像时，首先在命令行输入如下命令，从远端复制 nginx 镜像到本地：

```
$ docker pull nginx
```

一旦上述命令执行完毕，nginx 镜像将会被复制到本地，并由 Docker 引擎管理。通过 list 命令来检查已经成功拉取的镜像：

```
$ docker images
REPOSITORY      TAG        IMAGE ID       CREATED        VIRTUAL SIZE
nginx           latest     5328fdfe9b8e   1 months ago   113.9MB
```

由于镜像已经被复制到本地，当启动 nginx 镜像的容器时，Docker 引擎将直接从本地读取内容，运行速度将非常快，可以使用如下命令去运行一个容器：

```
$ docker run -name web1 -d -p 8080:80 nginx
```

9.1.3 容器与镜像

通过运行一个镜像来产生一个容器。如图 9-4 所示，镜像就是一堆只读层（Read Layer）的叠加，除底层（即原始只读层）以外，每一层都有一个指针指向它的下一层。

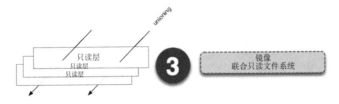

图 9-4　镜像

Docker 通过联合文件系统（Union File System）技术将不同的层整合成一个文件系统，屏蔽了多层的存在，为用户提供了一个统一的视角——一个镜像只存在一个文件系统。

与镜像类似，容器也是一堆层的叠加，唯一的区别在于，容器最上面那一层是可读/写的。在容器存在的生命周期内，任何修改都将被写在可写层，包括创建、删除文件等，如图 9-5 所示。

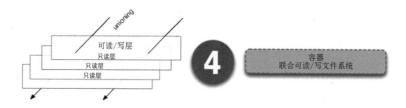

图 9-5　容器

而对于运行时的容器来说，除了一个联合可读/写文件系统，还包括隔离的进程空间及其中的进程，如图 9-6 所示。

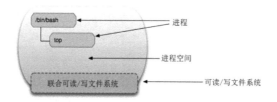

图 9-6　运行时的容器

9.2　Docker 存储

在默认情况下，容器运行时产生的临时文件都被存储到容器的可写层（也叫容器层），也就是说这些数据被保存在容器内部，当容器的生命周期结束，这些数据也会随之消失，因此将产生如下 3 个方面的问题。

- 数据持久化问题。当容器停止运行以后，容器产生的数据将会丢失，包括对文件的创建、删除、修改等操作。
- 高度耦合性问题。容器可写层和容器所属主机之间存在高度的耦合性，因此数据不易迁移，不易共享、不易备份。
- 性能不佳问题。在默认情况下，容器可写层通过 Docker 的存储驱动来管理存储。容器通过调用内核模块来实现联合文件系统，这种通过更高层地抽象而得到的文件系统对 I/O 性能往往影响较大。

为了解决这些问题，Docker 的早期版本就已经支持绑定挂载存储方式，使用这种方式时，宿主机的一个文件或文件夹被映射到容器中，容器可以修改绑定的文件或文件夹内的数据，甚至宿主机的任何进程都可以被修改。

此外，Docker 在 1.8 版本之后推出了对数据卷插件的支持。在容器中运行的应用，可以将需要保存的数据写入持久化的数据卷。一方面，由于以微服务架构为主的容器应用多数为分布式系统，容器可能在多个节点中动态地启动、停止、伸缩或迁移，因此，当容器应用具有持久化的数据时，必须确保数据能被不同的节点访问。另一方面，容器是面向应用的运行环境，数据通常要保存到文件系统中，即存储接口以文件形式更适合应用进行访问。综合来说，容器平台较适宜的应是具有共享文件接口的存储系统。

9.2.1 临时存储

在默认情况下，容器内产生的数据都是临时的，都被存储到容器的可写层，所有的数据流都经过联合文件系统。通过采用非常灵活的模块化机制，Docker 提供了多种存储方案供用户选择，用户可以根据不同的场景来选择恰当的存储驱动。

Docker 使用存储驱动来管理镜像层和容器层的内容，并定义了一套存储驱动的接口，只要实现了相应的方法，就可以扩展出一种存储引擎。目前，已经实现的存储引擎包括 aufs、Btrfs、device mapper、VFS、Overlayer 等。用户需要根据不同的场景选择恰当的存储驱动，从而有效提高 Docker 的性能。

那么如何选择合适的存储驱动呢？这需要我们首先明白 Docker 是如何构建和存储镜像的，以及了解各种不同存储驱动的背后机制。

定义 Docker 存储驱动接口的命令如下：

```
type ProtoDriver interface {
  String() string
  Create(id, parent string) error
  Remove(id string) error
```

```
    Get(id, mountLabel string) (dir string, err error)
    Put(id string)
    Exists(id string) bool
    Status() [][2]string
    Cleanup() error
}

type Driver interface {
    ProtoDriver
    Diff(id, parent string) (archive.Archive, error)
    Changes(id, parent string) ([]archive.Change, error)
    ApplyDiff(id, parent string, diff archive.ArchiveReader)(size int64,err error)
    DiffSize(id, parent string) (size int64, err error)
}
```

1. 不同存储驱动实现细节

不同的存储驱动实现的细节各不相同,但是都基于一个原理、两个策略:镜像分层原理,写时复制策略和用时分配策略(Allocate-on-Demand)。

1)镜像分层原理

如前所述,镜像是由很多只读层叠加而成的。对于 Docker 来说,镜像中的每一层都可以和 DockerFile 文件中的一条指令对应起来。比如下面的这个 DockerFile 文件:

```
1  FROM ubuntu:15.04
2  COPY . /app
3  RUN make /app
4  CMD python /app/app.py
```

DockerFile 文件由 4 行指令组成,每一行指令都对应镜像的某一层。

- 第 1 行指令:FROM 表示从 ubuntu:15.04 开始构建镜像,因此这一层是原始层。
- 第 2 行指令:COPY 表示复制一些文件到镜像。
- 第 3 行指令:RUN 表示使用 make 命令来构建应用程序。
- 第 4 行指令:CMD 表示在容器内运行的某条命令。

如图 9-7 所示,我们可以将上述的 DockerFile 文件看成由 4 个只读层叠加而成的一个镜像。存储驱动的作用就是处理不同层之间的交互。

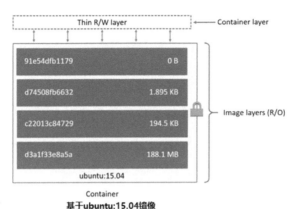

图 9-7　镜像与 DockerFile 文件

当我们创建一个容器时，Docker 将会在顶端创建一个可写层。在容器的生命周期内，任何修改都将被写在可写层。当容器被删除时，可写层也随之被删除，但是只读镜像层却不改变。基于这个原则，不同的容器可以共享相同的底层只读镜像，同时，每个容器又拥有独立的可写层来保存各自的状态和修改，其结构如图 9-8 所示。

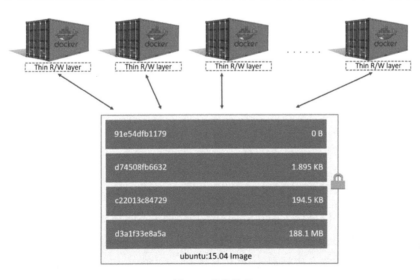

图 9-8　镜像共享

2）写时复制策略

写时复制策略可以最大化复制文件的效率。想象这样一种情景，基于一个镜像启动多个容器，如果每个容器都去申请一个镜像文件系统，那么重复的数据将会占用大量的存储空间。而写时复制技术可以让所有的容器共享同一个镜像文件系统，所有数据都从同一个镜像中读取，只有对文件进行写操作时，才会把要写的文件复制到自己的文件系统中。

3）用时分配策略

用时分配策略是指只有在写入一个新的文件时才分配空间，从而提高存储资源的利用率。例如，启动一个容器时，并不会为这个容器预先分配磁盘空间，只有当有新文件写入时，才会按需分配新空间。

2. AUFS 存储驱动

在早期 Docker 版本中，AUFS 是默认的存储驱动，但由于 AUFS 并没有合并到 Linux 内核中，有些 Linux 发行版对其没有提供支持。Docker 官方建议，在内核 4.0 及更高的版本中，应尽量选择性能和稳定性更高的 Overlay2 驱动。如果用户选择使用 AUFS 存储驱动，应该首先检查内核是否支持，命令如下：

```
$ grep aufs /proc/filesystems
nodev   aufs
```

对于运行中的容器，用户可以使用 info 命令查看容器当前使用的存储驱动，命令如下：

```
$ docker info
Storage Driver: aufs
  Root Dir: /var/lib/docker/aufs
  Backing Filesystem: extfs
  Dirs: 0
  Dirperm1 Supported: true
```

作为一种联合文件系统，AUFS 的主要功能是将不同物理位置的目录进行合并，然后挂载到同一个目录下，以单一目录的组织形式提供给用户。AUFS 分层存储如图 9-9 所示，镜像的每一层对应 /var/lib/docker/aufs 下的一个文件，AUFS 将各个层次组织成统一目录提供给容器使用，经过 AUFS 的处理，最终显示给用户的是 /var/lib/docker/ 目录（这个目录将被 Docker 管理，用户不要直接修改这个目录下的文件）。

第 9 章 容器存储

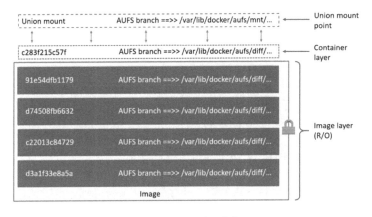

图 9-9 AUFS 分层存储

1）镜像和容器在磁盘上的组织形式

我们通过一个具体的例子来说明镜像和容器是如何构建和组织的，当用户拉取 Docker 仓库中的某个镜像时，镜像的每一层将以文件的形式被下载到本地 /var/lib/docker/aufs 文件夹下，命令如下：

```
$ docker pull ubuntu
Using default tag: latest
latest: Pulling from library/ubuntu
b6f892c0043b: Pull complete
55010f332b04: Pull complete
2955fb827c94: Pull complete
3deef3fcbd30: Pull complete
cf9722e506aa: Pull complete
Digest: sha256:382452f82a8bbd34443b2c727650af46aced0f94a44463c62a9848133ecb1aa8
Status: Downloaded newer image for ubuntu:latest
```

镜像层和容器层的所有信息存储在文件夹 /var/lib/docker/aufs 下，比如 /var/lib/docker/aufs/layers/ 存储了镜像层的元数据信息。

2）AUFS 文件系统的读/写流

通过 AUFS 读文件时，有以下 3 种不同的情况。

（1）文件仅存在于镜像层：如果在容器层不存在这个文件，AUFS 将会到镜像的各个层次从上到下搜索这个文件,搜索到之后,将直接读取镜像上的文件内容。

(2)文件仅存在于容器层:如果文件存在于容器层,那么就直接从容器层读取这个文件。

(3)文件既存在于容器层,也存在于镜像层:AUFS 将从容器层读取文件,将会屏蔽镜像层与容器层具有相同文件名的文件。

通过 AUFS 修改文件时,有以下两种不同的情况。

(1)第一次写文件:容器对某个文件进行第一次写操作时,这个文件并不在容器层,因此 AUFS 需要执行 copy_up 操作将文件从镜像层复制到容器层,再将数据写到容器层副本中。此时有两个因素会严重影响容器的写性能:①AUFS 操作的最小粒度是文件,这就意味着 copy_up 操作需要复制一个文件的所有内容,即使仅仅是修改一个大文件中的一个字符,仍然需要将整个文件从镜像层复制到容器层,这会严重影响容器的写性能;②需要依次搜索镜像文件的每一层去查找文件,因此会有更长的延迟。但是,这两个因素都只影响第一次写文件,随后对这个文件的修改将直接在容器层进行。

(2)删除文件(或文件夹):有时,容器层需要删除一个文件,但是镜像层中的文件是只读的,无法删除,那么应该如何处理呢?AUFS 的处理方式是在容器层创建一个隐藏文件去屏蔽对底层镜像文件的使用。比如对于文件的删除,将会在容器层创建一个 writeout 文件,writeout 文件会阻止容器对这个文件的访问,即禁止容器层使用镜像层中的某个文件。对文件夹的删除操作,创建的是 opaque 文件。

3)AUFS 性能分析

AUFS 存储驱动对于写操作延迟较大,其主要原因是,在第一次写操作时,需要为文件分配存储空间,然后在镜像层中搜索文件,最后复制文件内容到容器层,这一系列操作带来了较长的延迟。随着镜像层次的增加,写延迟会被进一步放大。在写操作比较密集的业务场景下,虽然我们可以通过固态硬盘加速容器层的读/写性能,但是 Docker 官方强烈建议采用另外一种存储方式:卷存储。其主要原因是卷存储可以绕开存储驱动,使用卷驱动可以直接将数据写在卷上,从而避免联合文件系统带来的额外开销的问题。

与 AUFS 相比，虽然 Overlay2 更稳定，性能更好。但是 AUFS 也有一些独有的优点，如高效的磁盘利用率。想象这样一种业务场景：某项业务需要非常密集的容器数量来支撑。在这种场景下，AUFS 的共享镜像将会带来两个好处：使大量容器省去了拉取镜像的时间，直接使用本地共享镜像启动；最小化的磁盘利用空间。

3. OverlayFS 存储驱动

OverlayFS 也是一种联合文件系统，但是与 AUFS 相比，OverlayFS 实现更加简单，效率更高，并且在 2014 年被正式加入 Linux 主线内核中。Docker 官方强烈建议用 OverlayFS 取代 AUFS。当前最新版 Docker 支持两种类型的 OverlayFS 存储驱动：Overlay 和 Overlay2（Overlay2 具有更高的性能和更高的索引节点利用率）。

OverlayFS 建立在其他文件系统之上，并且不直接参与存储，其主要功能是合并底层文件系统，然后提供统一的文件系统供上层使用。

1）激活 OverlayFS 存储驱动

Docker 官方建议，如果环境允许（包括内核版本、Docker 版本），应该尽量选择 OverlayFS 存储驱动。按照如下步骤启动 Overlay2 存储驱动：

```
// 停止运行中的 Docker 引擎
$ systemctl stop docker
// 对原有数据 Docker 联合文件数据进行备份
$ cp -au /var/lib/docker /var/lib/docker.bk
// 修改（增加）Docker 引擎配置文件/etc/docker/daemon.jason，添加
"storage-driver":"overlay2"
// 重新启动 Docker 引擎
$ systemctl start docker
// 确认修改结果
$ docker info
...
Storage Driver: overlay2
...
```

2）Overlay 的存储机制

Overlay 是由两层组成的，如图 9-10 所示，lowerdir 层也称为镜像层，upperdir 层也称为容器层，Overlay 将镜像层和容器层的内容组合，然后提供给用户统一的视

角,称为 merged 层。

当镜像层和容器层含有相同的文件时,容器层的文件将显示到 merged 层,镜像层的文件将被屏蔽。当没有相同文件时,容器层或镜像层的文件将直接映射到 merged 层。这就意味着 OverlayFS 仅支持一层镜像文件,当镜像包含多层时,各个镜像层中,每下一层的文件将以硬链接的方式出现在它的上一层中,以此类推。

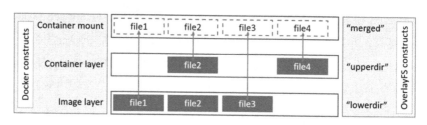

图 9-10　Overlay 分层存储

3) OverlayFS 在磁盘中的组织形式

以 Ubuntu 为例,我们从仓库拉取 Ubuntu 镜像,并观察命令行输出:

```
$ docker pull ubuntu
Using default tag: latest
latest: Pulling from library/ubuntu

5ba4f30e5bea: Pull complete
9d7d19c9dc56: Pull complete
ac6ad7efd0f9: Pull complete
e7491a747824: Pull complete
a3ed95caeb02: Pull complete
Digest: sha256:46fb5d001b88ad904c5c732b086b596b92cfb4a4840a3abd0e35dbb6870585e4
Status: Downloaded newer image for ubuntu:latest
```

从输出我们可以看到,Ubuntu 镜像由 5 层组成。在/var/lib/docker/overlay/目录下,镜像的每一层都对应一个目录,每个目录存储相应镜像层的内容:

```
$ ls -l /var/lib/docker/overlay/
total 20
drwx------  3  root  root  4096  Jun  20  16:11  38f3ed2eac...
drwx------  3  root  root  4096  Jun  20  16:11  55f1e14c31...
```

```
drwx------  3  root  root  4096  Jun  20  16:11  824c8a961a...
drwx------  3  root  root  4096  Jun  20  16:11  ad0fe55125...
drwx------  3  root  root  4096  Jun  20  16:11  edab9b5e5b...
```

容器层也在/var/lib/docker/overlay/目录下，容器层目录包括 3 个文件夹和一个文件，内容如下：

```
$ docker -l /var/lib/docker/overlay/<directory-name-of-runing-container>
total 16
-rw-r--r--  1  root  root    64  Jun  20  16:39  lower-id
drwxr-xr-x  1  root  root  4096  Jun  20  16:39  merged
drwxr-xr-x  4  root  root  4096  Jun  20  16:39  upper
drwx------  3  root  root  4096  Jun  20  16:39  work
```

4）OverlayFS 的读/写流程

读文件时，主要包括 3 种情形：①如果读取的文件存在于镜像层，那么直接读取镜像层文件；②如果读取的文件存在于容器层，那么直接读取容器层文件；③文件既存在于容器层也存在于镜像层，那么读取容器层文件，镜像层文件将被屏蔽。

修改文件操作包括第一次写文件、删除文件、重命名文件等情况。其基本原理与 AUFS 机制类似，第一次写文件时，如果文件不在容器层，需要先将文件从镜像层复制到容器层，再修改文件。删除文件时，本质是添加 writeout 文件来屏蔽对文件的再次访问。

5）OverlayFS 的性能分析

与 AUFS、devicemapper 存储驱动相比，在大部分情况下，OverlayFS 有更好的性能。与 Overlay 相比，Overlay2 性能更好。但是需要注意如下几种情况。

（1）页缓存。当多个容器共享同一个文件时，OverlayFS 的页缓存机制可以共享给多个容器同时使用，从而大大提高内存利用率。

（2）缩减搜索空间，提高 copy_up 性能。当第一次写文件时，AUFS 和 OverlayFS 会调用 copy_up 来复制文件，这会影响写性能，尤其是大文件，会进一步增大写延迟。当镜像层由多层组成时，AUFS 为了找到相应文件需要逐层搜索镜像文件，由于 OverlayFS 拥有更少的镜像层，更多的共享页缓存，因此会大大提高搜索效率，降低延迟。

（3）索引节点限制。当一台主机含有大量容器和镜像时，使用 Overlay 会消耗大量的索引节点，唯一的解决方法是格式化文件系统。因此，Docker 官方建议尽量采用 Overlay2 存储驱动。

9.2.2 持久化存储

针对上述临时存储存在的问题，Docker 提供了数据卷功能来进行数据的持久化。数据卷将宿主机某个文件夹挂载在容器内部，绕开分层文件系统，相当于容器内部直接读/写宿主机的某个文件夹，因此数据卷的 I/O 性能与主机磁盘的 I/O 性能一致，并且脱离了容器的生命周期，获得持久化数据的能力。但是，数据卷也有一些缺点：仅能读/写本地磁盘，无法读/写远端数据；不能随容器迁移，无法实现数据共享。

为了解决这些问题，Docker 在 1.8 版本之后推出了对数据卷插件的支持，来管理数据卷的生命周期，它的主要工作是将第三方存储映射到宿主机的本地文件系统中，以便容器使用该数据卷。按照数据卷插件的规范，第三方厂商的数据卷可以在 Docker 引擎中提供数据服务，使外置存储可以超过容器的生命周期而独立存在。这意味着各种存储设备只要满足数据卷插件接口的标准，就可以接入 Docker 容器的运行平台中了。

1. 数据卷插件 API

数据卷插件的 API 主要有以下内容。

- 创建接口/VolumeDriver.Create：需要创建数据卷时调用。
- 删除接口/VolumeDriver.Remove：需要删除数据卷时调用。
- 挂载接口/VolumeDriver.Mount：容器每次启动时都会调用一次该 API。
- 路径接口/VolumeDriver.Path：返回卷在主机上的实际位置。
- Unmount 接口/VolumeDriver.Unmount：容器每次停止时调用。
- Inspect 接口/VolumeDriver.Get：Docker 数据卷 Inspect 时调用。
- 列出接口/VolumeDriver.List：激活插件时调用，用于询问当前已有的卷，防止重复创建。

第三方存储厂商通过定义这些接口来定制所需的存储驱动，因此写一个存储插件非常简单，只要把上面这些请求实现即可。当前主流的一些云供应厂商和存储厂商都定义了自己的卷驱动，例如支持微软的 Azure file storage plugin，支持谷歌、EMC、OpenStack、Amazon 的 REX-Ray plugin 等。当使用第三方卷驱动时，数据卷的创建主要包括如下 4 个步骤。

- 用户通过 Docker 命令行向 Docker 守护进程发送卷创建命令。
- 卷创建命令通过 Plugin API 访问第三方提供的卷驱动插件。
- 第三方卷驱动将第三方存储映射到本地文件系统。
- 通过本地文件系统提供给容器。

数据卷创建完成之后，容器通过卷驱动将数据持久化到第三方存储。

用户可以通过 Docker 命令来创建和管理卷，例如通过 docker volume create 命令进行卷的创建，也可以在容器运行时动态地创建卷存储。同一个数据卷，可以被同时挂载到多个容器上以实现数据的共享，当没有任何容器使用卷时，数据卷也不会自动删除，除非调用 Docker 命令进行删除，如 docker volume purge 命令。

不同的卷驱动带来了卷后端存储的多样化，数据后端可以是本地、远端或云供应商等。如果用户没有显式地创建数据卷（即调用 docker volume create），那么当容器第一次挂载数据卷时，卷将被自动创建，并且当容器停止或被移除时，数据卷也不会丢失。另外，对数据卷而言，不同的容器可分配不同的权限，例如，一部分容器有读/写权限，另一部分容器只有读权限。

2．卷存储的使用场景

在如下情况下，Docker 官方建议使用卷存储解决方案。

- 远程存储、云存储等非本地存储方案。Docker 实现了多种卷驱动，支持多种后端存储方案。
- 数据备份、数据恢复、数据迁移。
- 卷共享。
- 持久化数据。

用户使用卷向容器提供持久化存储，有两种方式。

- 将宿主机"目录"挂载到容器中：宿主机的目录既可以是本地文件系统的一个子目录，也可以是一块已经被格式化的块设备，其中块设备既可以由物理设备提供，也可以由云提供。
- 将宿主机的"文件"挂载到容器中：原生态的卷具有不可移植性、不易迁移、数据安全性较差、与宿主机文件系统有较强的耦合性等一系列问题。为了解决这些问题，Docker 提供了分布式卷 flocker 的解决方案。数据会被存储到 flocker 后端，而不是本地主机上，即使宿主机出现故障，数据也不会丢失。

3. 卷的使用

可以直接使用 Docker 命令在宿主机操作卷，主要包括创建、列出、删除、重命名等一些操作。

- 创建一个名为 our-volume 的卷，命令如下：

```
$ docker volume create our-volume
```

- 列出已创建的卷，命令如下：

```
$ docker volume ls
local   our-volume
```

- 检查卷的详细信息，命令如下：

```
$ docker volume inspect our-volume
[
    {
        "Driver": "local",
        "Labels": {},
        "Mountpoint": "/var/lib/docker/volumes/my-vol/_data",
        "Name": "my-vol",
        "Options": {},
        "Scope": "local"
    }
]
```

- 移除数据卷，命令如下：

```
$ docker volume remove our-volume
```

Docker 也支持在启动容器的时候，通过-v 或 --mount 标志来创建指定的数据卷。

- 使用--mount 标志启动容器，命令如下：

```
$ docker run -d --name devtest --mount source=myvol2,target=/app nginx:latest
```

- 使用-v 标志启动容器，命令如下：

```
$ docker run -d --name devtest -v myvol2:/app nginx:latest
```

- 当不再需要卷时，将会移除卷，命令如下：

```
$ docker container stop our-name
$ docker container rm our-name
$ docker volume rm our-volume
```

- 当需要卷驱动时，使用--volume 或--volume-driver 来启动容器，使--driver 标志来创建卷。以 flocker 为例，命令如下：

```
$ docker volume create --driver=flocker our-volume
$ docker container run -it --volume our-volume:/data busybox sh
```

9.3 Kubernetes 存储

容器是很轻量化的技术，相对于物理机和虚拟机而言，在等量资源的基础上容器能创建出更多的容器实例。一方面，一旦面对分布在多台主机上且拥有数百个容器的大规模应用时，传统的或单机的容器管理解决方案就会变得"力不从心"。另一方面，由于为微服务提供了越来越完善的原生支持，在一个容器集群中的容器粒度越来越小、数量越来越多，在这种情况下，容器或微服务都需要接受管理并有序接入外部环境，从而完成调度、负载均衡及分配等任务。简单且高效地管理快速增长的容器实例，是一个容器编排系统的主要任务。

而 Kubernetes 就是容器编排和管理系统中的最佳选择。Kubernetes 的核心是如何解决自动化部署，扩展和管理容器化应用程序。Kubernetes 起源于 Google 内部的 Borg 系统，因为其具有丰富的功能而被多家公司使用，其发展路线注重规范的标准化和厂商"中立"，支持 rkt 等不同的底层容器运行时和引擎，逐渐解除对 Docker 的依赖。

为了与 Borg 主题保持一致，Kubernetes 又被命名为"九之七项目"（Project Seven of Nine），这也是为什么 Kubernetes 的 LOGO 有七条边。

Kubernetes 又简称为 k8s（首字母为 k，首字母与尾字母之间有 8 个字符，尾字母为 s，所以简称为 k8s）或简称为 "kube"，设计初衷是在主机集群之间提供一个能够自动化部署、可扩展、应用容器可运营的平台。在整个 k8s 生态系统中，能够兼容大多数的容器技术实现，比如 Docker 与 Rocket。

9.3.1 Kubernetes 核心概念

Kubernetes 属于主从的分布式集群架构，包含 Master 和 Node：Master 作为控制节点，调度并管理整个系统；Node 是运行节点，运行业务容器。每个 Node 上运行着多个 Pod，Pod 中可以运行多个容器（通常一个 Pod 中只部署一个容器，也可以将一些高度耦合的容器部署在一起），但是 Pod 无法直接对来自 Kubernetes 集群外部的访问提供服务。

1）Master

Master 节点上面主要有 4 个组件：API Server、Scheduler、Controller Manager、etcd。

etcd 是 Kubernetes 用于存储各个资源状态的分布式数据库，采用 raft 协议作为一致性算法。

API Server（kube-apiserver）主要提供认证与授权、管理 API 版本等功能，通过 RESTful API 向外部提供服务，对资源（Pod、Deployment、Service 等）进行增加、删除、修改、查看等操作都要先交给 API Server 处理再提交给 etcd。

Scheduler（kube-scheduler）负责调度 Pod 到合适的 Node 上，根据集群的资源和状态选择合适的节点创建 Pod。如果把 Scheduler 看成一个黑匣子，那么它的输入是 Pod 和由多个 Node 组成的列表，输出是 Pod 和一个 Node 的绑定，即将 Pod 部署到 Node 上。Kubernetes 提供了调度算法的实现接口，用户可以根据自己的需求定义自己的调度算法。

Controller Manager，如果说 API Server 负责"前台"的工作的话，那 Controller Manager 就是负责"后台"的工作。每个资源一般都对应一个控制器，而 Controller Manager 就是负责管理这些控制器的。例如，我们通过 API Server 创建一个 Pod，当这个 Pod 创建成功后，API Server 的任务就算完成了，而后面保证 Pod 的状态始终和我们预期的一样，这个工作是由 Controller Manager 完成的。

2）Pod

Kubernetes 将容器归类到一起，形成"容器集"（Pod）。Pod 是 Kubernetes 的基本操作单元，也是应用运行的载体。整个 Kubernetes 系统都是围绕 Pod 展开的，例如，如何部署、运行 Pod，如何保证 Pod 的数量，如何访问 Pod 等。

同一个 Pod 下的多个容器共用一个 IP 地址，所以不能出现重复的端口号，比如在一个 Pod 下运行两个 nginx 就会有一个容器出现异常。一个 Pod 下的多个容器可以使用 localhost 加端口号的方式来访问对方的端口。

如图 9-11 所示，每个圆圈代表一个 Pod，圆圈中的正方体代表一个应用程序容器，圆柱体代表一个卷。Pod 4 中包含了三个应用程序容器、两个卷，该 Pod 的 IP 地址为 10.10.10.4。而 Pod 1 中只包含了一个应用程序容器。

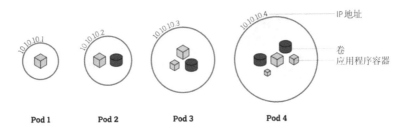

图 9-11　Pod

3）Node

Node 指 Kubernetes 中的工作机器（Worker Machine），既可以是虚拟机也可以是物理机，由 Master 进行管理。每个 Node 上可以运行多个 Pod，Master 会根据集群中每个 Node 上的可用资源情况，自动调度 Pod 的部署。

每个 Node 上都会运行以下内容。

- kubelet：是 Master 在每个 Node 节点上面的代理，负责 Master 和 Node 之间的通信，并管理 Pod 和容器。
- kube-proxy：实现了 Kubernetes 中的服务发现和反向代理功能。在反向代理方面，kube-proxy 支持 TCP 和 UDP 连接转发，默认基于 Round Robin 算法将客户端流量转发到与 Service 对应的一组后端 Pod 中。在服务发现方面，kube-proxy 使用 etcd 的 watch 机制，监控集群中 Service 和 Endpoint 对象数据的动态变化,并且维护一个 Service 到 Endpoint 的映射关系,从而保证了后端 Pod 的 IP 地址发生变化时不会对访问者造成影响。

- 一个容器:负责从镜像仓库拉取容器镜像、解压缩容器及运行应用程序。

图 9-12 展示了一个 Node,其中部署了 4 个 Pod,此外 Node 上还运行了 kubelet 和一个 Docker 容器。

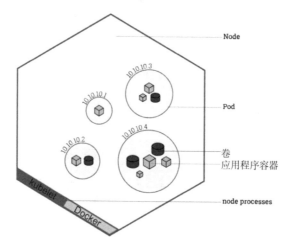

图 9-12 Node

Pod 是有生命周期的,Pod 被分配到一个 Node 上之后,就不会离开此 Node,直到被删除。当某个 Pod 失败,首先会被 Kubernetes 清理掉,之后 RC(Replication Controller)会在其他机器上(或本机)重建 Pod,重建之后的 Pod 的 ID 发生了变化,与原有的 Pod 将拥有不同的 IP 地址,因而会是一个新的 Pod。所以,Kubernetes 中 Pod 的迁移,实际指的是在新的 Node 上重建 Pod。

4) RC

RC 是 Kubernetes 中的另一个核心概念,应用托管在 Kubernetes 之后,Kubernetes 需要保证应用能够持续运行,这就是 RC 的工作内容,它会确保无论任何时间 Kubernetes 中都有指定数量的 Pod 在运行。在此基础上,RC 还提供了一些更高级的特性,比如弹性伸缩、滚动升级等。

RC 与 Pod 的关联是通过 Label 来实现的,Label 是一系列的 Key/Value 对。Label 机制是 Kubernetes 中的一个重要设计,通过 Label 进行对象的关联,可以灵活地进行对象分类和选择。对 Pod，需要设置其自身的 Label 来进行标识。

Label 的定义是任意的，但是必须具有可标识性，比如设置 Pod 的应用名称和版本号等。另外 Label 不具有唯一性，为了更准确地标识一个 Pod，应该为 Pod 设置多个维度的 Label，命令如下：

```
"release" : "stable", "release" : "canary"
"environment" : "dev", "environment" : "qa", "environment" : "production"
"tier" : "frontend", "tier" : "backend", "tier" : "cache"
"partition" : "customerA", "partition" : "customerB"
"track" : "daily", "track" : "weekly"
```

对 RC 的弹性伸缩、滚动升级的特性描述如下。

- 弹性伸缩。

弹性伸缩是指适应负载的变化，以弹性可伸缩的方式提供资源。反映到 Kubernetes 中，是指可以根据负载的高低动态调整 Pod 的副本数量。调整 Pod 的副本数量可以通过修改 RC 中 Pod 的副本数量来实现，命令如下：

```
// 修改 Pod 的副本数量到 10
$ kubectl scale relicationcontroller yourRcName --replicas=10
// 修改 Pod 的副本数量到 1
$ kubectl scale relicationcontroller yourRcName --replicas=1
```

- 滚动升级。

滚动升级是一种平滑过渡的升级方式，通过逐步替换的策略，来保证系统的整体稳定性，在初始升级的时候就可以及时发现问题并进行调整，以保证问题的影响程度不会被扩大。Kubernetes 中滚动升级的命令如下：

```
$ kubectl rolling-update my-rcName-v1 -f my-rcName-v2-rc.yaml --update-period=10s
```

升级开始后，首先根据提供的定义文件创建 v2 版本的 RC，然后每隔 10s（--update-period=10s）逐步增加 v2 版本 Pod 的副本数量，逐步减少 v1 版本 Pod 的副本数量。升级完成之后，删除 v1 版本的 RC，保留 v2 版本的 RC，即实现了滚动升级。

在升级过程中,当发生错误需要中途退出时,用户可以选择继续升级。Kubernetes 能智能地判断升级中断之前的状态,然后继续进行升级。当然,也可以进行回退,命令如下:

```
$ kubectl rolling-update my-rcName-v1 -f my-rcName-v2-rc.yaml --update-period=10s --rollback
```

回退的方式实际就是升级的逆操作,即逐步增加 v1 版本 Pod 的副本数量,逐步减少 v2 版本 Pod 的副本数量。

5) Service

为了适应快速的业务需求,微服务架构已经逐渐成为主流。微服务架构的应用需要有非常好的服务编排的支持,Kubernetes 中的核心要素 Service 便提供了一套简化的服务代理和发现机制,天然适应微服务架构。

在 Kubernetes 中,受到 RC 调控时,Pod 副本是变化的,对应的虚拟 IP 地址也是变化的,比如发生迁移或伸缩的时候,这对 Pod 的访问者来说是不可接受的。Service 是服务的抽象,定义了一个 Pod 的逻辑分组和访问这些 Pod 的策略,执行相同任务的 Pod 可以组成一个 Service,并以 Service 的 IP 地址提供服务。Service 的目标是提供一个桥梁,它会为访问者提供一个固定的访问地址,用于在访问时重定向到相应的后端,这使得非 Kubernetes 原生的应用程序,在无须为 Kubernetes 编写特定代码的前提下,轻松访问后端。

Service 同 RC 一样,都是通过 Label 来关联 Pod 的。一组 Pod 能够被 Service 访问到,通常是通过 Label Selector 实现的。Service 负责将外部的请求发送到 Kubernetes 内部的 Pod 中,也将内部 Pod 的请求发送到外部,从而实现服务请求的转发。当 Pod 发生变化时(增加、减少、重建等),Service 会及时更新。这样,Service 就可以作为 Pod 的访问入口,起到代理服务器的作用,而对于访问者来说,通过 Service 进行访问,无须直接感知 Pod。

需要注意的是,Kubernetes 分配给 Service 的固定 IP 地址是一个虚拟 IP 地址,并不是一个真实的 IP 地址,在外部是无法寻址的。在真实的系统实现上,Kubernetes 通过 kube-proxy 来实现虚拟 IP 地址的路由及转发。所以正如前面所说的,每个 Node 上都需要部署 Proxy 组件,从而实现 Kubernetes 层级的虚拟转发网络任务。

- Service 内部负载均衡。

当 Service 的 Endpoint 包含多个 IP 地址的时候，服务代理会存在多个后端，将进行请求的负载均衡。默认的负载均衡策略是轮询或随机（由 kube-proxy 的模式决定）。

- 多个 Service 如何避免地址和端口冲突。

一方面，Kubernetes 为每个 Service 分配一个唯一的 ClusterIP，所以当使用 ClusterIP:port 的组合访问一个 Service 的时候，不管端口是什么，这个组合是一定不会发生重复的。另一方面，kube-proxy 为每个 Service 真正打开的是一个绝对不会重复的随机端口，用户在 Service 描述文件中指定的访问端口会被映射到这个随机端口上。这就是为什么用户在创建 Service 时可以随意指定访问端口。

- 新一代副本控制器 RS。

这里所说的 RS（Replica Set），可以被认为是"升级版"的 RC。也就是说，RS 也是用于保证与 Label Selector 匹配的 Pod 数量维持在用户期望的状态。区别在于，RS 引入了对基于子集的 selector 查询条件，而 RC 仅支持基于值相等的 selector 查询条件。这是目前从用户角度看，两者唯一的显著差异。社区引入这一 API 的初衷是用于取代 v1 中的 RC 的，也就是说，当 v1 版本被废弃时，RC 就完成了它的历史使命，而由 RS 来接管其工作。虽然 RS 可以被单独使用，但是目前它多数被 Deployment 用于进行 Pod 的创建、更新与删除。Deployment 在滚动更新等方面提供了很多非常有用的功能。

6）Deployment

Kubernetes 提供了一种更加简单的更新 RC 和 Pod 的机制，称为 Deployment。通过在 Deployment 中描述所期望的集群状态，Deployment Controller 会将现在的集群状态在一个可控的速度下逐步更新成所期望的集群状态。Deployment 的主要职责同样是保证 Pod 的数量和健康，继承了上面所述的 RC 的全部功能（90%的功能与 RC 完全一样），可以看作是新一代的 RC。

但是，Deployment 又具备了 RC 之外的新特性，如下所示。

- 事件和状态查看：可以查看 Deployment 升级时的详细进度和状态。
- 回滚：当升级 Pod 镜像或相关参数的时候发现问题，可以使用回滚操作回滚到上一个稳定的版本或指定的版本。

- 版本记录：每一次对 Deployment 的操作，都会保存下来，以便后续可能出现的回滚操作使用。
- 暂停和启动：每一次升级，都能够随时暂停和启动。
- 多种升级方案：Recreate，删除所有已存在的 Pod，重新创建新的 Pod；RollingUpdate，滚动升级、逐步替换的策略，支持更多的附加参数。例如，设置最大不可用 Pod 数量，最少升级间隔时间等。

与 RC 相比，Deployment 具有明显的优势，Deployment 使用了 RS，是更高一层的概念。RC 只支持基于等式的 selector（env=dev 或 environment!=qa），而 RS 还支持基于集合的 selector（version in (v1.0, v2.0)或 env notin (dev, qa)），这为复杂的运维管理带来了方便。使用 Deployment 升级 Pod，只需要定义 Pod 的最终状态，k8s 会执行必要的操作，虽然能够使用命令 kubectl rolling-update 完成升级，但它是在客户端与服务器端多次交互控制 RC 完成的。此外，Deployment 还具有更加灵活、强大的升级、回滚功能。

7）Namespace

对同一物理集群，Kubernetes 可以虚拟出多个虚拟集群，这些虚拟集群即称为 Namespace。Kubernetes 中的 Namespace 并不是 Linux 中的 Namespace。Kubernetes 中的 Namespace 旨在解决的场景是：多个用户分布在多个团队或项目中，但这些用户使用同一个 Kubernetes 集群。Kubernetes 通过 Namespace 的方式将一个集群的资源分配给多个用户。

Namespace 中包含的资源通常有：Pod、Service 和 RC 等。但是一些较底层的资源并不属于任何一个 Namespace，如 Node、PersistentVolume。同一个 Namespace 下的资源名称必须是唯一的，但是不同 Namespace 下的资源名称可以重复。

9.3.2 Kubernetes 数据卷管理

如前所述，Docker 在 1.8 版本之后推出了对数据卷插件的支持，允许第三方厂商的数据卷在 Docker 引擎中提供数据服务，使外置存储可以超过容器的生命周期而独立存在。各种存储设备只要满足数据卷插件规范中定义的接口标准，就可以接入 Docker 容器的运行平台中了。

第 9 章 容器存储

对于 Kubernetes 来说，虽然底层支持 Docker 的容器运行引擎，但是为了与特定的容器技术解耦，Kubernetes 并没有直接使用 Docker 的卷机制，而是重新制定了自己的通用数据卷插件规范，以配合不同的容器运行引擎来使用（如 Docker 和 rkt）。

相比于 Docker 的卷，Kubernetes 的卷是通过 Pod 实现持久化的，数据卷一般可以贯穿 Pod（而不是 Pod 中的容器）的整个生命周期，因此，存储卷的存在时间会比 Pod 中的任何容器都长，并且在容器重新启动时会保留数据。当 Pod 被平台删除时，不同的数据卷实现可能会有所不同，数据或被保留或被移除，如果数据被保留的话，其他 Pod 可以重新把该卷的数据进行加载使用。

数据卷可以分为共享和非共享两种类型，共享型的数据卷可以被不同节点上的多个 Pod 同时使用，因此能够很方便地支持容器在集群各节点之间的迁移。

Kubernetes 可以支持多种类型的数据卷，Pod 可以同时使用多种类型和任意数量的存储卷。在 Pod 中通过指定下面的字段来使用数据卷。

- spec.volumes：通过此字段提供指定的数据卷。
- spec.containers.volumeMounts：通过此字段将数据卷挂接到容器中。
- emptyDir：空目录。在 Pod 分配到 Node 上时被创建，属于 Node 上的本地存储，生命周期和 Pod 一样，没有持久性，当 Pod 从 Node 上被移除时，emptyDir 中的数据会被永久删除。
- hostPath：映射 Node 文件系统中的文件或目录到 Pod 中。
- local：允许用户通过标准 PVC 接口访问 Node 节点的本地存储。物理卷的定义中需要包含描述节点亲和性的信息，Kubernetes 基于该信息将容器调度到正确的 Node 节点上。
- rbd：Ceph 块存储。
- cinder：OpenStack 块存储。
- nfs：用于将现有的网络文件系统挂载到 Pod 中。在 Pod 被移除时，网络文件系统数据卷被卸载，但是其中的内容并不会被删除。这意味着在网络文件系统数据卷中可以预先填充数据，并且可以在 Pod 之间共享。网络文件系统可以被同时挂载到多个 Pod 中，并能同时进行写入。但是使用的前提是：网络文件系统服务器必须已经被部署运行，并已经设置了共享目录。

- iscsi：允许将现有的 iSCSI 卷挂载到容器中。Pod 被移除时，iSCSI 卷被卸载，但是其中的内容将被保留。这意味着 iSCSI 卷可以预先填充数据，并且这些数据可以在 Pod 之间共享。
- persistentVolumeClaim：用于将 PersistentVolume 挂载到 Pod 中，使用此类型的数据卷时，用户并不知道数据卷的详细信息。

emptyDir 和 hostPath 都是 Node 节点的本地存储方式，使用 emptyDir 时，可以在创建时定义 emptyDir.medium 字段的值为"Memory"，进而选择把数据保存到 tmpfs 类型的本地虚拟文件系统中。此外，emptyDir 是临时存储，而 hostPath 的数据是持久化在 Node 节点的文件系统中的。

物理卷和 PVC 是卷之外的另外两个重要的概念。Kubernetes 可以把外部预创建的数据卷接入到 Pod 中，Pod 无法对数据卷的一些参数（如卷大小、IOps 等）进行配置，因为这些参数是由数据卷的提供者预先设定的，这类似于传统存储里预先划分一定的数据卷给应用挂载使用。为了更细粒度地管理数据卷，Kubernetes 增加了持久化卷 PV（Persistent Volume）的功能，把外置存储作为存储资源池，由平台统一管理并提供给整个集群使用。当 Pod 需要时，可以向平台请求所需要的存储资源，该请求就被称作 PVC。PVC 的内容包括访问模式、容量大小等信息。平台根据请求的内容匹配合适的资源，并把得到的 PV 挂载到 Pod 所在的主机中供 Pod 使用。

与普通的卷不同，PV 是 Kubernetes 中的一个资源对象，有独立于 Pod 的生命周期（PV/PVC 的生命周期由 PV Controller 来实现），创建一个 PV 相当于创建了一个存储资源对象。Pod 通过提交 PVC 请求来使用 PV，整个 PV/PVC 的使用过程可以分为以下 5 个阶段。

- 配置：即 PV 的创建，可以采用静态方式直接创建 PV，也可以使用 StorageClass 动态创建。
- 绑定：将 PV 分配给 PVC。
- 使用：Pod 通过 PVC 使用该卷。
- 释放：Pod 释放卷并删除 PVC。
- 回收：回收 PV，可以保留 PV 以便下次使用，也可以直接删除。

配置阶段的工作是为集群提供可用的存储卷，可以采用静态或动态两种方式进行创建，工作流程分别如图 9-13 和图 9-14 所示。

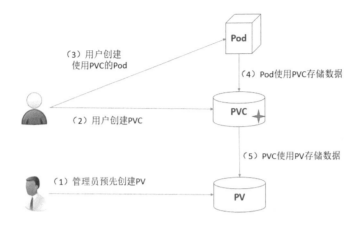

图 9-13 静态配置

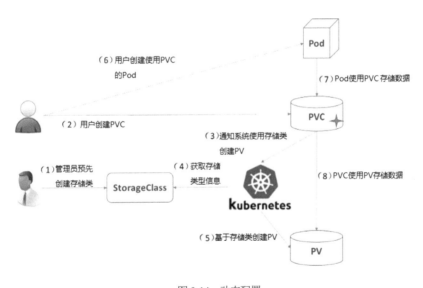

图 9-14 动态配置

在静态配置的情况下，由集群管理员预先创建 PV，用户创建 PVC 和 Pod，Pod 通过 PVC 使用 PV 提供的存储。此时，PVC 必须要与管理员预先创建的 PV 在大小及访问模式等属性上保持一致，否则 PVC 不会被绑定到 PV 上。

对于动态的配置方式，在静态 PV 都不能匹配用户的 PVC 请求时，集群会尝试基于 StorageClass 自动为 PVC 提供一个存储卷。StorageClass 描述了卷将由哪种卷插件创建、创建时的参数，以及卷的其他各种参数。此时，PVC 需要请求一个 StorageClass，且管理员必须预先创建和配置该 StorageClass，才能完成动态创建的过程。

PVC 和 PV 的绑定是一对一的。如果没有匹配的 PV，那么 PVC 会一直处于未绑定状态，一旦存在匹配的 PV，PVC 就会绑定这个 PV。例如，集群中存在很多 50GB 大小的 PV，需要 100GB 容量的 PVC 并不会得到匹配，而直到集群中有 100GB 大小的 PV 时，PVC 才会被绑定。

Pod 把 PVC 作为卷来使用，对于支持多种访问方式的卷，用户在使用 PVC 时可以指定需要的访问方式。一旦用户拥有了一个已经绑定的 PVC，被绑定的 PV 就归该用户使用。当用户完成对卷的使用时，可以利用 API 删除 PVC，之后还可以重新申请。PVC 被删除后，对应的 PV 处于"已释放"（Released）的状态，但还不能给其他 PVC 使用。因为之前 PVC 的数据还保存在卷中，要根据策略来进行后续的处理。

总结来说，Kubernetes 存储中的 4 个重要概念为：卷、PV、PVC 及 StorageClass。卷是最基础的存储抽象，属于存储的基础设施，支持包括本地存储、网络文件系统、光纤通道及众多的云存储在内的多种类型，我们也可以编写自己的数据卷插件。卷可以被 Pod 直接使用，也可以被 PV 使用。Kubernetes 集群管理员可以通过提供不同的 StorageClass，来满足用户不同的存储需求。通过 StorageClass，Kubernetes 将会按照用户的需求，自动创建其需要的存储。

9.3.3 Kubernetes CSI

如前所述，存储厂商可以通过采用数据卷插件的方式提供自己的存储驱动。基于插件的方式，Kubernetes 能够支持丰富的存储类型。但是在具体实现上，这种数据卷插件是内置的（in-Tree Plugin），也就是说，是和 Kubernetes 核心一起连接、编译和发布的，向 Kubernetes 中加入一种新的存储系统的支持（也就是一个存储卷插件），需要将代码提交到 Kubernetes 代码仓库中，这个过程对于很多插件开发者来说是很麻烦的事情。

从 Kubernetes 的角度看，存在以下问题。

- 存储插件需要随 Kubernetes 一同发布，各个存储厂商需要得到权限授权以便能够提交代码到 Kubernetes 仓库中。

- Kubernetes 社区需要负责存储插件的测试、维护，但是这些插件都是由各个存储厂商提供的，Kubernetes 的开发者并不了解其中的每个细节，导致这些代码难于维护和测试。并且 Kubernetes 的发布节奏和各个厂商插件开发的节奏并不一致，随着支持厂商的增多，沟通、维护、测试成本会越来越高。
- 存储插件享有和其他 Kubernetes 组件同等的特权，这就存在一定的安全隐患。存储插件的问题有可能会影响 Kubernetes 组件的正常运行。

从存储厂商的角度看，存在以下问题。

- 存储插件开发者必须遵循 Kubernetes 社区的规则开发代码。提交一个新特性或修复缺陷，都需要提交代码到 Kubernetes 仓库中，这个过程是很麻烦的，对存储厂商而言也增加了不必要的成本。

CSI 解决了所有问题，它允许在 Kubernetes 核心代码之外进行开发，并保留了当前的 Kubernetes 存储架构，只是将 CSI 作为插件插入当前的 Kubernetes 系统中来提供存储服务。CSI Plugin 和 Driver 之间的调用采用的是 gRPC，采用 gRPC 调用的一个优势就是可以将 gRPC 服务运行在 socket 上，这样服务器端就可以运行在 socket 端点的任何地方，即运行在容器里。

如此一来，Kubernetes 和存储提供方之间将彻底解耦，与存储相关的所有的组件可以作为 Sidecar 容器运行在 Kubernetes 上，而不再作为 Kubernetes 组件运行。换句话说 Kubernetes 将聚焦在面向应用的容器集群管理上，存储则由厂商自己维护。一旦存储厂商基于 CSI 实现了自身的 Volume Driver，即可在所有支持 CSI 的容器编排系统中平滑迁移。

CSI 规范是由众多社区成员合作起草的，其中包括 Kubernetes、Mesos、Docker 及 Cloud Foundry 等容器编排系统。这一规范是独立于 Kubernetes 进行开发的。Kubernetes 的 1.9 版本提供了 CSI 规范的 Alpha 实现。

Kubernetes 尽可能少的干涉 CSI 卷插件的打包和发布规范，只是发布了一个 CSI 卷插件的最小需求文档，其中有一节概述了在 Kubernetes 上发布任意容器化 CSI 插件（containerized third-party CSI volume driver）的推荐方式，存储提供方可以通过这一方式在 Kubernetes 上部署容器化的 CSI 卷驱动。

一旦编排系统和存储提供方都遵循 CSI 规范，就能将 Volume Driver 解耦到

Kubernetes 的外部，Kubernetes 只需要维护 CSI 接口，不用再维护存储提供方的具体实现，维护成本将大大降低。看起来 Kubernetes 和存储提供方从此泾渭分明，但事情并没有那么简单，Kubernetes 与存储提供方的解耦与可扩展性也不是凭空出现的，必然伴随着代码复杂度的增加，比如引入了两个 Sidecar 容器负责与 Volume Driver 通过 gRPC 协议进行交互，Volume Driver 也会由独立的 Sidecar 容器运行。虽然相比原来复杂不少，但带来的优势是，Kubernetes 和存储提供方的开发者都可以专注于自身的业务。